Marcel Oertig (Hrsg.)
Neue Geschäftsmodelle für das Personalmanagement

Marcel Oertig (Hrsg.)

Neue Geschäftsmodelle für das Personalmanagement

Von der Kostenoptimierung zur nachhaltigen Wertsteigerung

2., aktualisierte und erweiterte Auflage

mit Beiträgen von:
Christoph Ablanalp, Jens Alder, Robert Ey, Heiner Fels, Simone Frischknecht, Eric Heinen-Konschak, Markus Klopfenstein, Christoph Kohler, Markus Thoma, Jürg Winzenried, Andrea Zimmermann

Luchterhand

Bibliografische Information der Deutschen Bibliothek
Die Deutsche Bibliothek verzeichnet diese Publikation in der Deutschen Nationalbibliografie; detaillierte bibliografische Daten sind im Internet über http://dnb.ddb.de abrufbar.

ISBN 978-3-472-06942-3

www.wolterskluwer.de
www.luchterhand-fachverlag.de

Lektorat: Richard Kastl
Umschlaggestaltung: Konzeption & Design, Köln
Cover-Illustration: Ute Helmbold
Satz: Satz- und Verlags-Gesellschaft mbH, Darmstadt
Druck und Binden: Drukkerij Wilco, NL-Amersfoort

Gedruckt auf säurefreiem, alterungsbeständigem und chlorfreiem Papier

Vorwort zur 2. Auflage

Höhere Wertschöpfung mit weniger Ressourcen – der Trend zur Transformation der Personalorganisation scheint ungebrochen. Die Positionierung des Personalbereiches als anerkannter Business Partner ist dabei immer noch ein anspruchsvoller Balanceakt. Allzu oft wird die Kostenoptimierung über die Einführung eines HR-Shared Services in den Vordergrund gestellt und dabei die integrierte Sichtweise des HR-Geschäftsmodells vernachlässigt. Umso erfreulicher ist es, dass ich in der 2. Auflage des Buches am Beispiel der Schweizerischen Post ein weiteres Praxisbeispiel vorstellen darf, das der Klärung der HR-Governance und dem integrierten Ansatz zur Einführung eines neuen HR-Geschäftsmodells einen bewusst hohen Stellenwert einräumte.

Der Effizienzgewinn durch die Einführung von HR-Shared Services und Kompetenzzentren geht vielfach mit einer stärkeren Spezialisierung einher. Damit eine nachhaltige Entwicklung innerhalb der HR-Rollen ermöglicht wird und die Attraktivität von HR-Karrieren erhalten bleibt, ist eine gezielte Investition in die HR-Qualifikation und -Karrieremöglichkeiten notwendig. Diese HR-Fachlaufbahn transparent und über alle Bereiche – HR-Consulting, HR-Shared Services und HR-Kompetenzzentren – vergleichbar zu gestalten, ist eine weitere Ergänzung der 2. Auflage. Ebenso wurden im Beispiel der Lufthansa AG weitere Erfahrungen aus der Umsetzung ergänzt.

Für die vielen wertvollen Anregungen und engagierten Diskussionen zur 1. Auflage möchte ich mich im Namen aller Autoren herzlich bedanken. Herrn Richard Kastl danke ich für das wiederum sehr aufmerksame Lektorat.

Ich wünsche Ihnen auf dem Weg zu einer wertsteigernden HR-Organisation viel Erfolg und hoffe, dass Sie dazu viele nützliche Impulse aus der Lektüre gewinnen können.

Zürich, im Herbst 2007 *Marcel Oertig*

Aus dem Vorwort zur 1. Auflage

»Wir wollen ein Benchmark für businessorientierte HR-Arbeit in unserer Unternehmensgruppe sein.« Mit dieser Vision konnte ich vor vier Jahren eine HR-Business-Partner-Organisation in einem größeren Unternehmen aufbauen. Ziel dieses Aufbauprozesses war es, HR als Strategischen Partner und Change Agent für das Linienmanagement zu positionieren und erkennbaren Mehrwert für das Unternehmen zu erbringen. Die Resultate der Begleitung von großen Veränderungsprojekten sowie die hohe Akzeptanz und positive Beurteilung durch die Geschäftsbereichsleiter zeigten, dass in dieser Form der HR-Organisation sehr viel Potential für die künftige Gestaltung von Personalbereichen liegt.

Durch die hohe Kadenz von Veränderungen, vielfach verbunden mit einschneidenden Restrukturierungen ist einerseits die Rolle von HR als Business-Partner gestärkt worden. Andererseits ist der Kosten- und Effizienzdruck auf den Personalbereich stark gestiegen. Strategische Herausforderungen und Druck zur Restrukturierung erfordern es, das bisherige Rollenverständnis und die Organisation im Personalbereich zu überdenken. Ziel des Buches ist es, einen integrierten Ansatz für die HR-Transformation aufzuzeigen und Einblick in die konkreten Erfahrungen von Unternehmen zu geben, die den Weg zu einem neuen HR-Geschäftsmodell bereits beschritten haben.

Exzellentes HR-Management kann eine wichtige Quelle der Wertsteigerung für das Unternehmen sein. HR-Transformation ist damit deutlich mehr als eine Reorganisation der HR-Abteilung – es setzt ein integriertes HR-Geschäftsmodell mit einem neuen Rollenverständnis voraus.

Erfahrung kommt durch Menschen. In den dargestellten Praxisbeispielen von Lufthansa, SAP, Swisscom und UBS haben unzählige Linienführungskräfte und HR-Mitarbeiter zu den verdichteten Erkenntnissen beigetragen. Den Mitautoren gilt mein herzlicher Dank für die engagierte Aufarbeitung dieser Erfahrungsberichte. Ein besonderer Dank geht an Jens Alder, der in seiner HR-Agenda des CEO die notwendige strategische Verankerung und Wertorientierung des HR-Managements deutlich zum Ausdruck bringt. Letztlich sind es aber die HR-Mitarbeiter aller Stufen, die Business-Orientierung und operative Exzellenz von HR in der Praxis mit Kompetenz und persönlichem Engagement Tag für Tag unter Beweis stellen müssen.

Ihnen als Leser wünsche ich zusammen mit dem Autorenteam viele gewinnbringende Anregungen für den eigenen Weg der HR-Transformation und vor allem eine Bestärkung für deren konsequente Umsetzung.

Zürich, im Frühling 2006 *Marcel Oertig*

Inhaltsverzeichnis

Einleitung

Warum ein neues Geschäftsmodell für das Personalmanagement?

Rund drei Viertel aller europäischen HR-Organisationen großer Unternehmen befinden sich zurzeit in einem Transformationsprozess (Mercer 2004). Sie verfolgen alle die gleichen Ziele: Kostenreduktion, Optimierung des Ressourceneinsatzes, Erhöhung der Servicequalität und verstärkte strategische Ausrichtung von HR auf die Geschäftsziele.

Die Steigerung von Effektivität und Effizienz von HR erfordert eine nachhaltige Verlagerung von mehrheitlich administrativen Tätigkeiten zu mehr wertschöpfenden, strategisch ausgerichteten HR-Aktivitäten. Die einseitige Kostenoptimierung des operativen HR-Bereiches greift dabei zu kurz. Gefordert ist ein integriertes HR-Geschäftsmodell, das die neuen Rollen und deren Schnittstellen klärt und in einem kundenorientierten End-to-End-Prozess zusammenführt. Zentrale Bausteine des neuen HR-Geschäftsmodells sind liniennahe, auf die Geschäftsstrategie des Unternehmens ausgerichtete Beratungseinheiten (»HR-Business-Partner«) sowie HR-Spezialisten und HR-Experten (»Center of Expertise«), die unternehmensrelevantes und aktuellstes HR-Fachwissen bündeln. Operative HR-Prozesse, die einen hohen Automatisierungsgrad aufweisen und Skaleneffekte ermöglichen, werden durch interne oder extern ausgelagerte Dienstleistungszentren (»Service Centers«) effizient angeboten.

In der Praxis ist die Wahrnehmung von HR als wertsteigernder Bereich noch weit von den Zielen der Transformationsbemühungen entfernt. In der Sicht von fast 60 % der CFOs wird HR mehr als Cost Center denn als strategischer Partner gesehen (CFO Research Services/Mercer 2003). Der Einsatz von – zumeist sehr teurer – HR-Technologie und die Einführung einer neue HR-Organisation ergeben noch keine HR-Transformation. Die neuen Rollen erfordern es, dass HR-Mitarbeiter die entsprechenden Skills und Kompetenzen entwickeln. Teilweise ist Entwicklung möglich, in vielen Fällen wird das hohe Anforderungsprofil zu weit von vorhandenen Qualifikationen entfernt sein. HR-Transformation muss als ganzheitlicher Prozess verstanden werden, der sich durch eine strukturelle, kulturelle und personelle Dimension auszeichnet. Projekt- und Change Management sind Schlüsselfaktoren einer erfolgreichen und nachhaltigen Implementierung eines neuen HR-Geschäftsmodells. Die Erfahrung vieler Transformationsprojekte zeigt, dass eine übergeordnete Change-Management-Architektur – von Vorbereitung und Aufbau über Mobilisierung und Stabilisierung bis zu Befähigung und Verankerung – vielfach fehlt oder zu wenig konsequent umgesetzt wird.

Im einleitenden Kapitel *HR-Transformation zu Business Partnership und operativer Exzellenz (Marcel Oertig)* wird der Zusammenhang von Unternehmenswertsteigerung und Human Resources Management aufgezeigt und der

Anspruch an HR als strategischer Partner des Linienmanagements begründet. Die ausführliche Beschreibung eines integrierten HR-Geschäftsmodells legt die konzeptionellen Grundlagen zur Einordnung der nachfolgenden Fallstudien. Dabei wird insbesondere auch der anspruchsvolle Transformationsaspekt zu einem neuen Rollenverständnis im Personalmanagement betont und Möglichkeiten aufgezeigt, wie die veränderten Anforderungen durch eine systematische HR-Fachlaufbahn gezielt unterstützt werden können.

In der *HR-Agenda des CEO* umreißt *Jens Alder* am Beispiel der Swisscom AG seine Anforderungen und Erwartungen an ein strategisch ausgerichtetes und wertsteigerndes HR-Management. Ein starker CPO (Chief Personnel Officer) mit fundierten Kenntnissen der Strategie des Kerngeschäftes und breiter Führungserfahrung wird als wichtiges Mitglied des obersten Führungsgremiums entsprechend Einfluss nehmen können. Letztlich ist es aber der CEO als Gesamtverantwortlicher, der nach Alder dem HR-Management durch Einsicht und Vorbild zu seiner »wertsteigernden« Rolle verhelfen soll.

Die *Fallstudie UBS (Robert Ey/Jürg Winzenried/Markus Thoma)* beschreibt die Umsetzung eines integrierten HR-Geschäftsmodells von der Konzeption bis zur nachhaltigen Verankerung in der Linie. Die neuen HR-Rollen und deren Zusammenwirken werden vertieft dargestellt. Die Beschreibung des Projekt- und Changemanagements schließt mit den ersten Umsetzungsauswertungen.

Die *Fallstudie Schweizerische Post (Markus Klopfenstein/Simone Frischknecht)* geht ebenfalls von einem integrierten Ansatz des HR-Geschäftsmodells aus und beschreibt das anspruchsvolle Projektmanagement in zwölf Teilprojekten. Besonders gut wird die Klärung der HR-Governance zwischen zentralem und dezentralem HR-Management aufgezeigt. Dabei werden innovative Ansätze wie Kompetenzdelegation und Fachtandems beschrieben.

Die *Fallstudie Lufthansa (Heiner Fels/Eric Heinen-Konschak)* zeigt die besonderen Herausforderungen bei der Umsetzung eines HR-Shared Service Centers in einer dezentralen Organisation eines Verbundunternehmens. Die Umfeldanalyse, das Projektvorgehen und der Aufbau der neuen Organisation werden detailliert beschrieben. Die längerfristig marktwirtschaftliche Ausrichtung der HR-Business Services wird in diesem Beispiel sehr deutlich dargelegt.

Die *Fallstudie SAP (Andrea Zimmermann)* stellt den HR-Transformationsprozess zum Aufbau eines Shared Service Centers dar. Vertiefter wird dabei die anspruchsvolle Change-Management-Herausforderung beschrieben und die Change-Architektur sowie die einzelnen Phasen der Umsetzung dargestellt.

Die *Fallstudie Swisscom (Christoph Abplanalp/Marcel Oertig)* konzentriert sich auf die Erfahrungen beim Aufbau eines HR-Business-Partner-Modells bzw. HR-Management-Consulting-Teams und die Transformation des Center of Competence in ein businessorientiertes Beratungsteam. An verschiedenen Fallbeispielen wird die Anwendung von Instrumenten und Methoden im Beratungsprozess konkret beschrieben.

Abschließend werden die unterschiedlichen *Wege zu einem neuen Geschäftsmodell im Personalmanagement (Marcel Oertig/Christoph Kohler)* in einem Fazit zusammengefasst. Im Sinne einer praxisnahen »Checkliste« sollen die aufgezeigten Erfolgsfaktoren für die kritische Beleuchtung und Weiterentwicklung von eigenen HR-Transformationsprojekten dienen.

A HR-Transformation zu Business Partnership und operativer Exzellenz

Marcel Oertig

1 HR-Management als Quelle der Wertsteigerung

Ziel der Unternehmensführung ist es, Gewinn zu erwirtschaften und eine nachhaltige Wertsteigerung zu erzielen, die sich entsprechend im Aktienkurs und der Marktkapitalisierung widerspiegelt. Der Stellenwert, den das HR-Management in diesem Zusammenhang einnimmt, wird vielfach unterschätzt. Im Zuge von Restrukturierung, Downsizing und Reengineering wird zu einseitig die Kostenseite betrachtet. Ein strategisch ausgerichtetes HR-Management fokussiert sich auf die zur Umsetzung der Geschäftsstrategie erforderlichen organisationalen Fähigkeiten. Die Verknüpfung dieser ressourcenorientierten Sichtweise mit den Marktanforderungen kann für die Organisation zu einem Leverage-Effekt führen, der mehr zur Wertsteigerung beiträgt als eine eindimensionale Ausrichtung auf Kostensenkung. Ein Personalmanagement, das auf die Geschäftstätigkeit des Unternehmens und deren strategische Initiativen abgestimmt ist, richtet Leistung und Verhalten der Mitarbeiter auf die Geschäftsprioritäten aus, die ihrerseits Gewinn und Wachstum und damit den Marktwert des Unternehmens treiben.

Intuitiv wird kaum ein CEO oder CFO diese Zusammenhänge bestreiten. Aber so richtig ernst genommen werden sie doch nicht (vgl. die bereits oben erwähnte Studie von CFO Research Services/Mercer 2004). Umso wichtiger ist es daher, die Quantifizierung der Effekte von HR auf den Gewinn eines Unternehmens oder – wie Jac Fitz-enz (2000) es ausdrückt – den »ROI des Humankapitals« ausweisen zu können. Insbesondere amerikanische Forschungsarbeiten haben in der Messung des Einflusses von HRM auf die Wertsteigerung des Unternehmens einen wesentlichen Beitrag geleistet (Schuster 1986; Huselid 1995). Im deutschsprachigen Raum ist in den letzten Jahren eine vertiefte Diskussion zu Ansätzen des Human Capital Managements (Scholz 2004) bzw. des wertorientierten Personalmanagements (DGFP 2004) angestoßen worden.

Inwieweit kann HR-Management als Quelle für Shareholder Value gelten? In Abb. 1 ist die Beziehung zwischen der relativen Qualität des HR-Managements (gemessen an der Steigerung eines definierten Index für eine Hochleistungsorganisation) und der Veränderung im Marktwert pro Mitarbeiter eines Unternehmens abgebildet (Becker et al. 1997, S. 40). Zwei wesentliche Erkenntnisse sind darin ersichtlich: Erstens eine Investition in ein strategisch orientiertes HR-Management zahlt sich im Marktwert aus und zweitens ist der Verlauf nicht linear. Die ersten Schritte in der Professionalisierung des Personalmanagements ergeben einen raschen Anstieg im Marktwert pro Mitarbeiter. Im großen Mittelfeld ergeben sich nur wenige marginale Verbesserungen der Leistungsfähigkeit. Erst Unternehmen, die Best Practices im HR-Management in einem integrierten Ansatz umsetzen und zu einem strategischen Partner der Linien-Manager werden, schaffen wieder einen wesentlichen Anstieg im Marktwert.

Die konsequente Umsetzung der Best Practices – abgestimmt auf die Geschäftsprioritäten und operativen Initiativen – ergibt die zusätzliche Unternehmenswertsteigerung.

Mit anderen Worten: HR muss auf die Beeinflussung von Geschäftsresultaten fokussieren und nicht auf HR als Selbstzweck, d.h. beispielsweise ein noch perfekteres Beurteilungssystem generiert erst Wert, wenn es dem Unternehmen hilft, seine Geschäftsziele schneller oder besser zu erreichen. Benchmarking mit anderen kann ein Unternehmen im Spiel halten, aber damit wird kaum intellektuelles Kapital entwickelt, das einen nachhaltigen Wettbewerbsvorsprung verschafft.

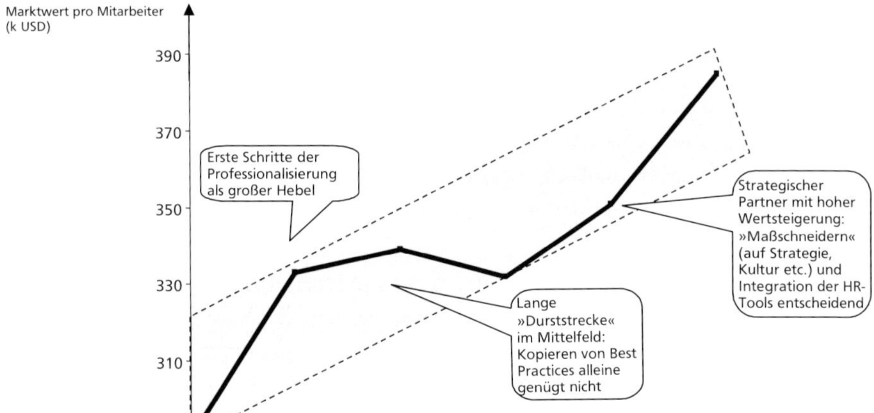

Abb. 1: Wertsteigerung durch HRM (Becker et al. 1997, S. 42)

Auch der seit 1999 erhobene Human Capital Index von Watson Wyatt (2002) bestätigt diesen Zusammenhang (Abb. 2). Die Ergebnisse werden auf einer empirischen Datenbasis von mehr als 1.500 führenden Unternehmen (im Jahr 2002 auch mit über 600 europäischen Teilnehmern) durchgeführt.

Dabei erreichen europäische Firmen mit einem erfolgreichen HR-Management einen doppelt so hohen Shareholder Value wie mittelmäßige Wettbewerber. Das gegenüber den vergangenen Jahren nochmals stark gestiegene Wertsteigerungspotential durch ein exzellentes HR-Management weist auf die wachsende Bedeutung des Humankapitals bei der Bemessung des Unternehmenswertes hin, da sich die Wettbewerbsvorteile aus anderen Produktionsfaktoren immer schwieriger realisieren lassen.

Die hauptsächlichen Werttreiber (mit % Gewicht) innerhalb des erfassten Human Capital Indexes sind:

- Leistungsorientierte Vergütung (21,5 %)
- Effektivität der HR-Funktion (21 %)
- Exzellenz in Rekrutierung und Mitarbeiterbindung (14,6 %)
- Kollegiales und flexibles Arbeitsumfeld (11 %)
- Integrität der Mitarbeiterkommunikation (7 %)
- Zielgerichteter Ressourceneinsatz (14,5 %)

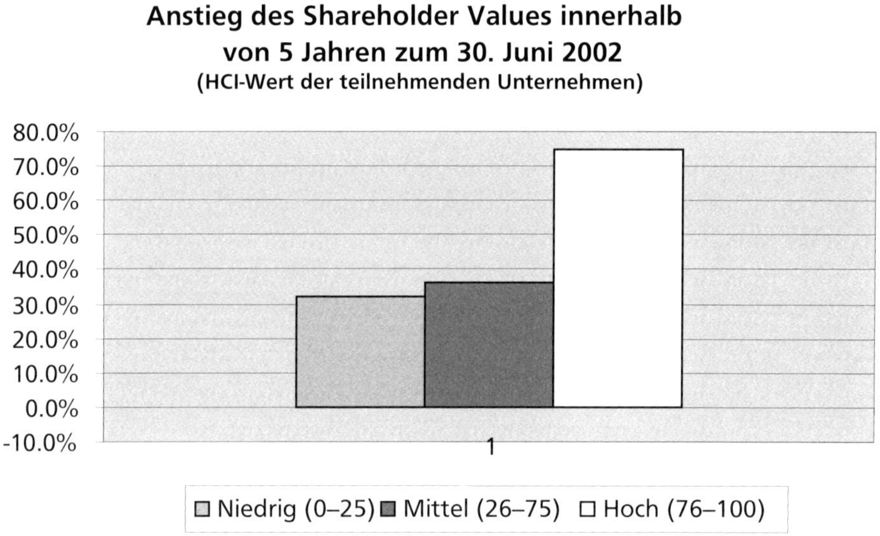

Abb. 2: Shareholder Value und Human Capital Index (HCI) (Watson Wyatt 2002)

Bei der Effektivität der HR-Funktion stehen die geschäftsstrategische Ausrichtung, die Kosteneffizienz der HR-Funktion und ein zielgerichteter Einsatz von HR-Technologie im Vordergrund. Diesen Aspekten wird auch im Rahmen der HR-Transformation besondere Beachtung zukommen, da sie den Wertbeitrag des Personalbereiches anstelle einer reinen Kostenbetrachtung ins Zentrum der Betrachtung stellen.

2 HR als strategischer Partner – von Geschäftsstrategien zu HR-Prioritäten

Mit seinem Buch »Human Resources Champions« legte Dave Ulrich 1997 einen Meilenstein in der Entwicklung des Rollenverständnisses von HR (vgl. Abb. 3). Während HR die eher operativ ausgerichteten Rollen als »Administrativer

Experte« und »Mitarbeiter Champion« traditionellerweise stärker betont, stiegen in den letzten Jahren die Anforderungen im strategischen Bereich stark. Von HR wird ein substantieller Beitrag in der Entwicklung und insbesondere in der Umsetzung der Unternehmensstrategie erwartet. Beispielsweise bei der – quantitativen und qualitativen – Personalplanung im Rahmen einer veränderten Geschäftsstrategie oder der Ausgestaltung von Kompetenzmodellen, die die zur Umsetzung der Unternehmensstrategie notwendigen Fähigkeiten über die nächsten Jahre sicherstellen.

Daneben ist HR vor allem im Change Management stark gefordert. Großflächige Veränderungsprojekte wie beispielsweise Firmenzusammenschlüsse oder Restrukturierungen mit größerem Personalabbau bedingen ein professionelles Change Management.

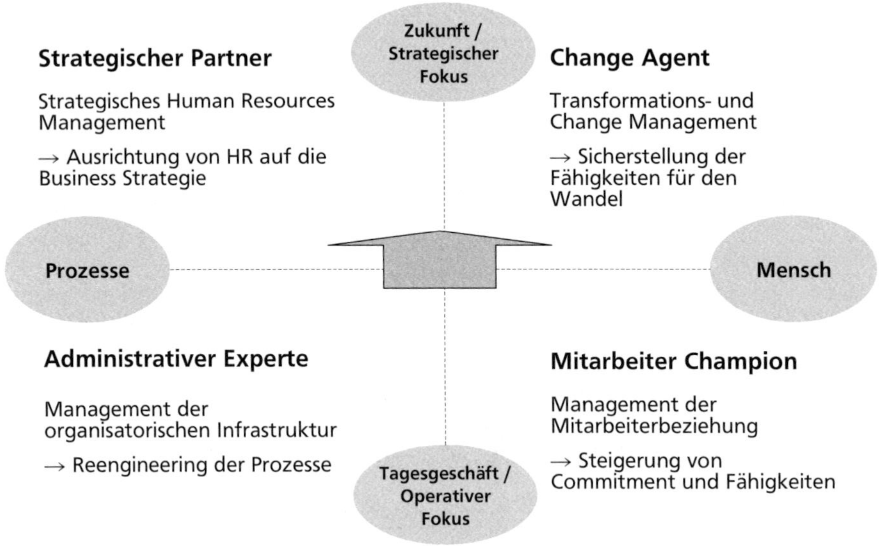

Abb. 3: Wandel im HR-Rollenverständnis (Ulrich 1997, S. 24 f.)

Der Rollenwandel hin zum strategischen Partner ist längst noch nicht vollzogen, vielmehr besteht hier in vielen HR-Abteilungen eine große Kompetenzlücke. Im HR-Barometer 2004/2006 von Capgemini (2004) wurden die Personalbereiche großer deutschsprachiger Unternehmen befragt. Nur ein Drittel der HR-Manager können demnach die Unternehmensstrategie mitgestalten und nur knapp die Hälfte ist an der Umsetzung beteiligt. Entsprechend bezeichnen sich lediglich vier Prozent der Befragten »voll und ganz« als Business-Partner. In fast der Hälfte der Unternehmen wird die Kompetenz von HR als Business-Partner noch als unzureichend eingestuft. Auch die Tatsache, dass in über 50 % der Unternehmen kein expliziter HR-Vertreter auf der ersten Ebene (Vorstand/Geschäftsführung) vorhanden ist, deutet auf Verbesserungspotential in der strategischen Einbindung von HR hin. Die Ableitung der HR-Strategie von der Unternehmensstrategie wird mehrheitlich anerkannt, aber in über 40 % der befragten Organisationen nicht systemisch entwickelt, sondern ergibt sich »ereignisgetrieben«.

HR als strategischer Partner kommt in erster Linie die Aufgabe zu, die Geschäftsstrategie in HR-Prioritäten umzusetzen. Gefordert ist eine HR-Politik und HR-Strategie, die sich an den strategischen Vorgaben und Zielsetzungen des Unternehmens orientiert und den Wertschöpfungsbeitrag von HR stärkt (vgl. Abb. 4). Daraus werden die HR-Scorecard und das HR-Zielprogramm abgeleitet. Im Rahmen der Entwicklung des HR-Geschäftsmodells wird auch die Sourcing-Strategie festgelegt. Entscheidend für die erfolgreiche Umsetzung des neuen Geschäftsmodells wird letztlich aber die Verfügbarkeit der entsprechenden HR-Kompetenzen – sowohl bei der Personalabteilung selbst als auch bei den Führungskräften der Linie – sein.

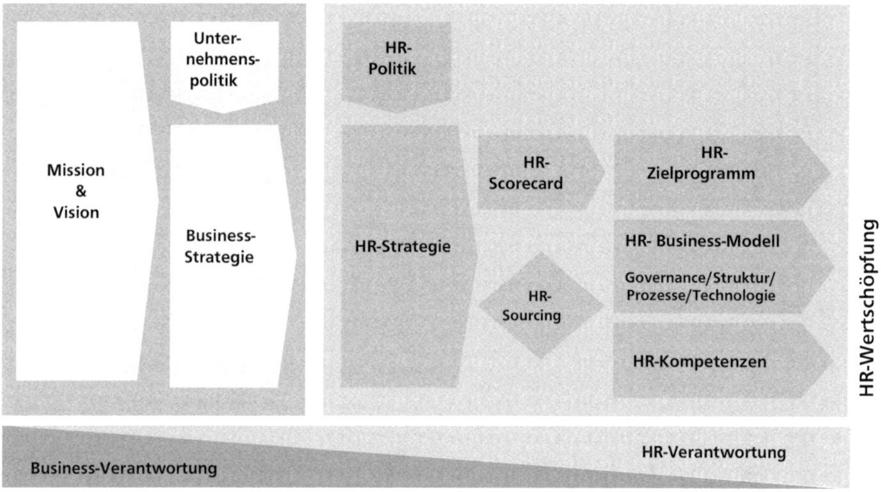

Abb. 4: Modell des strategischen Human Resources Managements (Avenir Consulting 2005)

3 Von der Administration zur HR-Wertschöpfung

Ziel der HR-Transformation ist eine Steigerung von Effektivität und Effizienz der HR-Organisation. Dies geschieht durch eine nachhaltige Verlagerung von mehrheitlich administrativen Tätigkeiten zu mehr wertschöpfenden, strategisch ausgerichteten HR-Aktivitäten (vgl. Abb. 5). In funktional orientierten Personalabteilungen wird heute noch die Mehrheit der personellen Ressourcen für die operativen HR-Prozesse verwendet (z.B. zur Verwaltung der Personaldossiers von der Anstellung über die Mutation der Personaldaten bis hin zur Zeugniserstellung oder die Lohnabrechnung und Erfassung der Mitarbeiterbeurteilungen). Konzeptionelle Tätigkeiten wie das Design von Personalentwicklungskonzepten oder die Beratung bei der Gewinnung und Erhaltung von Schlüsselpersonen nehmen nur rund 30 % in Anspruch. Für die strategisch orientierten HR-Aufgaben wie das Ableiten einer auf die Geschäftsstrategie ausgerichteten HR-Strategie oder die Begleitung eines umfassenden Veränderungsprozesses bleiben noch knappe 10 % übrig.

In einem ersten Transformationsschritt sollen die administrativ ausgerichteten Tätigkeiten zugunsten einer Gesamteffizienzsteigerung und einer Verlagerung zu stärker konzeptionellen und strategischen Aktivitäten um rund 50 % reduziert werden. In einem weiteren Schritt – wenn Mitarbeiter und Linienführungskräfte die automatisierten operativen HR-Prozesse akzeptiert und internalisiert haben – kann eine zusätzliche Effizienzsteigerung und ein weiterer Ausbau der Strategie- und Change-Beratung erreicht werden.

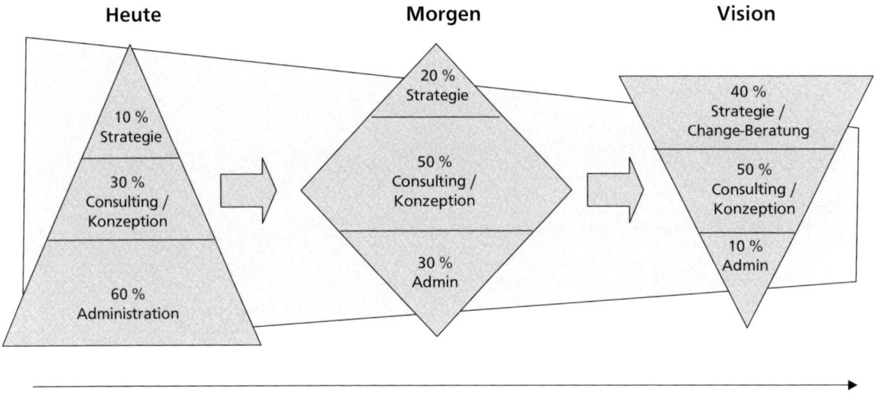

Abb. 5: HR-Transformation: Von der Administration zum Business-Partner

Bisherige Erfahrungen bei der Konsolidierung von HR-Services in einem Shared Service Center ergaben Kosteneinsparungen im Rahmen von 40 bis 60 % innerhalb von vier bis sechs Jahren. Positive Kosteneffekte fallen insbesondere durch IT-Harmonisierung und -Konsolidierung, Prozessstandardisierung und -optimierung sowie durch interne bzw. regionale Skaleneffekte und zentralisierte Prozesse im Shared Service Center an. Dazu kommt der verbesserte Know-how-Transfer und die erleichterte Einführung innovativer Technologie. Die Amortisationszeit von Shared Service Centern beträgt gemäß einer Studie von Deloitte (vgl. Hermes/Schwarz 2005, S. 108) bei 75 % der befragten Unternehmen in Deutschland weniger als drei Jahre. International liegt die Amortisationszeit mit vier bis sechs Jahren etwas höher.

Die langjährigen Michigan-Studien von Brockbank/Ulrich (2002)[1] identifizierten fünf Kompetenzbereiche für Human Resources, die zu einem Anstieg der

1 Die HR-Competencies-Studie der Universtity of Michigan umfasst in vier Befragungen von 1987–2002 mehr als 7.100 Befragte aus weltweit 241 unterschiedlichen Unternehmen. Dabei fand sowohl eine Selbstbeurteilung wie eine Kollegen- und Linienbeurteilung der teilnehmenden HR-Professionals statt.

Business Performance von rund 10 % (gemessen an der finanziellen Performance über drei Jahre im Vergleich zu maßgeblichen Wettbewerbern) führten:

Strategischer Beitrag (43 %)
- Management der Unternehmenskultur
- Change Management für raschen Wandel
- Einbezug in geschäftliche Entscheidungsprozesse
- Bildung einer kundenfokussierten Organisation

Persönliche Glaubwürdigkeit (23 %)
- Erzielung von nachhaltigen Resultaten mit hoher Integrität
- Gute interne und externe Beziehungen zu Schlüsselpersonen
- Ausgeprägte Kommunikationsfähigkeiten sowohl mündlich wie schriftlich

HR-Funktionen sicherstellen (18 %)
- Gewinnung der richtigen Leute
- Entwicklung der richtigen Leute
- Organisationsstruktur und -prozesse gestalten
- HR-Messinstrument einsetzen
- Arbeitsrechtliche Fragen klären
- Performance-Management sicherstellen

Geschäftsverständnis (11 %)
- Wertschöpfungsprozesse im Unternehmen und der Branche verstehen
- Umgang mit Sozialpartnern
- Einsatz des Business-Verständnisses in strategischen Beiträgen

HR-Technologie (5 %)
- Verständnis der HR-Technologie
- Gezielter Einsatz der HR-Technologie in der Leistungserstellung

Strategischer Beitrag, persönliche Glaubwürdigkeit und Geschäftsverständnis machen rund drei Viertel des Wertbeitrages von HR aus. Grundlage ist aber nach wie vor eine funktionierende HR-Leistungserbringung auf operativer Ebene. Damit diese so effizient wie möglich erbracht werden kann, braucht es den Einsatz von HR-Technologie, die auf die jeweiligen Bedürfnisse zugeschnitten ist. Unternehmen, die zu aggressiv mit dem Einsatz von HR-Technologie vorgegangen sind, konnten bisher den wirtschaftlichen Beweis für die hohen Investitionen nicht erbringen. Will die HR-Transformation zu einer tatsächlichen Wertsteigerung beitragen, muss es gelingen, die Anteile der administrativen Tätigkeit zum Vorteil der strategischen Beiträge und des (kulturellen) Change-Managements zu verschieben.

4 Integriertes HR-Geschäftsmodell

In einem integrierten HR-Geschäftsmodell werden sowohl die automatisierten »Massenprozesse« wie die individualisierten, persönlichen Beratungskontakte in ihrer Gesamtheit erfasst und die Schnittstellen verlässlich geregelt. Ausgangspunkt muss die strategische Orientierung und der Kundenfokus sein. Unter diesem Primat wird eine kostenoptimierte Standardisierung gesucht, diese kann – je nach Unternehmensanforderung – auch unterschiedlich ausgestaltet werden. Im Folgenden wird ein generisches Modell (Abb. 6) dargestellt, das als Orientierungsrahmen für die Gestaltung von neuen HR-Geschäftsmodellen hinzugezogen werden kann. Die Beschreibung folgt dem Ablauf der Schnittstellen und der Wertschöpfungsebenen aus Kundensicht. Zunächst werden die Interaktionen mit dem Service Center über die verschiedenen Zugangskanäle beschrieben, dann folgt die Schnittstelle vom Linienmanagement über die HR-Business Unit und das Center of Expertise als Kompetenzbündelung zugunsten der anderen Einheiten sowie die HR-Governance als übergeordnetes Steuerungsgremium.

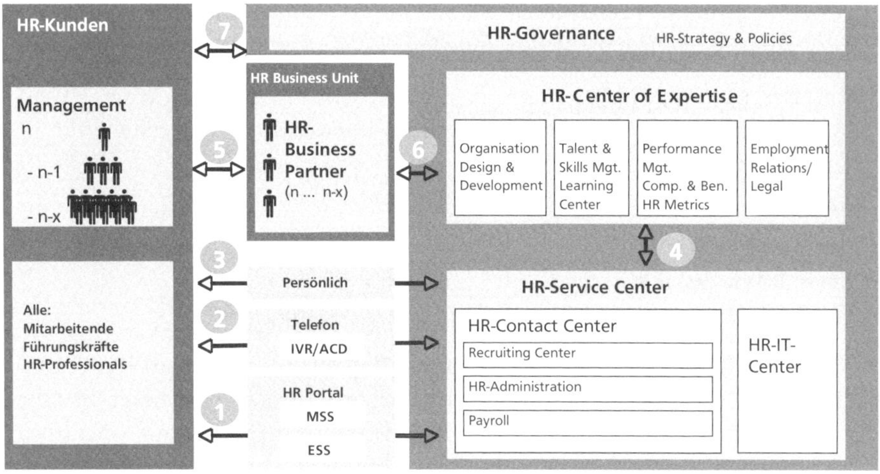

Legende:
IVR: Interactive Voice Response / ACD: Automatic Call Distribution
MSS: Manager Self Service / ESS: Employee Self Service

Abb. 6: Integriertes HR-Geschäftsmodell

4.1 HR-Service Center

Das HR-Service Center (oder HR-Shared Service Center) fasst die operativen, stark standardisierten HR-Prozesse und -Transaktionen zusammen. Dazu gehören insbesondere die Personaladministration mit den Mutationen sämtlicher Personaldaten, die Lohnverarbeitung, die standardisierten Rekrutierungsprozesse, die Erfassung von Beurteilungen, Mitarbeiterumfragen etc. Im Vordergrund stehen Kosteneinsparungen über die Realisierung von Skaleneffekten und

Prozessstandardisierung bei klar definierten Qualitätsstandards, die in der Regel über Service Level Agreements vereinbart sind (vgl. dazu Kap. 6.2.).

Eine oft mit Konfliktpotenzial verbundene Frage ist die Art und Weise der Kostenverrechnung. In der Erhebung von Deloitte (vgl. Hermes/Schwarz 2005, S. 111) verrechnen rund 60 % der befragten Unternehmen die Kosten ihrer Shared Services über interne Verrechnungspreise. Immerhin verzichten noch 35 % der international befragten Unternehmen auf eine Weiterverrechung, was aus Sicht der ökonomischen Effizienz eher problematisch erscheint. Die Weiterverrechnung über Marktpreise wird in der Praxis selten angewendet. Dies dürfte in erster Linie mit der schwierigen Erhebung zusammenhängen, weist aber gleichzeitig auf einen eher tiefen Entwicklungsstand in der Ausgestaltung von Shared Service Centern hin. Dies dürfte sich über die nächsten Jahren zu Gunsten der Marktprinzipien verschieben, da auch interne Dienstleister sich langfristig nur über marktfähige Leistungen zu rechfertigen vermögen.

Prinzipien von Shared Service Center sind:

- Marktprinzip: Der Kunde definiert den Service, den er beziehen und bezahlen will
- Kostentransparenz: Die Kosten sind auf Basis der einzelnen Services transparent
- Best Practices: Best Practices in der Serviceleistung identifizieren und auf alle übertragen
- Prozessstandardisierung: Konsistente Standards und Kontrolle
- Skaleneffekte: Synergien ausnützen und kritische Masse beachten
- Reaktionsgeschwindigkeit: Trotz Standardisierung flexibel auf Anforderungen der Geschäftsbereiche reagieren können
- Service Kultur: ausgeprägte Kundenorientierung sicherstellen

Organisatorisch kann das HR-Service Center in ein HR-Contact Center und ein HR-IT-Center aufgeteilt werden.

4.1.1 HR-Contact Center

Zur effizienten Organisation des HR-Contact Center ist die Unterscheidung der interaktiven Zugangskanäle von hoher Bedeutung. Die Schnittstellen 1–4 im HR-Geschäftsmodell sind nach Service-Levels auszudifferenzieren (vgl. Abb. 7):

- Service-Level 0: Self-Service über e-HR
- Service-Level 1: Beratung durch Service Agents des Contact Center
- Service-Level 2: Beratung durch HR-Spezialisten des Contact Center (Case Management)
- Service-Level 3: Beratung durch Spezialisten des Expertise Center

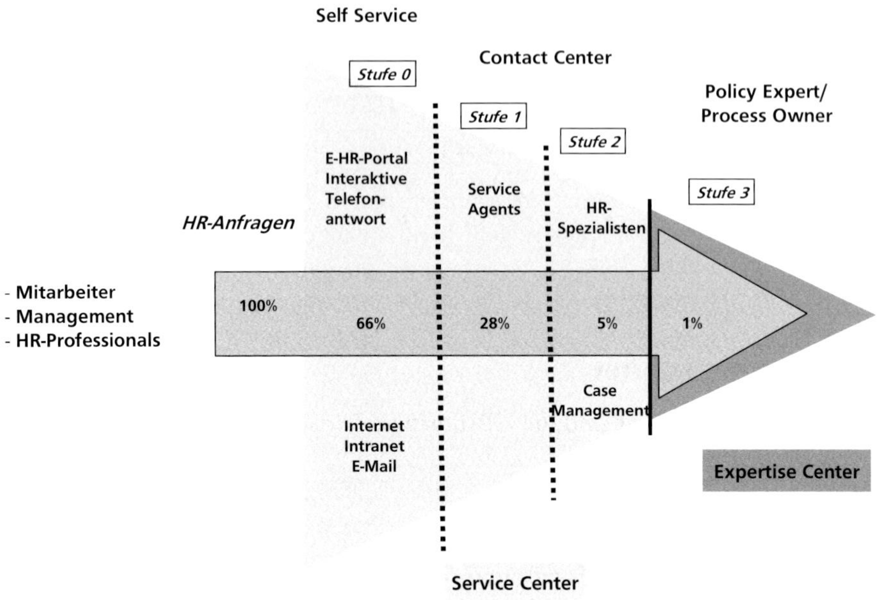

Abb. 7: Beispiel für HR-Service Levels (Arinso 2004, S. 28)

Eine hohe Akzeptanz und Nutzung des HR-Self Services – im Beispiel von Arinso (2004) bei 66 % aller Transaktionen – bringt erst den notwendigen Skaleneffekt für die zumeist teuren Investitionen in eHR-Lösungen. Das bedeutet, dass zwei von drei Kundenanfragen ohne direkte menschliche Intervention oder Unterstützung behandelt werden können. Dafür ist die kundenorientierte Ausgestaltung der so genannten »Touch Points« von Employee Self Services (ESS) und Manager Self Services (MSS), interaktive Telefontechnologie (IVR) bis hin zu Web- und E-Mail-Formularen voll auszuschöpfen.

In der Startphase einer HR-Transformation wird kaum mit so hohen Transaktionsquoten auf der Stufe 0 zu rechnen sein. Das Case Handling über Service Agents und HR-Spezialisten der Stufen 1 und 2 werden in der Übergangsphase höher sein. Dies muss auch im Ressourcen-Management des Projektes entsprechend berücksichtigt werden. Schließlich wird die Auslastung auf Stufe 3 vor allem von der Interaktion mit den HR-Business-Partner abhängen.

Aufgrund der zeitlichen Verfügbarkeit werden bei global agierenden Unternehmen HR-Service Centers zumeist geografisch pro Kontinent organisiert. Dies bedingt hohe Anforderungen in Bezug auf Mehrsprachigkeit, Berücksichtigung von landesbedingten arbeitsrechtlichen und steuerrechtlichen Regelungen.

4.1.2 HR-IT-Center

Damit das HR-Service Center die oben beschriebene Funktionalität in der geforderten Qualität und Geschwindigkeit erbringen kann, ist modernste HR-Service-Technologie erforderlich. Aufgabe des HR-IT-Centers ist das Erbringen des technischen IT-Supports, die Applikationsunterhaltung sowie das Release-Management. Je nach Organisation der internen IT fällt auch das Infrastruktur-Management in diesen Bereich. Dazu kommen eine kontinuierliche Prozessverbesserung und ein Technologiemonitoring. In der Überwachung der SLA-Einhaltung spielt aus technischer Sicht das IT-Center ebenfalls eine wichtige Rolle. Zentrale Herausforderung im HR-IT-Center dürfte die Etablierung eines HR-IT-Business Developments sein. Gefordert ist dabei eine kundenorientierte Weiterentwicklung der IT-Architektur und IT-Systeme zu einem marktkonformen Preis-/Leistungsverhältnis sicherzustellen.

4.2 HR-Business Unit

In der HR-Business Unit sind die HR-Business-Partner der Linie zusammengefasst. Diese sind auf die Bedürfnisse und die Strukturierung der Business-Einheiten ausgerichtet und in deren Management-Teams integriert. Organisatorisch können die HR-Business-Partner direkt der Linie unterstellt oder als »Berater-Gruppe« innerhalb HR disziplinarisch verankert werden. Im hier vorgestellten Modell wird die Verankerung im HR-Bereich aus Gründen der erhöhten Unabhängigkeit, aber auch um die Anwendung einheitlicher Beratungsmethoden und die gemeinsame Kompetenzentwicklung sicherzustellen, vorgezogen.

Die HR-Business Unit stellt das wichtigste Bindeglied zum Linien-Management dar (vgl. Schnittstelle 5 in Abb. 6). Der Fokus liegt auf den strategischen HR-Aufgaben, dem Talentmanagement und der professionellen Begleitung der Veränderungsprozesse. Die Linie agiert als Auftraggeber. Ein klares Contracting mit Jahres- und Projektzielen sowie deren Messung sind wichtige Instrumente der Zusammenarbeit zwischen Linienmanager und seinem HR-Business-Partner. Die Erfüllung der Jahresvereinbarung und der Contracts sollte in der Zielvereinbarung des HR-Business-Partners von der Linie beurteilt und maßgeblich im Leistungslohn Einfluss finden.

Ein zweite wesentliche Schnittstelle bildet die Zusammenarbeit der HR-Business-Partner mit den Experten des Center of Expertise (Schnittstelle 6 in Abb. 6). Die HR-Business-Partner »übersetzen« die Anforderungen der Linie und binden die Ressourcen und das spezialisierte Know-how der Kompetenzzentren in ihren Projekten ein. Dabei wird auf Basis eines Auftrages und mit entsprechender Leistungsverrechnung gearbeitet.

4.3 HR-Center of Expertise

Im HR Center of Expertise (oder HR-Competence Center) wird das spezialisierte HR-Fach- und Methoden-Know-how zusammengefasst. Darunter fallen beispielsweise Personal- und Managemententwicklung, Organisationsberatung und -entwicklung, Vergütungssysteme und Performance Management, Umfragen und deren statistische Auswertung und Interpretation sowie Arbeitsrecht und Fragen der Sozialpartnerschaft. Geleitet wird die Bildung der Kompetenzzentren vor dem Hintergrund der Synergienutzung und der Professionalität. Die HR-Experten beraten einerseits die HR-Business-Partner bzw. sind in deren Linienprojekte integriert und anderseits können sie in im HR-Service-Prozess bei komplexen Fragen auf Stufe 3 des HR-Service-Centers einbezogen werden.

4.4 HR-Governance

Ein HR-Geschäftsmodell, das eine möglichst hohe Wertsteigerung für das Unternehmen erreichen will, muss nahe am Puls des Kerngeschäftes sein. Im übergeordneten HR-Governance Board (Schnittstelle 7 in Abb. 6) ist deshalb eine starke Vertretung der Kundenseite wichtig. Dem HR-Governance Board kommt die politische und strategische Führung der HR-Organisation zu. Darin sind Angebots- und Nachfragesteuerung abzustimmen, größere Investitionsentscheide und Projekte zu bewilligen sowie die Sourcing-Politik zu verabschieden. Zudem fungiert das HR-Governance Board als Eskalationsinstanz. Die HR-Business-Partner als Bindeglied zum Linienmanagement übernehmen hier eine wichtige Relationship-Management-Funktion.

5 Die neuen Rollen im HR-Geschäftsmodell

5.1 HR-Business-Partner

Der HR-Business-Partner fokussiert auf die Umsetzung der Geschäftsstrategie und ist damit in erster Linie in den Rollen als Strategischer Partner und Change Agent (vgl. dazu Kap. 2) tätig. Im Management-Team, für das er direkt verantwortlich ist, wird er auch eine Rolle als Performance Coach ausüben. Das heißt, er übernimmt auch eine beratende Funktion in den Themen Laufbahnplanung, berufliche Entwicklung und Performance Management für Schlüsselleute. Der HR-Business-Partner muss fähig sein, in größeren Veränderungsprojekten die konzeptionellen Grundlagen zu legen und die Spezialisten des Service Centers und insbesondere die Experten der Kompetenzzentren (oder Center of Expertise) in Sinne eines Gesamtprojektleiters einzubinden.

Eine mögliche Rollenbeschreibung des HR-Business-Partners beinhaltet folgende Aspekte:

- Baut ein nachhaltiges Relationship Management zum Leiter des Geschäftsbereiches und seinem Führungsteam auf.
- Leitet die strategischen HR-Prioritäten aus der Geschäftsstrategie des betreuten Geschäftsbereiches ab.
- Setzt das HR-Zielprogramm in strategische HR-Initiativen und HR-Projekte für seinen Geschäftsbereich um.
- Begleitet die Veränderungs- und Erneuerungsprojekte des Geschäftsbereiches als Change Agent.

- Arbeitet eng mit Center of Expertise und Service Center zusammen, um integrierte HR-Lösungen für den Geschäftsbereich sicherzustellen.
- Gestaltet und begleitet die Prozesse zur Werte- und Kulturverankerung in seinem Geschäftsbereich.
- Initiiert und begleitet die Erarbeitung von Skill Portfolios und Talent Review Workshops in seinem Geschäftsbereich.
- Begleitet die Umsetzung von übergreifenden HR-Initiativen und stellt die geeignete Adaption an geschäftsbereichsspezifische Besonderheiten sicher.
- Stimmt die Personal- bzw. Managemententwicklungsprogramme für den Geschäftsbereich mit dem Center of Expertise ab.
- Berät das Führungsteam des Geschäftsbereiches bei der Besetzung von Schlüsselpersonen und Nachfolgefragen.
- Begleitet das Performance Management für den Geschäftsbereich.
- Analysiert die HR-Scorecard und die Ergebnisse von Mitarbeiterumfragen und leitet Maßnahmen für den Geschäftsbereich ab.

Daraus leiten sich für das Anforderungsprofil des HR-Business-Partners folgende Fähigkeiten ab:

- Ausgeprägte strategische und konzeptionelle Fähigkeiten,
- hohes Businessverständnis und betriebswirtschaftliches Know-how,
- State-of-the-art Know-how im strategischen Human Resources Management und Change Management,
- Persönlichkeit mit hoher Sozialkompetenz und Integrität,
- ausgewiesene Projektmanagementerfahrung in Planung und Gestaltung großer Veränderungsprojekte,
- ausgeprägte Kommunikationsfähigkeiten (schriftlich und mündlich auf unterschiedlichen Ebenen),
- Fähigkeit, ein nachhaltiges Beziehungsnetz aufzubauen (intern und extern).

5.2 HR-Experten

HR-Experten verfügen in ihren Fachbereichen über exzellentes Know-how und können eine Best-in-Class-Lösung bieten. Sie werden in der Regel in so genannten Centers of Expertise oder Kompetenzzentren zusammengefasst. Einerseits unterstützen sie die HR-Spezialisten oder Case Manager des Service Centers bei komplexen Fällen in arbeitsrechtlichen, versicherungstechnischen oder steuerlichen Fragen, andererseits sind sie die Know-how-Träger in HR-Politik, -Systemen und -Entwicklungsfragen und unterstützen in diesen Themenbereichen die Linienarbeit der HR-Business-Partner.

Eine mögliche Rollenbeschreibung des HR-Experten beinhaltet folgende Aspekte:

- Kennt in seinem Fachbereich die neusten Entwicklungen und Trends und kann diese auf die Bedürfnisse des Unternehmens adaptieren.

- Bezieht HR-Business-Partner und Service Center in der Entwicklung von integrierten HR-Lösungen ein.
- Holt die Bedürfnisse der Linie aktiv ab, berücksichtigt deren Anforderungen in der Entwicklung von HR-Systemen und HR-Prozessen und setzt diese zielgruppengerecht um.
- Plant und projektiert HR-Projekte in seinem Fachbereich und bindet die Linie, HR-Business-Partner und Service Center in geeigneter Weise ein.
- Schult und trainiert zielgruppengerecht die HR-Community in den erarbeiteten Konzepten und Prozessen.
- Steht den HR-Business-Partnern und dem Service Center als Fachcoach zur Verfügung und berät sie bei der Hinzuziehung von externen Beratern in seinem Fachbereich.
- Pflegt den Erfahrungsaustausch mit Experten in seinem Fachbereich und nutzt die Kontakte zur Weiterentwicklung seiner Konzepte.

Daraus leiten sich für das Anforderungsprofil des HR-Experten folgende Fähigkeiten ab:

- State-of-the-art Know-how in seinem Fachbereich,
- ausgewiesene konzeptionelle und methodische Fähigkeiten,
- gute didaktische und kommunikative Fähigkeiten,
- gute planerische Fähigkeiten, ausgewiesenes Projektmanagement-Know-how,
- Wissen über (interne/externe) Ressourcenpools (z.B. andere Kompetenzzentren, Berater, Trainer, Ausbildungsinstitute),
- gute Vernetzung zu anderen Experten in seinem Fachbereich (z.B. Benchmark-Unternehmen, Beratungsunternehmen, Universitäten und Fachhochschulen).

5.3 HR-Spezialist/HR-Case Manager

HR-Spezialisten werden vom Service Center mit der Betreuung von komplexeren Anfragen betraut, die vertieftes Know-how der (vielfach landesspezifischen) HR-Prozesse wie Lohnabrechnung, Arbeitszeitmanagement etc. voraussetzen und den Zugang zu sensitiven Mitarbeiterdaten verlangen. Die HR-Spezialisten unterliegen höheren Sicherheitsanforderungen, haben dafür aber auch mehr Berechtigungen zu den entsprechenden Personalinformationssystemen. Falls nötig können HR-Spezialisten bei der Fallbearbeitung auch die Experten der Kompetenzzentren beiziehen. Hier sind die vereinbarten Service Level Agreements (SLA) zu beachten (vgl. Kap. 6.2).

Eine mögliche Rollenbeschreibung des HR-Spezialisten/HR-Case Managers beinhaltet folgende Aspekte:

- Berät Mitarbeiter, Linienmanagement und fallweise HR-Business-Partner in komplexeren Fragestellungen der operativen HR-Prozesse.

- Behandelt Kundenanfragen im Rahmen der Service Level Agreements auf Stufe 2 und bezieht bei Bedarf auch HR-Experten des Center of Expertise (Stufe 3) ein.
- Übernimmt im Case Management die End-to-End-Verantwortung bis zur befriedigenden Kundenlösung.
- Hält hohe Standards der Kundenorientierung ein.

Daraus leiten sich für das Anforderungsprofil an den HR-Experten/HR-Case Manager folgende Fähigkeiten ab:
- fundiertes und aktuelles Know-how in seinem Fachbereich,
- sehr gute analytische Fähigkeiten, um Kundenanfragen richtig aufzunehmen, zu interpretieren und geeignete Lösungen vorzuschlagen,
- gute kommunikative Fähigkeiten und didaktisches Geschick,
- zuverlässige und exakte Arbeitsweise,
- stark ausgeprägte Service- und Kundenorientierung,
- hohes Interesse an der Weiterentwicklung seines Fachbereiches.

5.4 HR-Service Center Agent

Die HR-Service Center Agents stellen im Contact Center den Single-Point-of-Contact und die saubere Datenerfassung sicher. Sie übernehmen als Generalisten mit guten Kenntnissen über die HR-Prozesse und das Unternehmen die Behandlung von einfacheren Kundenanfragen und Transaktionen selbst. Ist spezialisiertes Fachwissen gefragt, geben die HR-Service Center Agents die Anfragen an die HR-Spezialisten weiter. In den meisten Fällen verfügen sie deshalb nur über einen eingeschränkten Zugriff auf die HR-Systeme. Zur Sicherung des »Vier-Augen-Prinzipes« ist eine Autorisierung der Transaktionen durch einen HR-Spezialisten mit entsprechender Berechtigung notwendig.

Eine mögliche Rollenbeschreibung des HR-Service Center Agents beinhaltet folgende Aspekte:
- Stellt den Single-Point-of-Contact für alle HR-Transaktionen und Anfragen bezüglich operativer HR-Prozesse sicher.
- Berät die Kunden auf einer allgemeinen Basis im Rahmen der Stufe 1 der Service Level Agreements.
- Erfasst die Daten der Transaktionen und Anfragen in den Systemen.
- Nutzt die Knowledge-Datenbank und das FAQ zur Behandlung der Anfragen und ergänzt diese.
- Nimmt eine Kategorisierung und Priorisierung der Transaktionen und Anfragen vor.
- Leitet spezifische Anfragen an die HR-Spezialisten der Stufe 2 weiter.
- Leitet Informationen an Center of Expertise und HR-IT-Center zur Verbesserung und Weiterentwicklung der Supportsysteme weiter.
- Hält hohe Standards der Kundenorientierung ein.

Daraus leiten sich für das Anforderungsprofil eines HR-Service Center Agents folgende Fähigkeiten ab:

- Ausgeprägte kommunikative Fähigkeiten,
- sehr hohe Service- und Kundenorientierung,
- breites, generelles und aktuelles Wissen über das Unternehmen und die HR-Prozesse,
- Fähigkeit, Kundenanfragen gut aufzunehmen, zu interpretieren und Lösungen anzubieten oder entsprechend weiterzuleiten,
- hohe Zuverlässigkeit und Genauigkeit bei der Datenerfassung.

5.5 HR-Fachlaufbahn

Um eine aktive Laufbahngestaltung innerhalb des HR-Bereiches zu unterstützen, ist eine HR-Fachlaufbahn hilfreich. Die Laufbahnmöglichkeiten sind in einer Career Map transparent aufgezeichnet und in den Einstellungs- und Entwicklungsgesprächen dient diese »Landkarte« (Abb. 8) zur Diskussion der nächsten Entwicklungsschritte und zur Vereinbarung der entsprechenden Entwicklungsmaßnahmen. Bei der Ausgestaltung sind den einzelnen Rollen detaillierte Kompetenzprofile zu hinterlegen und mit Entwicklungsstand und -wünschen des Mitarbeiters abzugleichen. Zudem kann die Einordnung in die Funktionsstufen (FS) und die Professionalitätsstufen (Junior/Professional/Senior) auch als Anhaltspunkt für die Lohnfindung und die Zuteilung in (Fach-) Kaderebenen dienen. In der Planung von Entwicklungsschritten sollte beachtet werden, dass ein Wechsel von einer zur anderen Rolle erst ab einem Professional-Niveau sinnvoll ist. Die Entwicklung vom Junior zum Professional ist zunächst innerhalb derselben Rolle zu planen.

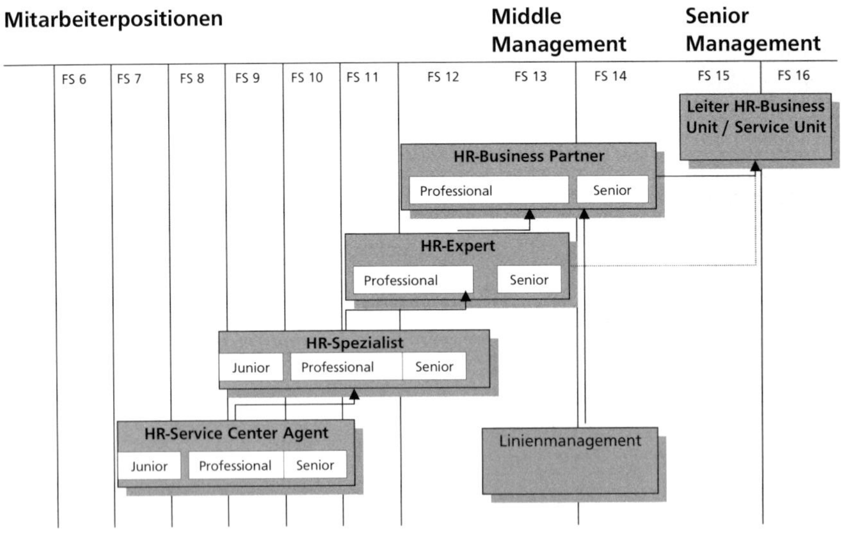

Abb. 8: Landkarte der HR-Fachlaufbahn (HR-Career Map)

Beispiel für eine HR-Rollen und Kompetenzmatrix

Das zentrale Element in der Betrachtung einer HR-Fachlaufbahn sind die Rollen sowie die zugehörigen Entwicklungsoptionen untereinander bzw. zueinander. Im Auftrag von Avenir Consulting wurde in einer Diplomprojektarbeit der Fachhochschule Nordwestschweiz (2007) das Rollenmodell auf der Grundlage des HR-Geschäftsmodells (vgl. Kap. 4) weiter differenziert.

Im nachfolgenden Beispiel werden die HR-Dienstleistungen insgesamt von zehn verschiedenen HR-Rollen erbracht:

Bereich	Rolle	Hauptaufgabe
Consulting	HR-Business Partner	Strategische HR-Beratung der Linie
	HR-Consultant	HR-Beratung der Linie
Center of Expertise	Development Specialist	Personalentwicklung, Management Development, Organisationsentwicklung
	Compensation Specialist	Honorierungssystematik, Krankheiten und Unfälle, Sozialversicherungen
	HR-Legal	Arbeitsrechtliche Frage- und Problemstellungen
	HR-Controller	Personal Controlling
Shared Service	Recruiter	Einstellungen von Mitarbeitenden
	IT Specialist HR	Systemkonzeption und –Entwicklung
	Payroll Specialist	Abwicklung der Lohnzahlungen
	HR-Assistant	Abwicklung der administrativen Personalbelange

Grundlage für die Erarbeitung von konkreten Entwicklungsmaßnahmen bildet eine übergreifende Rollen- und Kompetenzmatrix (vgl. Abb. 9). Die Kompetenzanforderungen werden für alle Rollen des HR-Geschäftsmodells anhand eines vergleichbaren Rasters differenziert beurteilt. Neben Fachkompetenzen mit Fokus auf die HR-Kernprozesse werden methodische, intra- und interpersonelle Kompetenzen sowie Führungskompetenzen berücksichtigt. Aus dem Vergleich der Kompetenzprofile sind sinnvolle und mögliche Entwicklungsoptionen ableitbar.

Die Tätigkeiten der HR-Mitarbeitenden sind starken Veränderungen unterworfen, was aus der Umfrage von Personalleitern und -mitarbeitenden klar bestätigt wurde. Dies dürfte auch in Zukunft so bleiben. Somit kann die Anwendung einer HR-Fachlaufbahn eine Herausforderung und eine Option sein, diese Bewegung und Veränderung systematisch zu unterstützen. Die HR-Fachlaufbahn kann in dieser Dynamik sowohl Vorgesetzte als auch Mitarbeitende unterstützen, individuelle Entwicklungen zielgerichteter anzugehen und zu planen.

Mangelnde Entwicklungsperspektiven aufgrund fehlender Transparenz können Mitarbeitende dazu bewegen, Unternehmen zu verlassen. Die HR-Fachlaufbahn kann Abgänge unter Umständen mindern und damit (Rekrutierungs-)Kosten einsparen. Sie ermöglicht sowohl die fachliche Vertiefung innerhalb der eigenen

Rolle, als auch eine fachliche Weiterentwicklung. Mitarbeitende im Personalbereich werden einer HR-Fachlaufbahn hohe Akzeptanz entgegenbringen, da diese auch einen persönlichen Nutzen daraus ersehen können.

Anforderungen \ Rollen		Shared Service				Center of Expertise				Consulting	
		HR Assistant	Payroll Specialist	IT Specialist HR	Recruiter	HR Controller	HR Legal	Compensation Specialist	Development Specialist	HR Consultant	HR Business Partner
Fachliche Kompetenzen	Personalstrategie / -Politik				1	1			2		4
	Personalgewinnung	2		1	4	1	1			4	3
	Personalentwicklung	1		1	2	1	1		4	2	4
	Personalbetreuung	2		1	1	1	1		3	4	4
	Personalhonorierung	1	4	1	2	1	1	4		3	3
	Personalaustritt/-freistellung	2	1	1	1	1	1	1		3	3
	Arbeitsrecht	1	2		2		4	3		3	2
	Personalcontrolling	1	1	1	1	4	1	2	1	2	3
	Organisationsentwicklung			1	1	1		2	4	2	4
	Changemanagement						1		4	2	4
	Projektmanagement			2	1				4	2	4
	BWL	2			2	3	1	3	2	2	4
	IT Systementwicklung/-Betreuung		1	4	1	1		1			
	Qualitätsmanagement	2	3	2	1	3	1	2	2	1	1
	Security Management	2	3	2	1	1		2		2	1
Methodische Kompetenzen		1		2	2	3		3	4	3	4
Individuelle (intrapersonale) Kompetenzen		2	1	1	3	2	2	2	4	3	4
Soziale (interpersonale) Kompetenzen		2	3	3	4	3	2	2	4	4	4
Führungskompetenzen									2	2	3

1 Anforderung gering 2 Anforderungen mittel 3 Anforderungen hoch 4 Anforderungen sehr hoch

Abb. 9: HR-Rollen- und Kompetenzmatrix

6 Service-Management im neuen HR-Geschäftsmodell

6.1 Case Management Tool

Ein zentrales technisches Hilfsmittel für das HR-Service Center stellt ein so genanntes Case Management Tool dar. Es dient einerseits der Unterstützung der Service Agents und Case Manager in ihrer operativen Tätigkeit und andererseits zum Controlling des Service Centers insgesamt, insbesondere zur Überwachung der vereinbarten Service Levels. Im Case Management Tool werden sämtliche Kundenanfragen in einem Ticketing-System erfasst und anhand des definierten Workflows bearbeitet. Die Historie jedes Falles ist damit nachvollziehbar und kann statistisch erfasst und ausgewertet werden. Drohen die Grenzen der vereinbarten Service Levels in einem Fall überschritten zu werden, wird ein Warnsignal gesetzt. Zudem dient das Case Management Tool für die Service Agents als Knowledge-Datenbank und zentrale Informationsplattform.

6.2 Service Level Agreements (SLA)

Ein wesentlicher Erfolgsfaktor in der Umsetzung eines effizienten Shared Service Centers sind klar vereinbarte Service Level Agreements (SLA). SLA bilden die

Grundlage einer verlässlichen Partnerschaft und definieren den Leistungsumfang in qualitativer und quantitativer Form und klären die Verantwortlichkeit (Abb. 9). Die SLA dienen einerseits dem Kunden als Controlling-Instrument zur Überprüfung von Qualität, Zeit und Kosten in der HR-Leistungserbringung. Andererseits sind sie aber auch für das Shared Service Center selbst ein unerlässliches Führungsinstrument. SLA sollten als ein dynamisches Konstrukt verstanden werden und im Rahmen eines kontinuierlichen Verbesserungsprozesses gezielt überprüft und ergänzt werden.

SLA umfassen in der Regel:

- Prinzipien der Zusammenarbeit aller Partner (insbesondere auch bezüglich Center of Expertise und HR-Business-Partner),
- Leistungsumfang des Service Centers (Abgrenzung der Service-Leistungen),
- Service-Level-Ziele, die gemessen werden (Service Level Scorecard),
- Verpflichtungen der Vertragspartner, damit die Zielerreichung ermöglicht wird (wechselseitige Rechte und Pflichten),
- Preisfestsetzung und Verrechnungsmodalitäten,
- Service Reporting,
- Service Review und Change-Prozess,
- Eskalationsprozesse,
- Sanktionen und Konventionalstrafen.

Service	Messgröße (KPI)	Definition	Service Level
Erreichbarkeit und Antwortzeit des Service Centers	Ansprechzeiten	Mo-Fr 08.00-18.00 (außer landesüblichen Feiertagen)	100 %
	Systemverfügbarkeit	Verfügbarkeit der e-HR Systeme	98 %
	Wartezeiten	Wartezeit eines Anrufers im Call Center	90 % innerhalb 20 Sekunden
Lohnabrechnung	Rechtzeitige Auslieferung	Prozentsatz an rechtzeitig ausgelieferten Lohnabrechnungen	99 %
	Fehlerfreie Abrechnung	Prozentsatz an korrekt ausgelieferten Lohnabrechnungen	99,5 %
Datenqualität	Fehlerfreie Migrationen	Prozentsatz an korrekt ausgeführten Migrationen	99 %
Rekrutierung	Beantwortung eingehender Bewerbungen	Innerhalb 48 Stunden	99 %
	Offene Stelle wieder besetzt	Kader: innerhalb 2 Monate, Mitarbeitende: innerhalb 1 Monat	90 %

Abb. 10: Beispiel einer Service Center Scorecard

7 Vorgehensmodell zur Einführung eines neuen HR-Geschäftsmodells

Die Einführung eines neuen HR-Geschäftsmodells ist ein komplexes und potentiell konfliktreiches Großprojekt und bedarf daher eines entsprechend professionellen Projektmanagements. Das Vorgehensmodell gliedert sich in vier Hauptphasen (vgl. Abb. 11):

- Machbarkeitsprüfung und Erstellen des Business Cases,
- Lösungsentwicklung und Pilotierung,
- Migration und Implementierung,
- Stabilisierung und Optimierung.

7.1 Machbarkeitsprüfung und Business Case

Die Einführung eines neuen HR-Geschäftsmodells ist aufgrund der hohen Investitionen im Bereich der Prozessautomation und der kulturellen Veränderung des Rollenverständnisses von HR als Business-Partner und Service Provider eine politisch und strategisch weit reichende Entscheidung. Die Grundlagen zur Entscheidungsfindung sind dementsprechend gründlich aufzuarbeiten und Kosten und Nutzen müssen sorgfältig abgewogen werden.

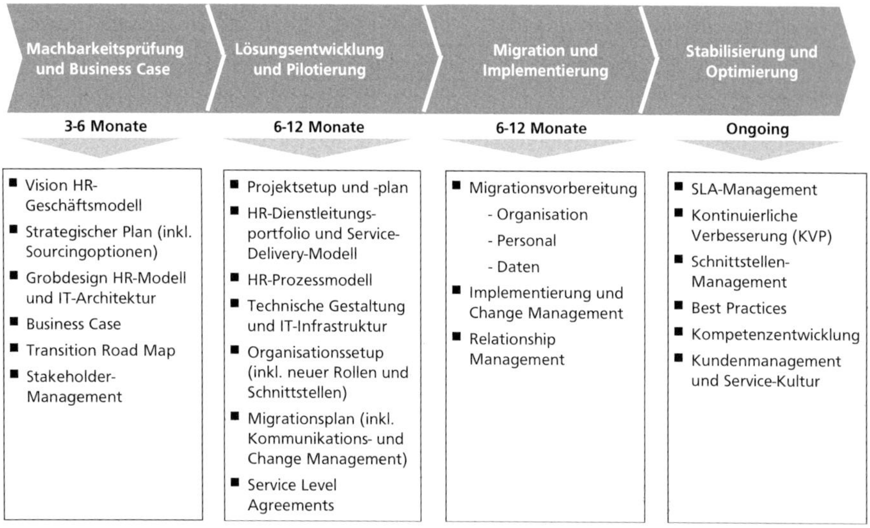

Abb. 11: Vorgehensmodell zur Einführung eines neuen HR-Geschäftsmodells

Als Ausgangspunkt der Machbarkeitstudie muss ein klar umrissenes Zukunftsbild (Vision) des neuen HR-Geschäftsmodells bestehen. Es gilt die Veränderungsnotwendigkeit in einem Strategischen Plan darzustellen und insbesondere die Unterstützung durch das Top-Management zu sichern. Aber auch innerhalb des HR-Bereiches ist ein klares Commitment der Schlüsselpersonen abzuholen.

Ein gezieltes Stakeholder-Management ist in dieser Phase – neben allen Zahlen und Fakten – eine der wesentlichen Voraussetzungen für ein Gelingen des Projektes.

Im Zentrum der Machbarkeitsstudie steht die Erarbeitung eines Business Cases. In einem Vergleich gegenwärtiger und zukünftiger Prozesse der HR-Service- und Beratungsleistungen werden Kosten- und Nutzeneffekte aufgezeigt und damit eine Entscheidungsgrundlage für die Geschäftsleitung geschaffen. Wichtiges Element im Kosten- und Qualitätsvergleich liefern interne Best Practices und externe Benchmarks. Die Datenerhebung für die Machbarkeitsstudie stellt in vielen Fällen einen politisch heiklen Prozess dar und deshalb ist darauf zu achten, dass die betroffenen Bereiche aktiv in die Erhebung eingebunden werden. Für den Business Case wird es erforderlich sein, bereits ein grobes Design des Service-Delivery-Modells und der IT-Architektur zu erstellen sowie einen Aktivitätensplitt der wichtigsten Prozesse (zentral/dezentral) vorzuschlagen. Um strategische Optionen zu bewerten, sind auch Standortanalysen und Outsourcingmöglichkeiten im Rahmen des Business Cases abzuklären. Bei der Ermittlung von Umsetzungshindernissen und -risiken gilt es, auch rechtliche und steuerliche Fragen zu klären.

Schließlich umfasst ein Business Case eine Transition Road Map, die die wesentlichen Phasen der Migration von Personen, Organisation und IT aufzeigt und eine Abschätzung von Zeit, Ressourcen und Kosten enthält. In der Transition Road Map wird auch die Kommunikationsstrategie und das Change Management einen wichtigen Aspekt einnehmen.

Aufgrund der Entscheidungsgrundlagen des Business Cases wird die Geschäftsleitung nun einen Projektentscheid zur Lösungsentwicklung und Implementierung oder zum Projektabbruch geben können.

7.2 Lösungsentwicklung und Pilotierung

Liegt die Genehmigung des Business Cases vor, wird der Projektauftrag für die Entwicklung und Implementierung erstellt und der Projektsetup bestimmt. Die klare Definition der Projektziele und des Projektumfangs sind für den erfolgreichen Projektverlauf von hoher Wichtigkeit. Findet hier eine größere Änderung statt, ist dies von den Gremien, die den ursprünglichen Business Case verabschiedet haben, wiederum zu genehmigen. Die Projektstrukturen haben der Dimension des neuen HR-Geschäftsmodells Rechnung zu tragen. Zunächst bedarf es eines übergeordneten, aus Geschäftsleitungsmitgliedern bestehenden Steering Boards oder Lenkungsauschusses. Ein erfahrener Projektleiter bildet ein Kernteam, das für die verschiedenen Bereiche von Prozessen, Organisation, IT und Change Management verantwortlich zeichnet und die Arbeitsschritte koordiniert. In einem Projektplan werden Meilensteine, Prozessschritte und Abhängigkeiten definiert.

Das HR-Dienstleistungsportfolio wird aus einer Gesamtsicht erstellt. Dieses umfasst neben dem Shared Service Center insbesondere auch die höher wertschöpfenden Bereiche des Center of Expertise und der HR-Business-Partner. Das HR-Service-Delivery-Modell ist damit auf eine End-to-End-Betrachtung auszurichten und diese ist im Prozessmodell detailliert festzuhalten. Die technische Gestaltung und die IT-Infrastruktur sind auf die Unterstützung der HR-Prozesse abzustimmen. Schließlich werden die neuen Rollen beschrieben und abgegrenzt und die Aufbauorganisation gebildet. Darin gilt es vor allem auch Schnittstellenfragen zwischen Service Center, Center of Expertise und HR-Business-Partner zu klären.

Innerhalb der Migrationsplanung ist der Kommunikation und dem Change Management – vielfach verbunden mit einem Restrukturierungsplan für den Stellenabbau – besondere Beachtung zu schenken. In den Service Level Agreements werden die Schlüsselgrößen bezüglich Leistungsumfang, Qualität, Zeit und Kosten definiert und der Verrechnungsmodus vereinbart. In der stärker qualitativ ausgerichteten Arbeit der HR-Business-Partner werden Jahresvereinbarungen und Projektziele mit den einzelnen Kunden vereinbart.

7.3 Migration und Implementierung

In der Migrationsvorbereitung werden die Organisations- und Prozessanpassungen nun definitiv festgehalten, dokumentiert und geschult. Der Stellenbesetzungsprozess wird geplant und allfällige Restrukturierungsmaßnahmen werden vorbereitet. Technisch ist insbesondere die Datenkonvertierung vorzubereiten und die IT-Infrastruktur sowie deren Schnittstellen auszutesten. Bei der Durchführung der Migration und Implementierung sind Geschwindigkeit und Reihenfolge zu beachten, so dass beim Übergang nicht unnötige Einbußen im Service Level zu verzeichnen sind. Ein kritischer Faktor in dieser Phase ist einerseits das Change Management innerhalb des HR-Bereiches und andererseits das Kundenmanagement in den neu etablierten Partnerschaften. In der Übergangsphase ist daher dem Relationship Management über die HR-Business-Partner – die das wichtige Bindeglied zum Linienmanagement darstellen – besondere Beachtung zu schenken.

7.4 Stabilisierung und Optimierung

Die Stabilisierung der neuen Organisation bedarf einer aufmerksamen Führung, die berechtigte Anliegen von Kunden und HR-Mitarbeitern ernst nimmt und eine kontinuierliche Verbesserung anstrebt. Dazu gehört insbesondere auch die Überwachung der Service Level Agreements und die Optimierung der Schnittstellen innerhalb des neuen HR-Geschäftsmodells. Eine nachhaltige Optimierung wird über die Anwendung von Best Practices sowie einer kontinuierlichen Kompetenzentwicklung der HR-Mitarbeiter selbst erreicht. Schließlich muss das Kundenmanagement gepflegt und die Service-Kultur weiterentwickelt werden.

8 Transition- und Change Management – Wandel wirkungsvoll gestalten und verankern

8.1 Phasen und Ebenen des Veränderungsmanagements

Die Einführung eines neuen HR-Geschäftsmodells stellt einen komplexen Transformationsprozess dar, der eine strategische, strukturelle und kulturelle bzw. personelle Dimension aufweist.

Strategisch geht es zunächst um die Frage, wie Human Resources zur nachhaltigen Wertsteigerung beitragen können und welches HR-Geschäftsmodell die Umsetzung von Mission/Leitbild und Strategie des Unternehmens am besten unterstützt. Diese Aspekte wurden zu Beginn des Kapitels inhaltlich beschrieben. Im Rahmen des Change Managements geht es darum, wie die Einbindung von Schlüsselpersonen und wichtigen Stakeholdern in die Erarbeitung der strategischen Überlegungen erfolgt und wie der Kommunikationsprozess für die Führungskräfte und die Mitarbeiter ausgestaltet wird. In der Change-Architektur (vgl. dazu Heitger/Doujak 2002, 91 ff.) sind auf der strategischen Ebene Elemente wie eine Steuergruppe (Steering Committee oder Governance Board) vorzusehen, die den Dialog mit dem Auftraggeber und den wichtigsten funktionsübergreifenden Stakeholdern steuert und ein effektives Controllingsystem etabliert.

Da die HR-Transformation vielfach einen politisch anspruchsvollen und konfliktträchtigen Prozess auslöst, ist die Schaffung einer Resonanzgruppe oder »Sounding Boards« ein weiteres geeignetes Architekturelement. Im Sounding Board können Feedback und Impulse von Exponenten verschiedener Funktionen und Ebenen, allenfalls auch von Vertretern der Betriebskommission oder den Gewerkschaften zum Projekt eingeholt werden. Zudem kann das Sounding Board als Multiplikator in der Kommunikation verwendet werden. Längerfristig, das heißt nach der Einführung des neuen HR-Geschäftsmodells, kann ein Monitoring-Team (in der Besetzung im Idealfall eine Abbildung der Struktur als Mikrokosmos) der Führung wertvolle Hinweise in der Weiterentwicklung geben.

Strukturell sind Fragen zu den geeigneten organisatorischen Rahmenbedingungen zu klären: von der HR-Governance über die HR-Aufbau- und -Ablauforganisation bis hin zu HR-Systemen und HR-Instrumenten. Dies waren die zentralen Aspekte der Beschreibung des neuen HR-Geschäftsmodells und deren Schnittstellen. Neben der Steuergruppe, die insbesondere in der Klärung der Governance und der Grobstruktur bestimmend ist, braucht es hier Arbeitsteams und Expertenpools, die inhaltlich in Kern- und Teilprojekten vertieft arbeiten. Um den klaren Business-Bezug sicherzustellen, wird die geeignete Einbindung von Linienführungskräften und Spezialisten außerhalb des HR-Bereiches (z.B. Finanzen, IT) in die Arbeitsteams sehr wichtig sein. Bei der Einführung komplexer Systeme ist zumeist eine Pilotierung empfehlenswert. Im Kleinen wird die Wirkung für das ganze System erprobt und für die Umsetzung wertvolle Erfahrung gesammelt. Architekturelemente sind dafür Pilotteams, -projekte, Simulationen mit Anwendern und Kunden. Neben dem Testen der IT-Systeme wird vor allem die Überprüfung der neuen Prozesse erforderlich sein.

Kulturell geht es um die Gestaltung der Unternehmenskultur, die die Umsetzung des neuen HR-Geschäftsmodells und dessen Rollenverständnis unterstützt, bzw. um die »Vorbilder«, die die geforderten Werte auch im Alltag (vor-)leben. Im Tranformationsprozess dürfte dies die anspruchsvollste Ebene sein. Architekturelemente, die einen großflächigen Einbezug von Mitarbeitenden ermöglichen, sind beispielsweise Großveranstaltungen (Roadshows oder so genannte »Open Space«-Veranstaltungen) oder Schneeballsysteme. Daneben sollten auch die Möglichkeiten der Kommunikation über Intranet gezielt mit persönlichen Kontakten (z. B. Walk-arounds) verknüpft werden.

Das Bewusstsein, den Veränderungsprozess integral auf diesen drei Ebenen zu verstehen und gezielt zu steuern, ist keineswegs selbstverständlich. Insbesondere der kulturelle Wandel wird vielfach unterschätzt. Bis das neue Rollenverständnis auf HR- und Linien-Seite akzeptiert und gelebt wird, braucht es zumeist mehrere Monate der Iteration. Liebgewordene Gewohnheiten müssen über Bord gestoßen werden und die Mitarbeiter und Linienführungskräfte sind in vielen Punkten gefordert, das operative Handling über eine automatisierte Schnittstelle selbst in die Hand zu nehmen.

Im phasenbezogenen Vorgehen (Abb. 12) gilt es zunächst Orientierung zu schaffen, das heißt die Gründe für die bevorstehenden Veränderungen (»Case for action«) glaubwürdig darzulegen und das Zukunftsbild oder die Vision des neuen HR-Geschäftsmodells nachvollziehbar aufzuzeigen. Idealerweise erfolgt dies über das Führungsteam direkt mündlich (z.B. in einer Großveranstaltung). Orientierung schaffen heißt aber auch Struktur geben. Das Aufstellen eines klaren Projekt- und Kommunikationsplanes mit zeitlichen Anhaltspunkten ist in dieser Phase sehr wichtig. Als Hilfestellung können auch die vier »P's« nach William Bridges (2003) dienen:

1. *Purpose:* Den Grund der Veränderung klar kommunizieren. Menschen können viel Veränderung tolerieren, wenn sie den Grund dafür einsehen.
2. *Picture:* Klares Bild aufzeigen, wohin die Veränderung führt. Möglichst über anschauliche Beispiele, wie Modelle, Videos oder Besuche bei Benchmark-Unternehmen.

3. *Plan:* Einen Transition-Plan aufstellen, der auch emotionale und psychologische Aspekte mit einschließt, wie beispielsweise Abschiedsfest, Einführung von neuen Managementteams oder Aufzeigen, wie eine Kompetenzentwicklung für die neuen Herausforderungen erfolgt.
4. *Part:* Jedem eine Rolle im Veränderungsprozess geben. Wer nicht Teil des Teams ist, wird Teil des Problems sein.

Ist ein Klima für die Veränderung geschaffen, gilt es in der zweiten Phase *Bewegung zu erzeugen*. Die Projekt- und Arbeitsteams sind so auszugestalten, dass sie die inhaltlichen Themen effizient abarbeiten können und gleichzeitig eine Multiplikatoren- und Networking-Funktion in die Organisation hinein sicherstellen. Wichtiges Element in dieser Phase ist ein gut funktionierender Dialog mit den Stakeholdergruppen, der eine breite Unterstützung für das Projekt sichert. Erste »Quick wins« sind möglichst sichtbar zu machen, damit sie das Vertrauen in die Veränderung stärken können.

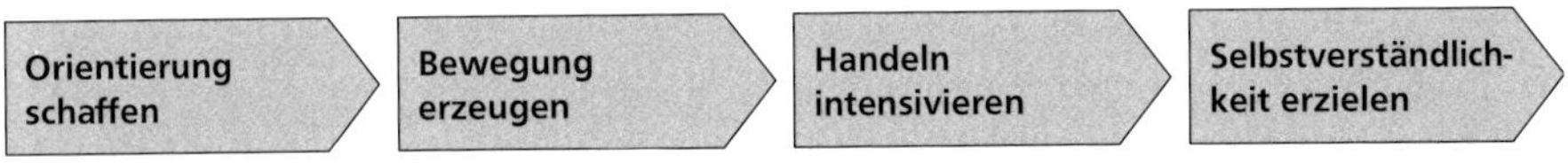

Strategische Ebene

Wie kann HR zur nachhaltigen Wertsteigerung des Unternehmens beitragen?

Welches HR-Geschäftsmodell unterstützt die Umsetzung von Mission/Leitbild/Strategie des Unternehmens?

Strukturelle Ebene

Welche organisatorischen Rahmenbedingungen (Governance, Strukturen, Prozesse, Instrumente) unterstützen das neue HR-Geschäftsmodell?

Kulturelle und personelle Ebene

Welche Kultur ist für die erfolgreiche Umsetzung des neuen HR-Geschäftsmodells erforderlich?

Haben wir genügend Vorbilder für die neuen Werte?

Abb. 12: Phasen (nach Anwander 2002) und Ebenen des Veränderungsmanagements

Im Zentrum der dritten Phase steht das *Handeln zu intensivieren*. Die Planung und Pilotierung geht in die Alltags-Umsetzung, das »Go live« über. Die Prozesse müssen sich in der Praxis bewähren und die neuen Schnittstellen und Beziehungen einspielen. Die Ausgestaltung von Feedback-Möglichkeiten (wie das oben angesprochene Monitoring-Team) sowie die Weiterbildungs- und Trainingsaktivitäten sind in dieser Phase sehr wichtig.

Schließlich geht es darum, *Selbstverständlichkeit zu erzeugen*. Die nachhaltige Verankerung der neuen Prozesse setzt eine adäquate Abbildung in den Führungsinstrumenten voraus. So sind beispielsweise bei Mitarbeiterbeurteilungen, die Einhaltung von SLAs und die Ergebnisse einer definierten HR-Scorecard zu berücksichtigen. Ebenso werden Rekrutierungen und interne Beförderungen an den Kompetenzen und Anforderungen des neuen HR-Rollenverständnisses ausgerichtet werden müssen. Die Vertiefung der Kundenbeziehungen und die eigene Weiterentwicklung in den HR-Rollen gehören ebenso in diese Phase wie das Etablieren eines kontinuierlichen Verbesserungsprozesses.

8.2 Kompetenzentwicklung des HR-Business-Partners

Abbildung 13 gibt einen Überblick über die für die Kompetenzentwicklung zum HR-Business-Partner entscheidenden Module. Ausschlaggebend für den Erfolg des neuen HR-Geschäftsmodells dürfte die Qualität der neuen Rolleninhaber sein. Im Kapitel 5 wurden die Rolleninhalte und -anforderungen bereits beschrieben. Die Umsetzung der HR-Fachlaufbahn setzt – neben den On- und Near-the-job-Maßnahmen – auch eine adäquate Weiterbildung voraus. Aus Sicht der Wertschöpfung sind insbesondere die Rollenanforderung an den HR-Business-Partner anspruchsvoll. Im Folgenden wird deshalb ein mögliches Kompetenzentwicklungsprogramm speziell für den HR-Business-Partner beschrieben.

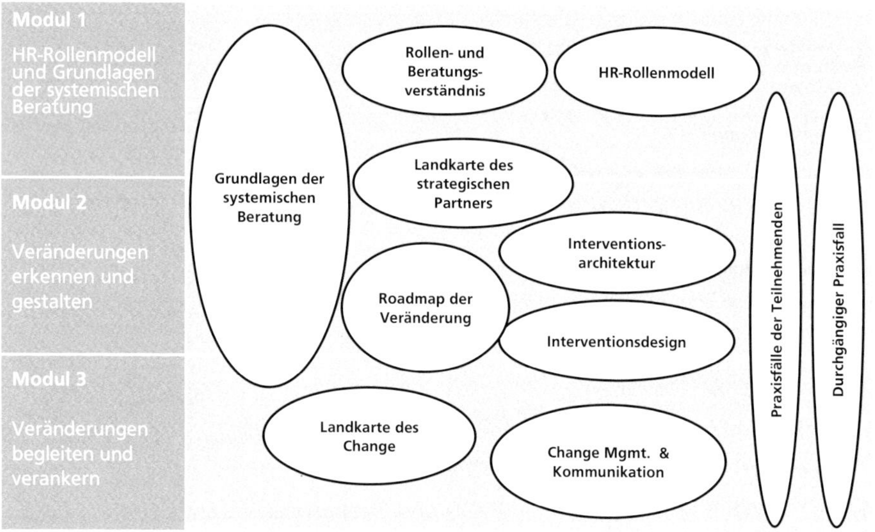

Abb. 13: Kompetenzentwicklung zum HR-Business-Partner (Avenir Consulting 2005)

> **Beispiel eines HR-Kompetenzentwicklungsprogramms in den Rollen Strategischer Partner und Change Agent (Avenir Consulting 2005)**
>
> *1. Zielsetzung:*
>
> Die Teilnehmer reflektieren ihre Beraterrolle als strategischer Partner und Change Agent und erwerben das methodische Rüstzeug zur Begleitung des Linienmanagers vom Erkennen der strategischen Notwendigkeit von Veränderungen bis zur erfolgreichen Umsetzung über eine Change Roadmap.

→

2. Lernkonzept:

Theoretischer Hintergund bildet das systemische Beratungsverständnis, welches sehr praxisnah auf die Anwendung im Businesskontext ausgerichtet wird. Hoher Stellenwert kommt der konkreten Fallarbeit zu. Neben dem Einbezug aktueller Teilnehmerfälle wird an einem durchgängigen Veränderungsprojekt gearbeitet, das zur Illustration und Reflektion der Programminhalte dient. Die Bildung von Lerngruppen und die bewusste Verankerung des Transfers in die Praxis sollen den Nutzen für die Teilnehmenden zusätzlich erhöhen.

3. Inhalte:

Modul 1: HR-Rollenmodell und Grundlagen der systemischen Beratung

- Unterschiedliche Beratungszugänge: Prozess- vs. Expertenberatung
- Rollenmodell, Anforderungsprofil und Beratungsverständnis von HR als strategischer Partner und Change Agent
- Wie wirklich ist die Wirklichkeit: Grundlagen der konstruktivistisch-systemischen Sichtweise
- Systemische Frage- und Interviewtechnik, Hypothesenbildung
- Auftrags- und Zielklärung
- Kollegiale Fallberatung

Modul 2: Veränderung erkennen und gestalten

- Rolle und Landkarte des strategischen Partners
- Contracting mit dem Auftraggeber
- Einführung des durchgängigen Praxisfalles
- Wie kann das nicht Steuerbare beeinflusst werden: Interventionen in Organisationen
- Interventionsarchitektur und -design
- Designerstellung: vom Grob- zum Feindesign
- Fallarbeit an Praxisfällen der Teilnehmenden und am durchgängigen Praxisfall

Modul 3: Veränderungen begleiten und verankern

- Rolle und Landkarte des Change Agents
- Roadmap der Veränderung
- Phasen und Aktivitätenfelder der Veränderung:
  - Orientierung schaffen
  - Bewegung erzeugen
  - Handeln intensivieren
  - Selbstverständlichkeit erzielen
- Wandel gestalten
- Change und Kommunikation
- Grundprinzipien und kritische Erfolgsfaktoren wirkungsvollen Wandels

8.3 Performance Coaching oder Verankerung der Veränderungsprozesse

Im Sinne eines Management by Objectives sind auch im HR-Bereich die Ziele von den übergeordneten Unternehmens- und Geschäftsbereichszielen abzuleiten (Abb. 14).

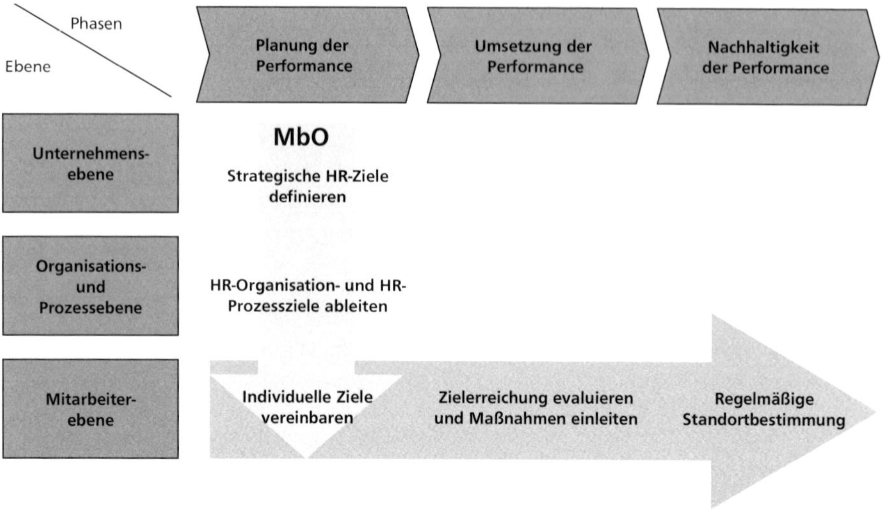

Abb. 14: Performance Management (Avenir Consulting 2005)

Während für das Service Center und weitgehend auch für das Center of Expertise die Ziele mehrheitlich aus den Service Level Agreements abgleitet werden können, ist bei den HR-Business-Partnern vor allem auf das Contracting mit den Geschäftsbereichen abzustellen.

Innerhalb des Contractings werden mit dem Auftraggeber der Linie folgende Punkte geklärt:

- Festlegung einer Jahresvereinbarung mit Zeitbudget, Erwartungen des Auftraggebers bezüglich Projekten und Führungsunterstützung sowie Modus Operandi der Zusammenarbeit.
- Für größere Projekte sind spezifische Contract Sheets mit Ausgangslage, Zielen, Beteiligten, Abhängigkeiten, Terminen, Ressourcen, Business Impacts zu erstellen.
- Abgeleitet von den Contract Sheets werden die Projektsteckbriefe ausformuliert.

Die Erfüllung der Jahresvereinbarung und der Contracts wird schließlich in der Zielvereinbarung des HR-Business-Partners beurteilt und bestimmt maßgeblich dessen variablen Lohnanteil.

Neben der Zielvereinbarung und -beurteilung ist im Rahmen des Performance Coachings vor allem der Kompetenzentwicklung zur Erhaltung bzw. Steigerung der Performance oder beruflichen Weiterentwicklung Aufmerksamkeit zu schenken. Die Beratung und Begleitung in der Laufbahnentwicklung der HR-Mitarbeiter gehört zu den wichtigsten und gleichzeitig wohl auch zu den schönsten Führungsaufgaben eines HR-Executives.

9 Erfolgsfaktoren für die HR-Transformation

Zusammenfassend sind bei der Gestaltung und Begleitung von HR-Transformationsvorhaben folgenden Aspekten besondere Aufmerksamkeit zu schenken:

Vision und Governance

- Klares Zukunftsbild eines integrierten HR-Geschäftsmodells entwerfen, das eine Gesamtsicht von Kunden – HR-Governance – HR-Service Center – HR-Center of Expertise – HR-Business-Partner enthält.
- Einen starken Promotor an die Spitze der Transformation stellen (vorzugsweise ein starkes und anerkanntes Mitglied der Geschäftsleitung).

Stakeholder Management

- Sich um eine aktive Unterstützung durch CEO und Top-Management bemühen.
- Klares Commitment der Key Players innerhalb HR einfordern.
- Frühzeitiges und permanentes Einbinden von Linienführungskräften im Projekt sicherstellen.

Projektmanagement

- Klare Definition der Projektziele und des Projektumfangs einfordern.
- Erfahrenen Projektleiter beauftragen und professionelles Projekt-Management etablieren.
- Verfügbarkeit von Ressourcen mit geforderten Fähigkeiten sicherstellen.
- Gezielt externes Know-how (Benchmarks/Berater) einsetzen.

Organisationsprinzpien

- Kostentransparenz und Marktprinzpien bei Shared Services beachten, Service Level Agreements transparent kommunizieren.
- Prozessstandardisierung durchsetzen und laufend optimieren.
- Schnittstellen zu Center of Expertise und HR-Business-Partner eindeutig klären.

Change Management

- Change Management und Kommunikation von Beginn an beachten.
- Strategische, strukturelle und kulturelle Dimension des Veränderungsprozesses beachten.
- Keine Kompromisse bei der Qualität der personellen Besetzungen.
- Kompetenzentwicklung von HR-Mitarbeitern konsequent vorantreiben.

B Praxisbeispiele

I Die HR-Agenda des CEO am Beispiel der Swisscom AG

Jens Alder

1 Das Unternehmen Swisscom

Swisscom entstand aus dem staatlichen Regiebetrieb PTT der Schweizerischen Eidgenossenschaft. 1998 wurde der Schweizer Telekommunikationsmarkt durch die Inkraftsetzung des gültigen Fernmeldegesetzes (FMG) der Konkurrenz geöffnet. Im selben Jahr wurde die Swisscom in eine spezialrechtliche Aktiengesellschaft überführt und an der Zürcher und New Yorker Börse kotiert. Seither unterliegt Swisscom einem auf dem FMG basierten Regulierungsregime, das mit der Regulierung der Telekommunikationsmärkte in der Europäischen Union in etwa vergleichbar ist. Swisscom gehört heute (2005) noch zu ca. 66 % der Eidgenossenschaft, während knapp 34 % mehrheitlich von angelsächsischen institutionellen Investoren gehalten werden. Das Telekommunikations-Unternehmensgesetz aus dem Jahr 1998 legt u.a. fest, dass die Eidgenossenschaft mindestens 50 % an Stimmen und Kapital an Swisscom halten muss und dass die Regierung Swisscom strategische Ziele vorgibt.

Swisscom ist eine Unternehmensgruppe mit fünf strategischen Gruppengesellschaften und einem Gruppenheadquarter. Über 95 % des Umsatzes wird in der Schweiz erwirtschaftet.

Swisscom ist im internationalen Vergleich ein sehr erfolgreiches Telekommunikations- und Informatikunternehmen. Die operativen und finanziellen Kennzahlen brauchen einen internationalen Vergleich nicht zu scheuen. Die Position im Heimmarkt ist sehr stark, die Kundenloyalität hoch, das Leistungsangebot kompetitiv und innovativ.

Swisscom ist in der Schweiz eines der größten und in der Öffentlichkeit sehr präsenten Unternehmen.

2 Das Umfeld von Swisscom

Die Zukunftsaussichten für die Swisscom-Gruppe sind herausfordernd. Mehrere Industrietrends beginnen sich im Markt bemerkbar zu machen und bedrohen das existierende Kerngeschäft von Swisscom in unterschiedlicher Weise:

- Der massive Preisverfall und der durch die Regulierung verursachte Marktanteilsverlust hat dazu geführt, dass Swisscom seit 1998 kein Umsatz- oder Ertragswachstum mehr aufweist. Die massiv sinkenden Preise wurden durch Mengenzunahme der verkauften Produkte und Dienstleistungen und insbesondere durch massive Kostenreduktion kompensiert. Die Kostenreduktion hat denn auch zu einem Stellenabbau von gegen 40 % seit Marktöffnung geführt.
- Neue Technologien drohen die bestehende Ertragsbasis zu erodieren. Prominentestes Beispiel einer solchen Technologie ist die Möglichkeit, über das Internet zu telefonieren. Wenn sich diese Technologie weiter verbreitet – woran niemand zweifelt –, erodiert die wichtigste Ertragssäule von Swisscom: der margenträchtige Verkauf von Telefonminuten auf dem Fest- und Mobilnetz.
- Die Grenzen von Informatik und Telekommunikation beginnen sich insbesondere im Umfeld der Geschäftskunden zu verwischen. Die Konsequenz für Swisscom ist, dass immer mehr Informatikunternehmen, die zum Teil Schweizer Niederlassungen äußerst potenter globaler Unternehmungen sind, zur direkten Konkurrenz im Kerngeschäft von Swisscom werden.
- Das Regulierungsregime wird mit einiger Wahrscheinlichkeit weiter verschärft. Das aus dem Jahre 1998 stammende Fernmeldegesetz wird gegenwärtig vom Parlament revidiert mit dem Ziel, zusätzliche Regulierungsmaßnahmen zur weiteren Anheizung des Wettbewerbs einzuführen. Diese Maßnahmen sind definitionsgemäß gegen das ehemalige Monopolunternehmen, also Swisscom gerichtet. Dadurch entsteht ein zusätzlicher wirtschaftlicher Druck auf Swisscom.

Obige Trends führen in den nächsten Jahren mit einer hohen Wahrscheinlichkeit zu einem leicht erodierenden Umsatz und dank fortgesetzter Restrukturierungsmaßnahmen möglicherweise nur knapp gehaltenen operativen Gewinn.

3 Die Konzernführung

3.1 Organisation

Um diesen Herausforderungen zu begegnen, hat sich Swisscom 2001 eine flexible, auf die Herausforderungen des Marktes hin ausgerichtete Gruppenstruktur gegeben. Die operativ weitgehend selbständigen Gruppengesellschaften werden durch eine »Businessholding« geführt.

Die Businessholding beinhaltet neben der finanziellen Führung insbesondere auch die strategische Steuerung der Gruppengesellschaften. Dies ist deshalb notwendig, da die einzelnen Gesellschaften in mehreren Dimensionen voneinander abhängig sind. Ziel der strategischen Steuerung ist die Wertmaximierung der Unternehmensgruppe, so dass der Gesamtwert größer ist als die Summe der Einzelwerte der Gruppengesellschaften.

- Gut 15 % des Gesamtumsatzes der Swisscom-Gruppe findet zwischen den einzelnen Gesellschaften statt. Das bedingt klare Spielregeln für das Intra-Konzerngeschäft.
- Fast alle Gesellschaften treten unter der Dachmarke »Swisscom« auf. Das verpflichtet alle zu einem einheitlichen Wertsystem in der Leistungserstellung und im Innen- und Außenauftritt.
- Das sich rasch ändernde Leistungsangebot kann zu größeren Überlappungen zwischen den Gruppengesellschaften und zu wertmindernder Konkurrenz innerhalb des Konzerns führen. Deshalb ist eine übergeordnete Portfoliosteuerung unabdingbar.
- Die Mitarbeiter sollen vom Konzernangebot, das die Dimensionen der eigenen Gruppengesellschaft ja wesentlich übersteigt, profitieren können. Umgekehrt soll der Konzern den gesamten Bestand der Mitarbeiter wertsteigernd bewirtschaften können.

Konsequenterweise beherbergt die Businessholding die vier strategischen Steuerungsfunktionen *Group Finance & Controlling*, *Group Communications*, *Group Strategy & Business Development* und *Group Human Resources*. Die entsprechenden Verantwortungen und Kompetenzen sind in gemeinsam erarbeiteten und verabschiedeten Policies festgehalten.

Zusätzlich zu diesen Steuerungsfunktionen führt das Gruppenheadquarter auf Wunsch der Gruppengesellschaften auch ausgewählte Dienstleistungsfunktionen, die aus Effizienzgründen gruppenweit zusammengefasst werden sollen.

3.2 Führungskreise und -werte

Die Swisscom-Gruppe wird von einem CEO geführt. Er rapportiert dem Verwaltungsrat. Dem CEO der Swisscom-Gruppe unterstellt sind die CEO der fünf wichtigsten Gruppengesellschaften sowie die Leiter der vier strategischen Steuerungsfunktionen des Gruppenheadquarters. Sie bilden zusammen die zehnköpfige Gruppenleitung.

Der Führungsstil der Gruppenleitung ist kollegial und partizipativ mit dem gemeinsamen Ziel, den Wert der Gesamtgruppe zu maximieren. Dabei werden sowohl die operative Autonomie der Gruppengesellschaften sowie die strategischen Führungsansprüche der vier Fachdivisionen des Gruppenheadquarters respektiert.

Basis für die nachhaltige Optimierung des Erfolgs von Swisscom als Unternehmensgruppe sind die gemeinsam erarbeiteten, immateriellen Gemeinsamkeiten *Swisscommons*. Sie umfassen ein auf gemeinsamen Werten aufgebautes Führungsverständnis des obersten Managements, die Kernwerte der gemeinsamen Marke Swisscom und eine auf gemeinsamen Werten aufgebaute, subsidiäre Struktur von Visionen und Missionen der einzelnen Gruppengesellschaften.

4 Strategisches HR-Management bei Swisscom

Die HR-Agenda des CEO der Swisscom-Gruppe richtet sich nach den strategischen Steuerungsbedürfnissen der Businessholding. Sie umfasst im Wesentlichen den in der Group Human Resources Policy festgelegten und von der Gruppenleitung verabschiedeten Verantwortungsbereich. Group Human Resources ist eine der vier strategischen Fachdivisionen des Gruppenheadquarters. Sie wird vom Chief Personnel Officer (CPO) geführt, der auch Mitglied der Gruppenleitung ist.

Durch die Delegation der operativen HR-Aufgaben in die Gruppengesellschaften oder in Shared-Services-Bereiche des Grupenheadquarters wird die Fokussierung von Group Human Resources auf die strategischen Kernaufgaben erst ermöglicht.

Die Verantwortung des CPO umfasst im Wesentlichen folgende, die gesamte Swisscom-Gruppe betreffende Bereiche:

- Umsetzen der strategischen Ziele des Bundesrats im Bereich Human Resources,
- Standards und Management der Sozialpartnerschaft und des Arbeitsrechts,
- Führungsentwicklung des Topmanagements,
- Standards für Compensation-Struktur und Anstellungsbedingungen,
- Sicherstellen und Weiterentwickeln der Berufsbildung.

Alle oben aufgeführten Fachthemen sind für die langfristige Prosperität der Swisscom-Gruppe von strategischer Bedeutung, d.h. die einzelnen Steuerungs-, Umsetzungs- und Controllingkonzepte werden mit dem Ziel erarbeitet, den langfristigen Wert der Swisscom-Gruppe zu maximieren.

Neben den oben explizit aufgeführten Fachthemen stellt der CPO sicher, dass Initiativen der einzelnen Gruppengesellschaften, die übergreifend geführt zu deutlichen Wertsteigerungen führen können, gezielt angegangen und umgesetzt werden. Ein typisches Beispiel ist die Harmonisierung der HR-Informatik-Plattformen im gesamten Konzern, die erst durch Harmonisierung der HR-Service-Delivery-Modelle ermöglicht wird.

Der CPO ist der gegenüber der Swisscom-Gruppenleitung für die Umsetzung des strategischen HR-Managements verantwortliche Kollege. Er führt und verantwortet alle das strategische HR-Management der Swisscom-Gruppe betreffenden Meinungsbildungs-, Entwicklungs-, Umsetzungs- und Controllingprozesse.

4.1 Umsetzen der strategischen Ziele der Regierung im Bereich Human Resources

Die Schweizerische Eidgenossenschaft, vertreten durch den Bundsrat (Regierung) gibt Swisscom strategische Ziele vor. Dieses Recht der Mehrheitsaktionärin ist im Telekommunikations-Unternehmensgesetz aus dem Jahr 1998 festgelegt. Neben anderen Themen umfassen die Ziele auch strategische Auflagen im Bereich Human Resources.

Diese Ziele umfassen qualitative, als Anspruchsniveau formulierte Vorgaben in den Bereichen Personalpolitik, Mitarbeiterzufriedenheit, Fluktuationsrate, Personalbestand, Sozialpartnerschaft, Kaderlöhne, Aus- und Weiterbildung, Restrukturierung und Sozialpläne sowie Altersvorsorge.

Diese verbindlichen, auf vier Jahre hinaus festgelegten und publizierten strategischen Ziele gilt es in der gesamten Swisscom-Gruppe umzusetzen. Außerdem ist sicherzustellen, dass deren Einhaltung mit einem geeigneten Messsystem jährlich nachgewiesen werden kann.

Swisscom ist es gelungen, die teilweise politisch motivierten Vorgaben der Mehrheitsaktionärin in betriebswirtschaftlich zielführende, griffige Vorgaben zu übersetzen und diese erfolgreich im Konzern umzusetzen.

Die Herausforderung für das strategische HR-Management ist die Übersetzung der eher politisch formulierten Auflagen in unternehmerisch verbindliche Weisungen, das Erstellen und Pflegen des entsprechenden Controlling-Instrumentariums sowie die transparente, auf die Bedürfnisse einer politischen Behörde angepasste Berichterstattung.

Diese Verantwortung des CPO stellt einen sehr wichtigen Beitrag für den Erhalt einer guten Beziehung zwischen Swisscom und der Mehrheitsaktionärin dar. Sie bedingt umfassende Unternehmenskenntnisse, HR-Fachkenntnisse, Durchsetzungsvermögen und politisches Feingespür.

4.2 Standards und Management der Sozialpartnerschaft und des Arbeitsrechts

Die Swisscom-Gruppenleitung ist der Überzeugung, dass die respektvolle, unterschiedliche Interessen konstruktiv austragende Sozialpartnerschaft ein wichtiger Pfeiler des langfristigen Unternehmenserfolges darstellt. Diese Sozialpartnerschaft ist aus der strategischen Konstellation des Unternehmens heraus besonderen Risiken ausgesetzt. Diese Risiken umfassen unter anderem den durch Preiszerfall und Regulierung erzeugten permanenten Zwang zu Kostenreduktion und Stellenabbau. Aber auch die inhärent sehr unterschiedlichen Sichtweisen der in dem schweizerischen Behördenumfeld angesiedelten Gewerkschaften einerseits und den zumeist kurzfristig orientierten Gewinnerwartungen der internationalen Kapitalmärkte andererseits führen zu zahlreichen Spannungen. Schließlich vertreten die Sozialpartner häufig die einseitige Interessenlage der Mitarbeiter, während die Unternehmensleitung auch die Ansprüche der Kunden, Aktionäre und Öffentlichkeit im Auge behalten muss.

Swisscom ist es gelungen, fortschrittliche und teilweise sehr innovative Konzepte bei der Umsetzung von Restrukturierungsmaßnahmen mit den Sozialpartnern zu vereinbaren und umzusetzen. So wurden selbst betriebene Ausbildungs- und Vermittlungsstätten aufgebaut, temporäre Arbeitsvermittlungsfirmen ins Leben gerufen und Venture Capital Fonds für Unternehmensgründungen für die vom Stellenabbau betroffenen Mitarbeiter gegründet.

Die Herausforderung für das strategische HR-Management ist das Management der Werke Gesamtarbeitsvertrag, Sozialplan, Altersvorsorge und Personenversicherung. Das Management umfasst Konzeption, Verhandlung, operative Umsetzung und Erfolgsmessung aller Werke sowie die Führung der dazu gehörenden operativen Strukturen. Dabei ist entscheidend, dass die Bedürfnisse der Sozialpartner gebührend berücksichtigt werden, ohne die anderen Anspruchsgruppen aus den Augen zu verlieren. Besondere Bedeutung hat die langfristige Konzeption von Gesamtarbeitsvertrag und Altersvorsorge, so dass sie eine wesentliche Stütze der Weiterentwicklung der strategischen Unternehmensgruppe darstellen. Die Umsetzung muss effizient, die operative Selbständigkeit der Gruppengesellschaften berücksichtigend sein und wenn immer möglich den Arbeitsfrieden wahren.

Diese Verantwortung des CPO stellt einen operativ und strategisch bedeutenden Beitrag zum Unternehmenserfolg dar. Sie bedingt ein tiefes Verständnis der strategischen Entwicklungspläne der Unternehmensgruppe, großes Verhandlungsgeschick, unternehmerisches Gespür und eine absolut integre, glaubwürdige Persönlichkeit.

4.3 Führungsentwicklung des Topmanagements

Das Topmanagement der Swisscom-Gruppe umfasst die ca. 60 obersten Kader des Unternehmens. Es handelt sich im Wesentlichen um die nach der Gruppenleitung zweite Führungsebene der Swisscom-Gruppe. Um Mitglied des Topmanagements zu werden, muss der Verantwortungsbereich ein nach einheitlichen Kriterien erfasstes Verantwortungsniveau umfassen und vom Potenzial her die Funktion auch ausfüllen. Außerdem berichten die Topmanager grundsätzliche einem Mitglied der Swisscom-Gruppenleitung.

Diese Topmanager sind der Dreh- und Angelpunkt der strategischen Steuerung der Swisscom-Gruppe. Sie sind die Träger der Swisscommons, das heißt, sie stellen durch Vorbild und aktives Wirken sicher, dass die gemeinsamen Werte im operativen Management auch gelebt werden.

Dieses Topmanagement muss für seine überaus bedeutungsvolle Arbeit vorbereitet sein. Dazu dient das Topmanagement Development, das, ausgehend von einem einheitlichen Kompetenzmodell, das Führungsverständnis der Topmanager entwickelt und einheitlich ausrichtet. Kern des Management Developments ist die intensive Interaktion untereinander und mit der Gruppenleitung.

Swisscom ist es gelungen, trotz operativ sehr selbständigen Gruppengesellschaften ein im Topmanagement fest verankertes, auf gemeinsame Werte ausgerichtetes »Wir«-Gefühl zu entwickeln und das vertiefte Verständnis für die Gesamtheit der Geschäftstätigkeit der Swisscom-Gruppe sicherzustellen.

Die unternehmerischen Herausforderungen der Zukunft lassen erwarten, dass fundamentale Änderungen in der Geschäftstätigkeit neue Formen von Geschäftsmodell, Organisationsformen und Führungsverständnis bedingen.

Die Herausforderung für das strategische HR-Management ist die Führung des Entwicklungsprozesses des Topmanagements und deren Interaktion mit der Gruppenleitung. Dabei ist das richtige Ausmaß an zeitlicher Beanspruchung der obersten Führungskräfte einerseits, und die richtige und vertiefte Konzeption und Durchführung der Entwicklungsschritte andererseits entscheidend.

Diese Verantwortung des CPO hat die mit Abstand größte Multiplikatorwirkung auf den langfristigen Unternehmenserfolg der Swisscom-Gruppe. Der CPO benötigt dafür ein tiefes Verständnis der Swisscommons und muss von den Topmanagern in seiner steuernden Rolle vorbehaltlos akzeptiert sein.

4.4 Standards für Compensation-Struktur und Anstellungsbedingungen

Zu einem strategisch optimal geführten Konzern gehört, dass die einzelnen Gruppengesellschaften sich gegenseitig die Talente nicht abwerben und dass sich die gewollten Übertritte von Mitarbeitern von einer zur anderen Gruppengesellschaft einfach bewerkstelligen lässt. Außerdem ist in der Innen- und Außenwirkung wichtig, dass die Vergütungsprinzipien innerhalb der ganzen Swisscom-Gruppe den gleichen Grundsätzen folgen.

Aus diesen Gründen erarbeitet und überwacht Group Human Resources die Rahmenwerte für die Vergütungen der Mitarbeiter im gesamten Konzern. Sie beinhalten u.a. das System der Arbeitsplatzbewertung und die dazu gehörenden Lohnbänder, Eckwerte für Boni und Aktien- bzw. Optionenbeteiligungsprogramme sowie die Vorgaben für die Prozesse der Ziel- und Kompetenzvereinbarungen in der Swisscom-Gruppe. Außerdem umfasst sie auch die Anstellungsbedingungen von Swisscom-Mitarbeitern im Ausland (Expatriates).

Die Herausforderung für das strategische HR-Management ist die erfolgreiche Gratwanderung zwischen einer maßvollen, die operative Autonomie weitgehend respektierenden Entlohnungspolitik und einem Durchgriff auf die Entlohnungsbedingungen der Mitarbeiter im Konzern nach Maßgabe von Arbeitsmarkt und einheitlichen, modernen Entlohnungsgrundsätzen.

Diese Verantwortung des CPO bedingt ein sehr tiefes Verständnis moderner Kompensationssysteme, ein vertieftes wirtschaftliches Verständnis und Durchsetzungsfähigkeit.

4.5 Sicherstellen und Weiterentwickeln der Berufsbildung

Als Besonderheit führt Group Human Resources das Berufsbildungswesen der Swisscom-Gruppe als von den Gruppengesellschaften gewünschte zentrale Dienstleistung. Diese umfasst die Konzeption und Weiterentwicklung des Berufsbildungswesens, die mit den Gruppengesellschaften abgestimmten Lerninhalte und Praktikumseinsätze sowie die personelle Führung der Ausbilder und Auszubildenden.

Die Berufsbildung ist eine tragende Säule des schweizerischen Bildungswesens. Bei Swisscom sind etwa 6 % des Personalbestandes Auszubildende, die in zwei- bis vierjährigen Lehrzeiten in einem gemischten Schul-/Praktikumsmodell in mehr als zehn verschiedenen Berufen ausgebildet werden.

Swisscom ist es gelungen, dank einer völlig neuen, innovativen Konzeption eine Vorreiterrolle in der schweizerischen Berufsbildung zu spielen. Diese Neukonzeption hat sich so gut bewährt, dass sie ebenfalls als Modell für die berufliche Weiterbildung aller Mitarbeiter in der Swisscom-Gruppe herangezogen wird.

Die Herausforderung des strategischen HR-Managements liegt in der großen, auf zahlreiche Gruppengesellschaften verteilten Führungsaufgabe, die es im Spannungsfeld Gruppengesellschaften, Auszubildende, Eltern, Behörden, Schulen, Berufsverbände etc. bedarfsorientiert und effizient zu führen gilt.

Diese Verantwortung des CPO bedingt große Führungserfahrung, diplomatisches Geschick im Umgang mit höchst unterschiedlichen Interessengruppen und ein Faible für junge Menschen.

5 Unternehmenskultur

Die HR-Agenda des CEO der Swisscom-Gruppe richtet sich nach den strategischen Steuerungsbedürfnissen der Businessholding. Sie kann aber auch weitere Themen, die nicht explizit in der Group Human Resources Policy umschrieben sind, umfassen. Ein sehr wichtiges Thema ist die Entwicklung der Unternehmenskultur. Die in den Mitarbeitern verankerte Unternehmenskultur ist der wohl langfristig nachhaltigste Erfolgsparameter eines Unternehmens. Aus diesem Grund muss sich der um die langfristige Entwicklung kümmernde CEO mit der Unternehmenskultur persönlich befassen.

Die Unternehmenskultur ist die Summe der Verhaltensweisen der Mitarbeiter des Unternehmens. Jedermann ist in der Lage, in unterschiedlichen Unternehmen unterschiedliche Kulturen festzustellen. Die Verhaltensweisen von Mitarbeitern werden durch ihre Vorgesetzten entscheidend geprägt. Durch Führungskräfte im Alltag vorgelebte Führungswerte setzen sich mit der Zeit im Unternehmen durch und prägen somit die Unternehmenskultur.

Die Gruppenleitung hat aus diesem Grund die aus ihrer Sicht richtigen Führungswerte, die eine langfristige *Erfolgskultur* bewirken sollen, erarbeitet. Das Ergebnis ist ein Satz von fünf Führungswerten: *Erfolg* durch *Professionalität, Respekt, Offenheit und Mut.* Das Ziel des Handelns einer Führungskraft ist also der Erfolg. Dabei ist es entscheidend, dass alle vier Führungswerte Professionalität, Respekt, Offenheit und Mut gleichermaßen und gleichberechtigt im täglichen Handeln zum Ausdruck kommen.

- **Mut** ist individuell. In den drohenden Sanktionen liegt die eigene Verletzbarkeit, die Voraussetzung von Mut ist. Denn Mut schließt unter Umständen Ungehorsamkeit ein, Regelverstöße oder Unkonformität – wenn ich es individuell und persönlich verantworten kann.

  Mut heißt Zivilcourage und erweist sich dort, wo der Topmanager sich im Konfliktfall gegen zum Beispiel eine einseitige betriebswirtschaftliche Logik und zugunsten eigener ethischer Überzeugungen entscheidet und bereit ist, persönlich dafür auch die Folgen zu tragen.

- **Respekt** ist primär eine Geisteshaltung. Ich anerkenne den anderen als ein autonomes, moralisches Subjekt – wie mich selber auch. Aus diesem Habitus heraus stelle ich seine Perspektiven und Interessen bei meinem Handeln in Rechnung. Für mein Tun schulde ich ihm daher gute Gründe.

Dabei ist Toleranz nicht grenzenlos. Sie ergibt sich ebenso wie ihre Grenzen aus jener Selbstverpflichtung, die sich aus der Einsicht in die Reziprozität ergibt.

Wer aus Respekt handelt, rennt nicht einfach blind auf sein Ziel los. Er fragt sich immer, was er später im Rück-Blick (Re-spekt) an achtenswerter Legitimation vorweisen kann.

Respekt als Geisteshaltung verlangt von den Unternehmen und ihren Managern – angesichts des Bedeutungsverlustes der herkömmlichen Ethiksteuerungsaggregate – eine Vorbildfunktion: Who cares, wins!

- **Professionalität** heißt reifer Umgang mit dem eigenen Wissen und dem eigenen Nicht-Wissen – heißt also auch, seine eigenen Grenzen zu kennen und zu respektieren.

  Professionalität zeigt sich weniger in den (vermeintlich omnikompetenten) Antworten, die eine Führungskraft hat, als vielmehr in den Fragen, die sie stellt. Eine professionelle Führungskraft will die Dinge verstehen, die Probleme durchdringen, aufgrund der Analyse zu einer Synthese gelangen und so zu einer fundierten eigenen Meinung finden.

  Professionalität geht über das Sachlich-Fachliche hinaus und erweist sich im Umgang mit Dritten: Darin, wie diese angehört werden; darin, wie ihr Wissen mit dem eigenen zusammengeführt wird; und darin, wie ihnen kommuniziert wird, wenn der eigene Entscheid anders ausfällt, als von ihnen gewünscht.

- **Offenheit** setzt Vertrauen voraus. Die Grenzen des Vertrauens sind dieselben wie die der Offenheit.

  Offensein für andere Standpunkte und Vorschläge ebenso wie Transparentsein für andere setzt die Fähigkeit voraus, sich und seine Situation relativieren zu können. Offensein braucht daher die Bereitschaft, über sich selbst nachzudenken, und die Fähigkeit zur Selbsterkenntnis.

  Je mehr Macht in einer Position angesammelt ist, desto schwerer wird es dem Individuum fallen, selbstreflexiv seine Position zu durchschauen.

  Je größer der Erfolgsdruck ist, je schneller man Entscheidungen fällen muss, desto weniger Offensein ist möglich.

- **Erfolg:** Die Führungswerte verlangen, über die rein betriebswirtschaftliche Logik hinaus auch die Sinnfrage zu stellen. Zu diesem Verständnis von ethischem Managerhandeln muss daher unser Verständnis von Erfolg passen. »Sag mir, was Du unter Erfolg verstehst, und ich sage Dir, welche Ethik Du hast.«

Geschäftlicher Erfolg ist mehr als Gewinn. Betriebswirtschaftliche Kennzahlen, an denen wir unser ökonomisches Handeln messen, sind so festzulegen, dass sie primär auf die nachhaltige Steigerung des Unternehmenswertes fokussieren. Aber diese Kennzahlen – so wichtig sie für unser Tun und Lassen sind – genügen nicht, um zu definieren, was wir unter Erfolg verstehen und anstreben.

Zum geschäftlichen Erfolg gehört überdies eine angemessene Berücksichtigung aller Anspruchsgruppen – denn nur das sichert uns langfristig die Bedingungen unseres Erfolgs. Angemessen heißt, dass die Berücksichtigung der Interessen ausbalanciert erfolgt und aus der Optik aller betroffenen Anspruchsgruppen als gerecht empfunden wird.

Unter Anspruchsgruppen sind Kunden, Aktionäre, Partner, Öffentlichkeit und Mitarbeiter zu verstehen.

Es ist die Aufgabe des obersten Managements eines Unternehmens, sich über die angestrebte *Erfolgskultur* im Unternehmen klar zu werden. Diese Erfolgskultur basiert für die Swisscom-Gruppenleitung auf den oben beschriebenen Führungswerten, die es vom Topmanagement zu verinnerlichen gilt. Dies geschieht durch einen Prozess des Vorlebens, Austragens, Messens, der in der Regel vom CEO verantwortet und vom strategischen HR-Management geführt wird.

6 Zusammenarbeit von CEO, CPO und Gruppenleitung

Der CEO trägt die Gesamtverantwortung für das Unternehmen. Bei der als Business Holding aufgestellten Swisscom konzentriert sich der CEO auf die strategische und finanzielle Führung der Unternehmensgruppe. Die operativen Führungsaufgaben sind an die Gruppengesellschaften delegiert. Um seine Führungsaufgabe wahrnehmen zu können, stützt sich der CEO auf sein engstes Team, der Gruppenleitung mit den CEO der fünf wichtigsten Gruppengesellschaften und den Leitern der vier strategischen Steuerungsfunktionen des Gruppenheadquarters. Alle Mitglieder der Gruppenleitung müssen also die Gesamtsicht einnehmen und aus ihrer jeweiligen Rolle heraus mitführen.

Jede Führungskraft führt Menschen. Dadurch könnte man versucht sein, die Rolle des Chief Personnel Officers als administrative Supportfunktion der Führungskräfte zu verstehen. Spätestens in einer strategischen Führung zeigt es sich aber, dass der CPO eine wichtige, vom fachlichen und menschlichen Anspruch her äußerst breite Führungsaufgabe wahrnehmen muss.

Die bei Swisscom gelebte Erfahrung hat aufgezeigt, dass neben dem modernes HR-Management umfassenden Fachanspruch auch intime Kenntnisse der Strategie des Kerngeschäfts und eine breite Führungserfahrung für den Erfolg des CPO unabdingbar sind. Der CPO muss dank seiner Persönlichkeit und Kompetenz ein geschätztes, dank seiner Bedeutung für den Erfolg der Unternehmensgruppe auch respektiertes und wichtiges Mitglied des obersten Führungsgremiums sein.

Umgekehrt sind das Führungsverständnis, die Führungswerte und Einsicht in modernes HR-Management eines jeden einzelnen Mitglieds der Gruppenleitung entscheidend für den Wertbeitrag von HR in der gesamten Unternehmensgruppe. Dies bedeutet, dass der CEO als Gesamtverantwortlicher durch Einsicht und Vorbild dem HR-Management erst zu seiner wertsteigernden Rolle verhilft.

II Umsetzung eines integrierten HR-Geschäftsmodells am Beispiel der UBS AG

Robert Ey/Markus Thoma/Jürg Winzenried

1 Das Unternehmen UBS AG

UBS ist eines der weltweit führenden Finanzinstitute und erbringt Dienstleistungen für Kundinnen und Kunden auf der ganzen Welt.

UBS ist in 50 Ländern und auf allen wichtigen Finanzplätzen der Welt mit Niederlassungen vertreten. 38 % ihrer Mitarbeiterinnen und Mitarbeiter sind in Nord-, Mittel- und Südamerika, 38 % in der Schweiz, 16 % in Europa und weitere 8 % im asiatisch-pazifischen Raum tätig.

UBS ist eine Aktiengesellschaft nach Schweizerischem Aktienrecht. Die Aktien der UBS AG sind an der SWX Swiss Exchange sowie an den Börsen in New York (NYSE) und Tokio (TSE) kotiert.

Die Vision von UBS lautet:

»UBS will als bestes globales Finanzdienstleistungsunternehmen anerkannt sein.«

1.1 Die wichtigsten Geschäftspfeiler

Wealth Management

Mit einer über 140-jährigen Tradition und einem umfassenden internationalen Netz von zirka 180 Geschäftsstellen ist UBS die weltweite Nummer eins im Wealth Management. Rund 3.700 Kundenberater erbringen eine umfassende Palette von Dienstleistungen, die auf die Bedürfnisse von vermögenden Privatkunden zugeschnitten sind. Diese reicht von der Vermögensverwaltung und Nachlassplanung über Corporate Finance bis hin zu Art Banking. In den USA zählt UBS mit einer Kundenbasis von fast zwei Millionen Anlegern zu den größten Anbietern. Rund 7.500 Finanzberater stellen hoch entwickelte Dienstleistungen für wohlhabende und sehr vermögende Privatkunden bereit.

Investment Banking and Securities

UBS gehört zu den weltweit wichtigsten Investmentbanken und Wertschriftenhäusern und nimmt im Geschäft mit Firmen- und institutionellen Kunden eine führende Stellung ein. Sie belegt in den wichtigsten Branchenumfragen regelmäßig Spitzenplätze und zählt zu den leistungsstärksten Teilnehmern auf den Primär- und Sekundärmärkten für Aktien, aktiengebundene Produkte und

Aktienderivate. Im Bereich festverzinslicher Produkte gehört UBS zu den international führenden Marktteilnehmern und belegt auch im Devisenhandel in vielen wichtigen Branchenumfragen den ersten Platz. Im Investment Banking erbringt UBS Beratungs- und Abwicklungsdienstleistungen für einen globalen Firmenkundenstamm. Im Zentrum ihrer Geschäftstätigkeit steht immer der Kunde, der dadurch Zugang zu innovativen Produkten, einem anerkannten Research sowie zu den internationalen Kapitalmärkten erhält.

Asset Management

UBS ist ein führender Vermögensverwalter mit einem breiten Angebot herkömmlicher wie auch alternativer Investment-Management-Lösungen für institutionelle und andere Kunden sowie Finanzintermediäre auf der ganzen Welt.

Privat- und Firmenkunden in der Schweiz

Im Schweizer Bankgeschäft beträgt der Marktanteil von UBS je nach Kundensegment zwischen einem Viertel und einem Drittel. UBS stellt umfassende Bank- und Wertschriftendienstleistungen für Privat- und Firmenkunden bereit. Die Kundenbasis umfasst institutionelle Anleger, öffentliche Körperschaften und Stiftungen mit Sitz in der Schweiz sowie rund 3.000 Finanzinstitute weltweit.

Corporate Center

Das Corporate Center stellt in Partnerschaft mit den Unternehmensgruppen sicher, dass diese als wirksames Ganzes mit gemeinsamen Werten und Zielen zusammenarbeiten.

1.2 Die UBS-Organisationsstruktur

Die Organisationsstruktur von UBS ist in Abb. 15 dargestellt:

Abb. 15: UBS-Organisationsstruktur

Global Wealth Management & Business Banking	Investment Bank	Global Asset Management	Corporate Center
• ca. 45.000 Angestellte • weltweit größter Vermögensverwalter • Marktführer im Privat- und Firmenkundengeschäft in der Schweiz	• ca. 16.000 Angestellte • bedient weltweit Unternehmen, institutionelle Kunden, Regierungen und Finanzintermediäre • Handel mit Aktien, aktiengebundenen Produkten und Aktienderivaten am Primär- und Sekundärmarkt	• ca. 3.000 Angestellte • führender institutioneller Asset Manager und global tätiger Anbieter von Anlagefonds • bedient weltweit institutionelle und private Kunden	• ca. 3.500 Angestellte • stellt sicher, dass UBS als kohärente und integrierte Gesellschaft mit einheitlicher Vision und gemeinsamen Werten auftritt

Abb. 16: Übersicht über die UBS-Unternehmensgruppen

Die in Kapitel 1.1 genannten Geschäftsfelder werden organisatorisch in vier Unternehmensgruppen zusammengefasst (Abb. 16).

1.3 Die UBS in der Schweiz

UBS ist nur in der Schweiz mit allen vier Unternehmensgruppen vertreten. Das Geschäft mit Privat- und Firmenkundengeschäft, welches Teil von Global Wealth Management & Business Banking ist, wird einzig in der Schweiz praktiziert.

Über das ganze Land verteilt betreibt UBS für ihre Kunden knapp 400 Geschäftsstellen und sonstige Einrichtungen mit UBS-Services (wie z.B. Geldautomaten). In der Schweiz[1] arbeiten rund 26.000 Mitarbeiter für UBS.

1.4 Facts & Figures

Schlüsselzahlen	2005	2004
Geschäftsertrag (Mio. CHF)	39.896	35.971
Konzernergebnis (Mio. CHF)	13.517	7.656
Unverwässertes Ergebnis pro Aktie (CHF)	9,78	8,02
Eigenkapitalrendite gemäß Erfolgsrechnung	39,4	25,5
Neugelder (Mrd. CHF)	95,1	60,4
Personalbestand (auf Vollzeitbasis)	70.502	67.407

Verwaltete Vermögen (Mrd. CHF)	2005	2004
UBS AG	2.652	2.217

1 Der Arbeitsmarkt Schweiz beinhaltet alle UBS-Mitarbeiter in der geographischen Schweiz und schließt alle UBS-Unternehmensgruppen mit ein.

2 HR-Organisation/Rollen

Innerhalb UBS verfügt jede Unternehmensgruppe über eine eigene HR-Organisation. Übergreifend koordiniert die in Corporate Center positionierte Einheit »Group HR« die Zusammenarbeit aller HR-Einheiten von UBS.

Die HR-Organisationen von UBS unterliegen einem stetigen Wandel. Die in den vergangenen Jahren initiierten Transformationsprojekte tragen in den Regionen der global tätigen Bank erste Früchte. Im Arbeitsmarkt Schweiz sind die Veränderungsprozesse am weitesten gediehen. Im Rahmen eines umfassenden mit »Future HR« betitelten Projektes wurde zwischen Herbst 2003 und Mitte 2005 in der Schweiz ein neues HR-Geschäftsmodell eingeführt.

Die nachfolgenden Ausführungen beziehen sich ausschließlich auf diesen im Arbeitsmarkt Schweiz vollzogenen Transformationsprozess.

2.1 Die HR-Organisation vor der Einführung des neuen HR-Geschäftsmodells

Die HR-Organisation, wie sie sich vor Einführung des heutigen Geschäftsmodells präsentierte, wies folgende Merkmale auf:

- HR-Einheiten in allen Unternehmensgruppen im Arbeitsmarkt Schweiz,
- gleiche HR-Dienstleistungen werden von verschiedenen Anbietern (pro Unternehmensgruppe) zum Teil unterschiedlich angeboten,
- unterschiedliche HR-Geschäftsmodelle (pro Unternehmensgruppe) im Arbeitsmarkt Schweiz,
- unterschiedliche, die HR-Prozesse unterstützende Systeme.

Zusammenfassend kann festgehalten werden, dass die HR-Organisation durch einen unternehmensgruppenorientierten und -strukturierten Ansatz charakterisiert war.

Das Modell im Arbeitsmarkt Schweiz sah vor, dass die HR-Anliegen sämtlicher Mitarbeiter, unabhängig davon, ob sie eine Vorgesetzten-Rolle innehatten oder nicht, durch die HR-Berater-Organisation (HR-CRM, Client Relationship Management) bearbeitet wurden.

Daneben stand den Mitarbeitern und Linienmanagern im unteren und mittleren Management für die Bearbeitung standardisierter Prozesse eine intranetbasierte Systemlösung zur Verfügung (HR-Self-Service), welche Geschäftsfälle über Workflows weitgehend automatisch abwickelte.

Den HR-CRM stand für die Bearbeitung von komplexen Kundenanfragen im Sinne eines 3rd Level Supports eine Spezialisten-Einheit zur Verfügung. Eine zusätzliche Aufgabe dieser Spezialisten-Einheit bestand im Management der Produkte und Prozesse.

Folgende Darstellung (Abb. 17) zeigt das Zusammenspiel bzw. die Verbindung zwischen Kunden und den zwei Distributionskanälen (HR-Self-Service, HR-CRM) sowie den HR-Spezialisten:

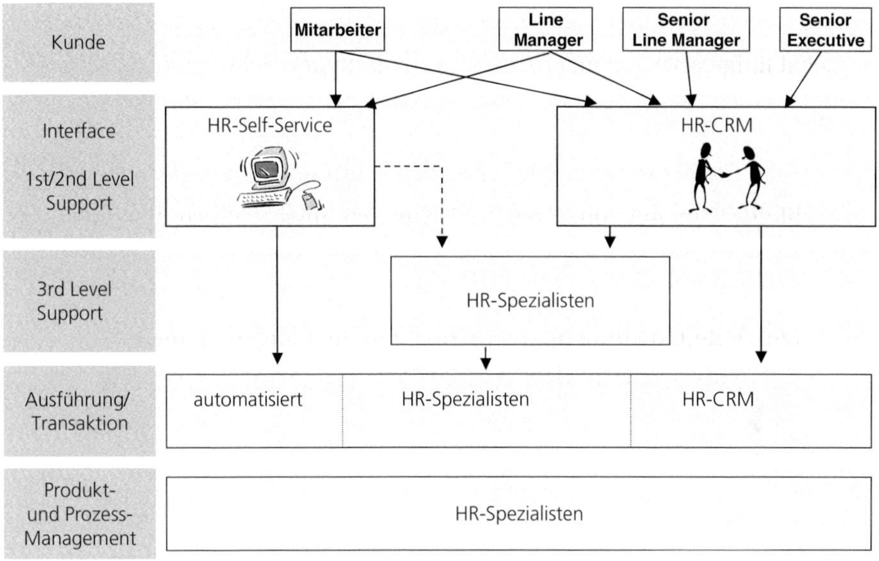

Abb. 17: Das bisherige HR-Geschäftsmodell für den Arbeitsmarkt Schweiz

2.2 Die Rolle des HR-Beraters vor Einführung des neuen Geschäftsmodells

Die Organisation der HR-Berater (HR-CRM, Client Relationship Management) erbrachte das gesamte Angebot an HR-Dienstleistungen gegenüber allen Mitarbeitern von UBS. Die HR-Berater waren in den ihnen zugeteilten Organisationseinheiten für sämtliche HR-Fragen auf allen hierarchischen Stufen verantwortlich.

Der Aufgabenbereich der HR-Berater war somit sehr breit gefasst: Er reichte von administrativen Tätigkeiten, über Datenmutationen im System bis hin zu Beratungen von Linienmanagern im Rahmen von strategisch bedeutungsvollen Veränderungsprozessen innerhalb eines Bereichs der Bank.

2.3 Gründe für die Einführung eines neuen HR-Geschäftsmodells

Folgende Faktoren haben dazu geführt, dass sich UBS im dritten Quartal 2003 für die Einführung eines neuen HR-Geschäftsmodells entschieden hat:

- Eine unternehmensgruppenübergreifende Initiative trieb die Einführung einer globalen HR-IT-Plattform voran. Mit Ausnahme der Schweiz wurde 2005 in sämtlichen Ländern und Regionen ein einheitliches HR-System implementiert. Daraus erwuchs das Bedürfnis, neben den Systemen auch die unterschiedlichen Geschäftsmodelle und Prozesse sowie die technischen Systeme weltweit zu vereinheitlichen.
- Eine von UBS in Auftrag gegebene Benchmarking-Studie hatte ergeben, dass die HR-Services der Bank von hoher Qualität waren, die Kosten für die Serviceerbringung in der Schweiz jedoch deutlich höher lagen als bei vergleichbaren Unternehmen.
- Zwischen der Beratungstätigkeit und den Administrationsaufgaben des HR-Beraters bestand ein Zielkonflikt. Dadurch konnte die HR-CRM-Einheit den von den Linienmanagern erwarteten Mehrwert in der HR-Beratung nicht überall im gewünschten Umfang bieten.

3 Schwerpunkte des neuen HR-Geschäftsmodells

Dem neuen HR-Geschäftsmodell liegt die Idee einer verstärkten regionalen Zusammenarbeit der verschiedenen Unternehmensgruppen zugrunde. Pro Region soll diejenige Unternehmensgruppe mit den meisten zu betreuenden Mitarbeitern unternehmensgruppenunabhängige HR-Dienstleistungen für alle Unternehmensgruppen anbieten. Diese Services werden durch eine neue so genannte Regional-Shared-Services-Einheit (HR-RSS) erbracht.

Die Beratungstätigkeit gegenüber dem Linienmanagement soll von kundennahen HR-Berater-Organisationen (»Business Partnering«) sichergestellt werden, welche unternehmensgruppenspezifisch organisiert sind.

3.1 Das neue HR-Geschäftsmodell im Arbeitsmarkt Schweiz

3.1.1 Zielsetzung

Dem neuen HR-Geschäftsmodell liegt folgende Zielsetzung zugrunde:

- Konzentration der Tätigkeit der HR-Berater auf die Unterstützung des Linienmanagements,
- weitgehende Entlastung der HR-Berater von administrativen Tätigkeiten,
- Steigerung der Beratungsfähigkeit von HR in der Schweiz:
  - bessere Zusammenfassung des Wissens der HR-Spezialisten,
  - Kundensegmentierung führt zu zielgerichteter Beratung und noch besser zu auf die Kunden zugeschnittenen Produkten,

- neues HR-Geschäftsmodell bringt Effizienzsteigerung:
  - größere Flexibilität von HR bei Veränderungen der Linienstruktur (z.B. bei Reorganisationen),
  - mittelfristig Reduktion der Gesamtkosten von HR im Arbeitsmarkt Schweiz,
  - weitgehende Vereinheitlichung von HR-Prozessen – über die Grenzen der Unternehmensgruppen hinweg – in der Schweiz.

Schließlich stellt die Umsetzung des neuen Geschäftsmodells die konsequente Weiterführung der Strategie eines integrierten HR-Ansatzes dar.

Abbildung 18 zeigt, dass nach Implementierung eines Rekrutierungszentrums (HR-RSC) per Juli 2004 mit der Einführung des Projekts »Future HR« ein Jahr später ein großer Schritt in Richtung einheitliche Serviceerbringung innerhalb des Arbeitsmarktes Schweiz gelang.

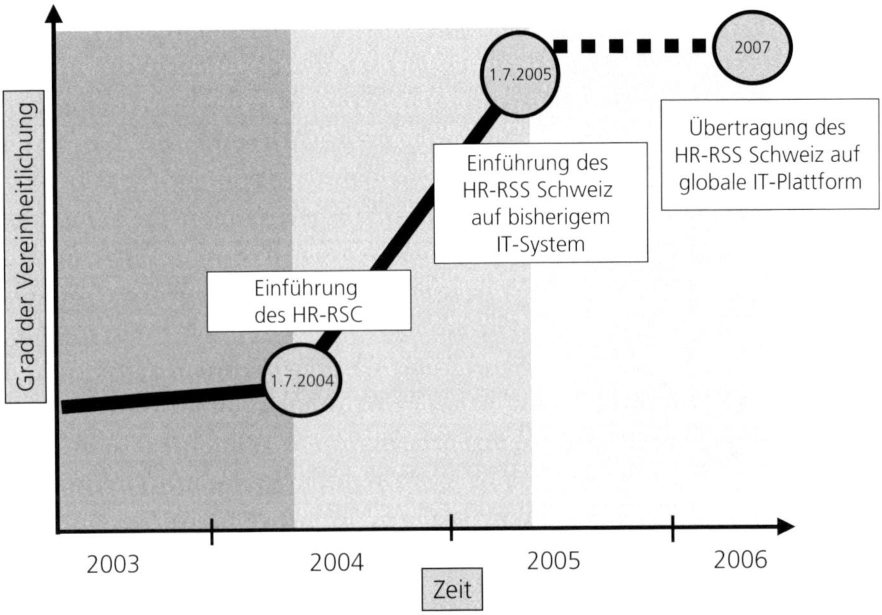

Abb. 18: Die Phasen der HR-Transformation im Arbeitsmarkt Schweiz

In einem nächsten Schritt soll bis Anfang 2007 auch in der Schweiz der systemseitige Wechsel auf die in den übrigen Ländern und Regionen bereits implementierte globale IT-Plattform vollzogen werden.

Diesem Vorgehen nachgelagert erfolgt die Einführung des neuen HR-Geschäftsmodells in den anderen Arbeitsmärkten wie z.B. Asien, Kontinental-Europa oder Nordamerika.

3.1.2 Lösungsansatz

Das neue HR-Geschäftsmodell von UBS basiert auf drei – statt wie bisher zwei – Distributionskanälen für HR-Services:

Distributionskanal	Zielsetzung/Auftrag
• HR-Self-Services	Breite Palette von HR-Self-Services, welche auf dem HR-IT-System implementiert sind und von allen im Arbeitsmarkt Schweiz vertretenen Unternehmensgruppen verwendet werden.
• HR-Advisory & Services Center (HR-ASC)	HR-Advisory & Services Centers sind Teil der HR-Regional-Shared-Services-Einheit (HR-RSS) und stellen für Mitarbeiterinnen und Mitarbeiter im Arbeitsmarkt Schweiz eine umfassende Beratung und die Abwicklung sämtlicher HR-Produkte und -Services sicher. Zudem bieten sie den HR-CRM-Einheiten in klar definierten Bereichen administrative Unterstützung.
• HR-Client Relationship Management Services (HR-CRM)	HR-CRM-Services bieten Linien-Managern aller Stufen (d.h. bereits ab Teamleiter) in Bezug auf deren Führungsfunktion umfassende Beratung, Unterstützung und Coaching in allen HR-Belangen.

Grundsätzlich erfolgt eine Kundensegmentierung aufgrund der jeweiligen »Rolle«, die ein Kunde einnimmt. Maßgebend für die Kundensegmentierung ist demnach nicht die hierarchische Stellung oder der Rang eines Kunden, sondern es sind folgende »Rollen« (ein einzelner individueller Kunde kann mehrere verschiedene »Rollen« innehaben):

- Die Rolle »Mitarbeiter« nimmt ein Kunde ein, wenn er HR-Dienstleistungen nachfragt, die seine eigene Person betreffen (z.B. Änderung private Wohnadresse im Personalsystem, Anfrage bzgl. Ferien).
- Die Rolle »Line Manager« nimmt ein Kunde ein, wenn er HR-Dienstleistungen nachfragt, die seine Personalführungsaufgabe betreffen (z.B. Rekrutierung neuer Mitarbeiter).
- Die Rolle »Senior Line Manager« nimmt ein Kunde ein, wenn er neben operativen HR-Dienstleistungen auch strategische HR-Beratungsdienstleistungen in Anspruch nimmt.
- Die Rolle »Senior Executive« nimmt ein Kunde ein, wenn er weitestgehend strategische HR-Beratungsdienstleistungen auf oberer Managementstufe in Anspruch nimmt.

Die bereitgestellte Dienstleistung definiert sich also aus der Rolle des Kunden.

Die HR-Dienstleistungen werden den beschriebenen Kundensegmenten bzw. Rollen über unterschiedliche Distributionskanäle angeboten:

Kundensegment/Rolle	Distributionskanal
• Mitarbeiter	⇨ HR-Self-Service und HR-ASC
• Line Manager	⇨ HR-Self-Service und HR-CRM
• Senior Line Manager und Senior Executive	⇨ HR-CRM

Eine strikte Kundensegmentierung bildet somit die eigentliche Basis für das neue HR-Geschäftsmodell. Wo dies sinnvoll bzw. nötig war, wurden auch andere Lösungen zugelassen. So werden Kunden in ihrer Rolle als »Mitarbeiter« für wenige, klar definierte Dienstleistungen vom HR-ASC an die HR-CRM verwiesen. Hierbei ist jedoch wichtig, dass diese Triagefunktion im HR-ASC angesiedelt wurde, die Segmentierung blieb also aus Sicht des Kunden konsequent.

Das Modell sieht auch vor, dass HR-CRM durch Zentralisierung der operativen bzw. administrativen Tätigkeiten im HR-ASC entlastet werden, wodurch die HR-CRM mehr Zeit für die Beratung der ihnen zugeteilten Line Manager haben.

Abbildung 19 zeigt das neue HR-Geschäftsmodell, welches neu drei (statt wie bis dahin zwei) Distributionskanäle aufweist:

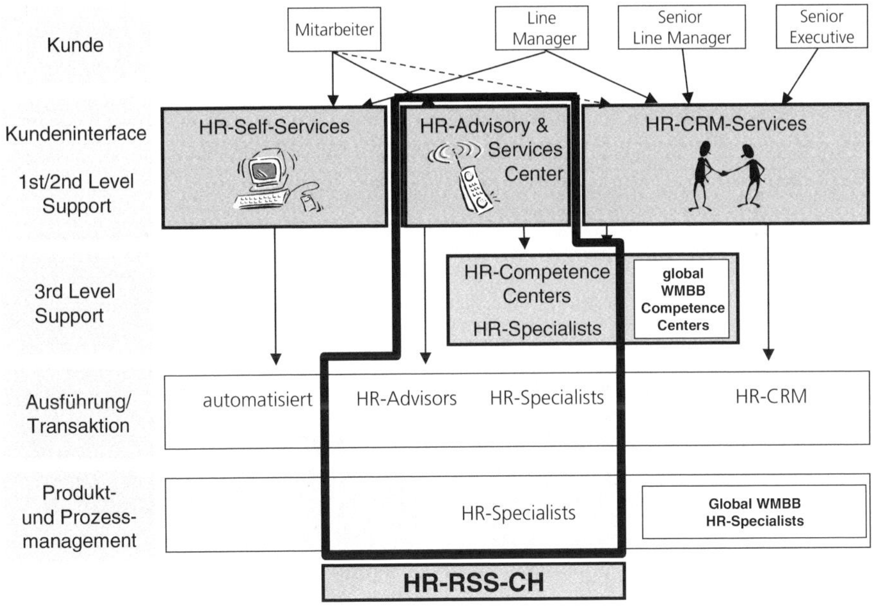

Abb. 19: Das neue HR-Geschäftsmodell

In der Abbildung erkennbar ist auch, dass die Einheiten des HR-ASC und des HR-Competence-Centers in der Regional-Shared-Services-Einheit für den Arbeitsmarkt Schweiz (HR-RSS CH) zusammengefasst werden. Die HR-Competence-Centers beinhalten die Spezialisten-Einheiten wie z.B. das Prozessmanagement und auch Beratungsteams für beispielsweise Kompensationsleistungen, Personalversicherungen und Lohnabwicklung. Ebenfalls zu den Spezialisten-Einheiten zählt das Rekrutierungszentrum, welches somit auch Teil des HR-RSS CH ist.

Wie es der Name bereits sagt, bietet das HR-RSS CH regional im Arbeitsmarkt Schweiz HR-Dienstleistungen für alle Unternehmensgruppen an.

3.2 Die veränderten Rollen der HR-Mitarbeiter im neuen HR-Geschäftsmodell

Die Aufteilung der ehemaligen HR-CRM-Organisation in das HR-ASC und in eine neue HR-CRM-Organisation bedingte auch eine Überprüfung und Überarbeitung der Definition der HR-Rollen (Abb. 20). Die Rolle des HR-CRM (»klassischer« Personalberater) veränderte sich dahingehend, dass die Ausrichtung klar auf das Linienmanagement erfolgte und weg von operativen und administrativen Arbeiten hin zur Beratung führte. Zudem wurde eine neue Rolle, die des HR-Advisors, geschaffen, welche sich klar auf die Beratung von Mitarbeitern konzentrierte. Ebenfalls auf die Unterstützung der Mitarbeiter fokussiert, jedoch fast ausschließlich im operativen/administrativen Bereich angesiedelt, ist die Rolle des HR-Assistant-Advisor.

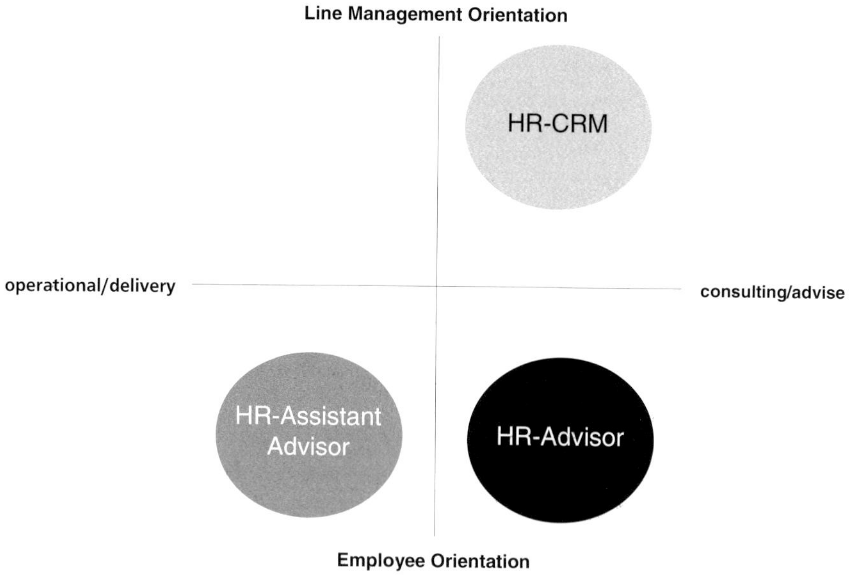

Abb. 20: Die Positionierung der HR-Rollen im neuen HR-Geschäftsmodell

Im Zusammenhang mit der Definition der neuen Rollen im HR-ASC wurde bewusst ein Zwei-Rollen-Ansatz gewählt, um den unterschiedlichen Fokus der Funktionen »Beratung« und »administrativer Support« zu unterstreichen. Mit diesem Ansatz konnte auch ein Karriereentwicklungspfad aufgezeigt werden, der über die HR-Assistant-Advisor-Rolle zur HR-Advisor-Rolle führt. Für die Mitarbeiter in einer Assistant-Rolle wurde dadurch ein Anreiz geschaffen, im HR-ASC zu arbeiten.

Folgende Tabelle umschreibt die Haupttätigkeiten der im neuen HR-Geschäftsmodell definierten HR-Rollen:

Rolle	Haupttätigkeiten
HR-CRM	• stellt ein proaktives, kundenorientiertes, professionelles und integriertes Human Resources Management sicher
	• erbringt auf Führungs- und Personalbelange fokussierte Beratungs- und Unterstützungsdienstleistungen für Führungsverantwortliche
	• entwickelt und pflegt Beziehungen zu internen und externen Schlüsselpersonen
	• vertritt die HR-Sicht in wichtigen Projekten und Initiativen der Linie
	• wirkt als Fachspezialist, Coach und Vertrauensperson der Linienmanager
	• übernimmt eine zentrale Schnittstellenfunktion zwischen bankinternen HR-Kunden und HR-Spezialisten
	• behandelt in Ausnahmefällen und nur für klar definierte und nicht standardisierte Prozesse Anfragen der Kundengruppe Mitarbeiter
HR-Advisor	• ist direkter Ansprechpartner der Kundengruppe Mitarbeiter
	• bietet umfassende Beratung und administrative Abwicklung für alle HR-Dienstleistungen
	• unterstützt die HR-CRMs in der Bearbeitung von bestimmten HR-Geschäftsfällen
HR-Assistant-Advisor	• erbringt qualifizierte HR-Sachbearbeitung und Administration
	• unterstützt den HR-Advisor und entlastet den HR-CRM durch die Übernahme von administrativen Tätigkeiten
	• bewirtschaftet das Personal-Informationssystem und bearbeitet die Workflows aus den HR-Self-Services
HR-Spezialist	• arbeitet als Spezialist in einem HR-Fachgebiet
	• erbringt fachliche Beratung von HR-Mitarbeitern (im Sinne eines 3rd-Level-Supports)
	• hat in klar definierten Prozessen direkten Kontakt zu Linienvorgesetzten und Mitarbeitern bzw. zu Personen außerhalb UBS (z.B. Bewerber, Ämter etc.)
	• kann für die Konzeption, Entwicklung und Implementierung von Produkten, Prozessen und Maßnahmen verantwortlich sein

3.3 Die neue HR-Organisation

Die nachfolgenden Ausführungen beziehen sich ausschließlich auf die Unternehmensgruppe Global Wealth Management & Business Banking. Die HR-Organisationen in den Unternehmensgruppen Investment Bank, Global Asset Management und Corporate Center sind von dieser Betrachtung ausgeschlossen.

3.3.1 Organigramm

Mit der Einführung des neuen HR-Geschäftsmodells im Arbeitsmarkt Schweiz per 1. Juli 2005 ergaben sich auch strukturelle Veränderungen in der HR-Organisation der Unternehmensgruppe Global Wealth Management & Business Banking.

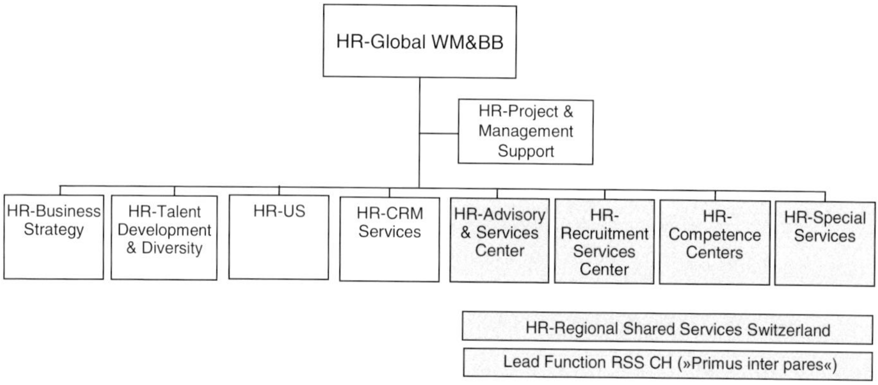

Abb. 21: Organigramm der neuen HR-Organisation in der Unternehmensgruppe Global WM&BB

Im neuen Organigramm wird neben den HR-CRM-Services neu der zweite Distributionskanal, das HR-ASC, als eigenständige Abteilung geführt. Auch die Implementierung des HR-RSS CH findet ihren Niederschlag in der Organisationsstruktur: Der Leiter des HR-Competence-Centers koordiniert als »primus inter pares« die Aktivitäten aller Einheiten des HR-Regional Shared Services Center Schweiz (grau markierte Einheiten). Das HR-RSS CH koordiniert sämtliche Aktivitäten mit den verschiedenen Unternehmensgruppen.

Bei der Definition des Organigramms wurden im Projektteam verschiedene Optionen im Hinblick auf die Zielstruktur diskutiert. Denkbar wäre auch gewesen, das HR-RSS CH als eigenständige Abteilung zu führen und die dazugehörigen Einheiten dem HR-RSS CH im Organigramm zu unterstellen. Dadurch wäre eine direkte Linienführung der Einheiten HR-ASC, HR-RSC, HR-Competence-Centers und HR-Special-Services durch die Leitung von HR GWM&BB nicht möglich gewesen. Für die Positionierung des neu gegründeten HR-ASC als zweiten wichtigen Distributionskanal neben der HR-CRM-Organisation wäre dies allerdings nicht förderlich gewesen.

3.3.2 Standorte (nur Arbeitsmarkt Schweiz)

Je nach Funktion sind die verschiedenen HR-Organisationseinheiten an unterschiedlichen Standorten tätig. So haben die Einheiten mit strategischer Ausrichtung und jene, welche die HR-Einheiten unterstützen, ihren Standort zentral in Zürich und/oder Basel:

- HR-Business-Strategy
- HR-Project- & Management-Support
- HR-Talent-Development & Diversity
- HR-Competence-Centers

Die Standorte der Einheiten mit direktem Kundenkontakt (mit Kunden sind hier die Mitarbeiterinnen und Mitarbeiter von UBS gemeint) wurden unter Berücksichtigung der Sprachregionen gewählt und sind über die ganze Schweiz verteilt.

Einheit	Standorte
• HR-CRM-Services (nur für Global WM&BB im Arbeitsmarkt Schweiz)	• 11 Standorte, in allen wichtigen Wirtschaftsregionen und in allen 3 Sprachregionen der Schweiz
• HR-Advisory- & Services-Center	• 4 Standorte (Zürich, Basel, Lausanne und Lugano), in allen Sprachregionen
• HR-Recruitment-Services-Center	• 3 Standorte (Zürich, Lausanne, Lugano), in allen Sprachregionen
• HR-Special-Services	• Büros an verschiedenen Standorten in allen Sprachregionen

Aus rein betriebswirtschaftlichen Gründen wäre eine weitere Zentralisierung bei den Standorten wünschenswert gewesen. Entscheidend für einen Ansatz mit mehreren Standorten war vor allem die Möglichkeit zur Übernahme der bestehenden HR-Ressourcen. Der Mobilitätswille der HR-Mitarbeiter ist beschränkt. Eine weitergehende Zentralisierung hätte zu längeren Arbeitswegen und zum Risiko geführt, dass HR-Mitarbeiter sich von UBS trennen. Durch den Verlust des Know-how dieser austretenden Mitarbeiter hätte ein Qualitätsproblem in HR entstehen können. Ein weiterer entscheidender Faktor war die Aussicht auf eine höhere Akzeptanz der bankinternen HR-Kunden bei einem Standort von RSS-Einheiten in der eigenen Region.

3.3.3 Anzahl Mitarbeiter (nur Arbeitsmarkt Schweiz)

Mit Einführung des neuen HR-Geschäftsmodells bestanden per 1. Juli 2005 in Global WM&BB (exkl. HR-US) ca. 430 Vollzeitstellen.

Bei der Dimensionierung der Einheiten wurde als Grundlage der Bestand der bestehenden Organisation verwendet und dabei ein erwarteter Effizienzgewinn (z.B. aufgrund der Prozessstandardisierung und der Fokussierung bei der Serviceerbringung) einberechnet.

3.4 Generelle Bemerkungen zum Vorgehen

Die Konzeption und Einführung des neuen HR-Geschäftsmodells für UBS im Arbeitsmarkt Schweiz erfolgte in Form eines klassischen, im Ablauf praktisch nach dem »Lehrbuch« durchgeführten Projektes.

Abbildung 22 zeigt eine zeitliche Übersicht über die Phasen des Projektes:

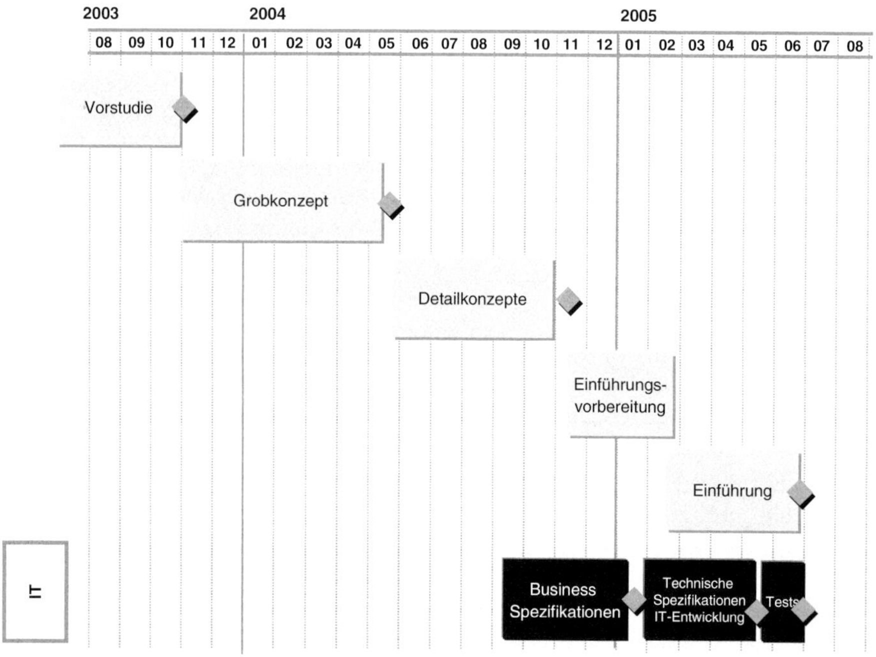

Abb. 22: Zeitplan Entwicklung und Einführung eines neuen HR-Geschäftsmodells für den Arbeitsmarkt Schweiz

Im Folgenden soll auf die Projektaufträge pro Phase, die jeweils gewählte Projektorganisation und einige wenige Aspekte der Projektführung eingegangen werden.

3.5 Hintergrund und Informationen zur Phase »Grobkonzept«

Aufgrund der politischen Brisanz des Projektes – die Implementierung eines neuen HR-Geschäftsmodells sollte die weitaus größte, je innerhalb HR von UBS eingeführte Veränderung schaffen – entschloss sich der Auftraggeber zu einem phasierten Vorgehen. Er hatte so die Möglichkeit, nach jeder Projektphase formell über die Weiterführung bzw. den Abbruch des Projektes entscheiden zu können.

Die Leitung von Human Resources von UBS Schweiz erteilte im November 2003 folgenden zweiteiligen Auftrag für die erste Projektphase:

1. Erarbeitung eines (Grob-)Konzeptes und Implementierungsplanes für ein regionales HR-Shared-Services-Center für den Arbeitsmarkt Schweiz bis zum 31. Mai 2004.
2. Konzeption, Aufbau und Betrieb eines HR-Recruitment-Services-Center für den Arbeitsmarkt Schweiz ab dem 1. Juli 2004.

Mit diesem Auftrag wollte die Leitung von HR erreichen, dass im Bereich Rekrutierung, in welchem gemäß der oben erwähnten Benchmarkstudie der größte Handlungsbedarf und auch die Gelegenheit zur Realisierung von »quick wins« bestand, eine rasche Zentralisierung der Aktivitäten und demnach eine rasche Erreichung der qualitativen und quantitativen Verbesserungen realisiert werden konnten. Außerdem wollte die Leitung von HR Schweiz mit der zeitlich vorgezogenen Einführung eines ersten Elementes von HR-Shared-Services Erfahrungen für die anderen, später zu realisierenden Bereiche von HR-Shared-Services sammeln.

Vor allem aus Ressourcengründen waren außer dem Project Manager und einem Project Officer in dieser Phase keine Personen vollamtlich im Projekt engagiert. Die Idee war, HR-Spezialisten mit – allerdings teilweise substantiellen – Teilpensen in die Projektarbeit einzubinden, also von deren Erfahrungen im HR-Tagesgeschäft zu profitieren und dadurch bereits in der ersten Phase eine hohe »praktische Tauglichkeit« der im Grobkonzept dargestellten Lösungen sicherzustellen.

Die Projektleitung entschloss sich – nicht zuletzt, um die sehr ambitiösen zeitlichen Vorgaben erfüllen zu können –, das Grobkonzept in einem relativ kleinen, so genannten »Kernteam« von lediglich sechs Personen zu erarbeiten. Die laufende, ungefähr zweiwöchentlich durchgeführte Diskussion und Vernehmlassung des durch das Kernteam erarbeiteten Inhaltes in einer größeren Gruppe, welche aus Vertretern aller interessierten Einheiten (z.B. Linienmanagement, Vertreter HR-CRM, Vertreter HR-Spezialisten) bestand, garantierte die breite Abstützung der Konzeptinhalte.

Die konzeptionelle Vorbereitung, Entwicklung und Einführung des HR-Recruitment-Services-Centers verlief – zwar zeitlich verschoben – parallel zur

Entwicklung und Einführung des neuen HR-Geschäftsmodells. Da sich dieser Bericht auf die Tätigkeiten im Zusammenhang mit dem neuen HR-Geschäftsmodell konzentrieren wird, wird im Folgenden nicht mehr detailliert auf den Aufbau des HR-Recruitment-Services-Centers eingegangen.

Die für die Phase »Grobkonzept« gewählte Projektstruktur war sehr einfach (Abb. 23).

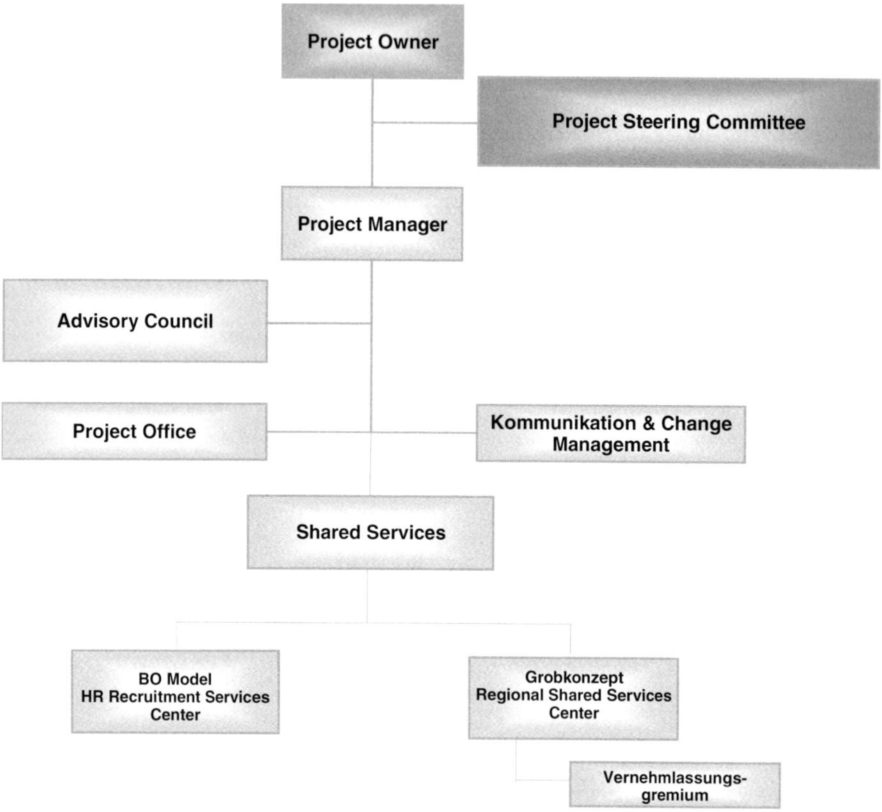

Abb. 23: Projektorganisation Future-HR für die Phase »Grobkonzept«

Einige Besonderheiten/Erläuterungen zur Projektstruktur:

- Neben einem Project Steering Committee (PSC), welches die formellen Entscheide im Projekt treffen sollte, wurde ein so genanntes Advisory Council (AC) geschaffen. Dieses Gremium bestand – im Laufe des Projektes in wechselnder Zusammensetzung – aus Vertretern aller »Stakeholders«. Es hatte die Aufgabe, frühzeitig die Bedürfnisse der späteren Benutzer einzubringen, durch das Projektteam erarbeitete Inhalte zu diskutieren und diese insbesondere auf ihre »Praxistauglichkeit« zu überprüfen. Das Gremium hatte also keine Entscheidungskompetenzen, sondern sollte – wie der Name bereits sagt – das Projektteam beraten.

- Da bereits nach der Erstellung der Vorstudie klar war, dass die Einführung eines neuen HR-Geschäftsmodells sehr große Veränderungen bringen würde, und damit professionelle Kommunikation mit den HR-Kunden und allen Angestellten innerhalb HR sowie ein fundiertes Change Management notwendig werden würde, wurde in der Projektstruktur die Aufgabe explizit gezeigt.

Im Anschluss an die formelle Abnahme des Grobkonzeptes durch das PSC führte die Projektleitung schweizweit Diskussionen mit Vorgesetzten und Mitarbeitern aus der Linie (sog. »Focus-Group-Diskussionen«) durch. Die in diesen Diskussionen zusammengetragenen, unverfälschten Feedbacks und Befürchtungen von HR-Kunden der »Basis« konnten in die Detailkonzepte eingearbeitet werden und haben damit schließlich direkt zu einer sehr hohen Kundenakzeptanz des neuen HR-Geschäftsmodells geführt.

3.6 Informationen zur Phase »Detailkonzept«

Nach der formellen Verabschiedung des Grobkonzeptes durch das Project Steering Committee wurde im Mai 2004 folgender Auftrag für die nächste Projektphase erteilt:

1. Erarbeitung der auf dem Grobkonzept Regional Shared Services Center Schweiz basierenden Detailkonzepte für
   - ein HR-Regional-Shared-Service-Center für den Arbeitsmarkt Schweiz
   - die HR-CRM-Organisation von UBS Wealth Management & Business Banking (WM&BB)
   - die WM&BB-spezifischen, globalen HR-Funktionen
   - die Themen »Personal«, »Ausbildung« und »Logistik«

   per 30. November 2004.

   Diese Konzepte sollen mindestens folgende Punkte beinhalten:
   - Aufgaben, Organisation und Dimensionierung der Einheiten
   - Prozesse
   - Schnittstellen zu anderen Einheiten (in- und auch außerhalb von HR)
   - Rollen/Berufsbilder
   - verwendete Systeme
2. Erstellung der Business-Spezifikationen für die in den Detailkonzepten definierten Anpassungen der IT-Systeme per 31. Dezember 2004.

Die Projektorganisation (Abb. 24) wurde für diese Phase angepasst. Sie sollte das durch die Projektleitung gewählte Vorgehen – nämlich die Detailkonzepte parallel erarbeiten und durch die Projektleitung aufeinander abstimmen zu lassen widerspiegeln.

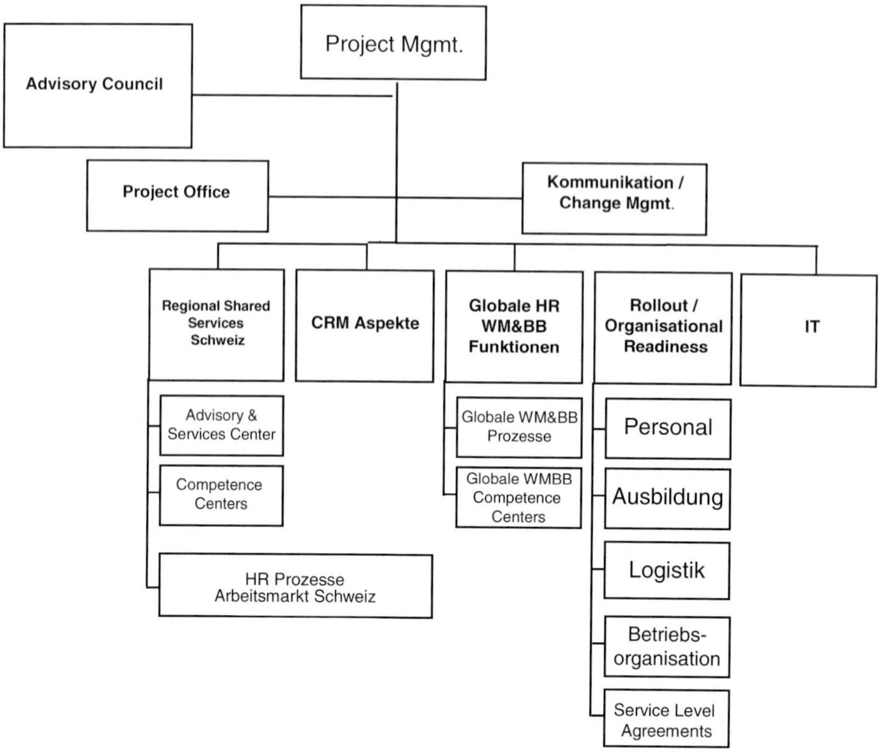

Abb. 24: Projektorganisation Future-HR für die Phase »Erstellung Detailkonzepte«

In dieser Phase wuchs das Projektteam auf zeitweise über 50 Personen an, wobei wiederum lediglich Project Manager und Project Officer zu 100 % im Projekt tätig und alle anderen Mitglieder in Teilpensen beschäftigt waren.

In dieser Projektphase wurden die umfangreichen Business-Spezifikationen für die Anpassungen der relevanten HR-IT-Systeme erstellt. Die Erarbeitung der IT-Spezifikationen parallel zur Erstellung der Detailkonzepte hat zu einer hohen Qualität der Spezifikationen und zu deren fristgerechter Ablieferung an die IT-Entwicklung geführt.

3.7 Implementierung

Nach der Genehmigung der Detailkonzepte erfolgte der formelle Auftrag zur Implementierung des neuen HR-Geschäftsmodells, was auch zu einer neuen HR-Organisationsstruktur für den Arbeitsmarkt Schweiz führte. Der Auftrag für die Implementierung lautete wie folgt:

1. Implementierung aller in den Detailkonzepten umschriebenen Elemente des neuen HR-Geschäftsmodells für den Arbeitsmarkt Schweiz per 1. Juli 2005.

Dies beinhaltet insbesondere:

- die Umsetzung der Produkte- und Dienstleistungskataloge aller Abteilungen
- die Klärung und Definition der Schnittstellen zwischen den Abteilungen
- die Umsetzung der Organisationsstruktur dieser Abteilungen
- die Besetzung aller Stellen in diesen Abteilungen
- die Planung und Durchführung der reorganisationsbedingten Ausbildung aller Mitarbeiter in diesen Abteilungen
- die Planung und Durchführung aller logistischen Aktivitäten in diesen Abteilungen

2. Erstellung der technischen Spezifikationen für die durch das neue HR-Geschäftsmodell nötig werdenden Anpassungen der HR-IT-Infrastruktur. Leitung der Umsetzung der spezifizierten Anpassungen, Erstellung der Testplanung und Leitung/Koordination der Tests der geänderten IT-Funktionalität.

Basierend auf Erfahrungen aus früheren Projekten, dass selbst allerbeste Konzepte durch eine unsorgfältige Einführung Schiffbruch erleiden können, wurde der Implementierungsphase besondere Beachtung geschenkt.

Für die Implementierungsphase wurde eine Projektorganisation in Form einer Matrix gewählt (Abb. 25). Damit sollten einerseits die zu Beginn der Implemen-

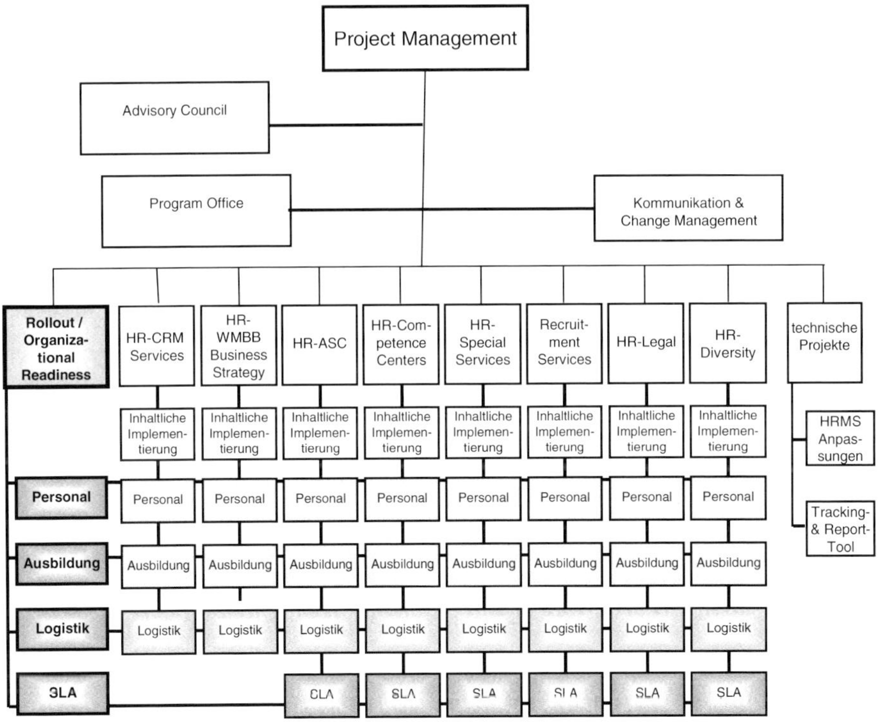

Abb. 25: Projektorganisation Future-HR für die Phase »Implementierung«

tierungsphase bereits nominierten/designierten Leiter der Abteilungen von HR Schweiz die Verantwortung für die Implementierung in ihrem zukünftigen Verantwortungsbereich übernehmen, andererseits aber die Projektleitung funktional wichtige Fragestellungen (Personal, Ausbildung, Logistik und Service Level Agreement/SLA) in allen Bereichen steuern können.

Um eine reibungslose Einführung zu gewährleisten, wurde für diese Phase eine Überprüfung und Adjustierung der Projektplanung durchgeführt. Abbildung 25 zeigt die Detailplanung für die Einführungsphase.

3.8 Instrumente des Projektmanagements

Das Projektteam hat sich bemüht, die Projektadministration mit minimalem Aufwand zu betreiben und nur die absolut notwendigen Instrumente des Projektmanagements zu verwenden. Selbstverständlich wurden alle in einem Projekt dieser Größenordnung erwarteten Instrumente (z.B. klare, schriftliche Projektaufträge, detaillierte Liste mit den Liefererergebnissen pro Teilprojekt, detaillierter Projektplan, laufend aktualisiertes Risk Register mit vorbereiteten Maßnahmen, falls Risiken eintreten, genaue Protokollierung aller Sitzungen, regelmäßige, strukturiert geführte Projektstatussitzungen etc.) eingesetzt. Das Project Office war auch während der ganzen Dauer des Projektes dafür verantwortlich, eine auditfähige Dokumentation aller Ergebnisse zu erstellen. Dadurch wurden die Teilprojektleiter weitgehend von administrativen Aufgaben entlastet und konnten sich auf die Projektarbeit im engeren Sinne konzentrieren.

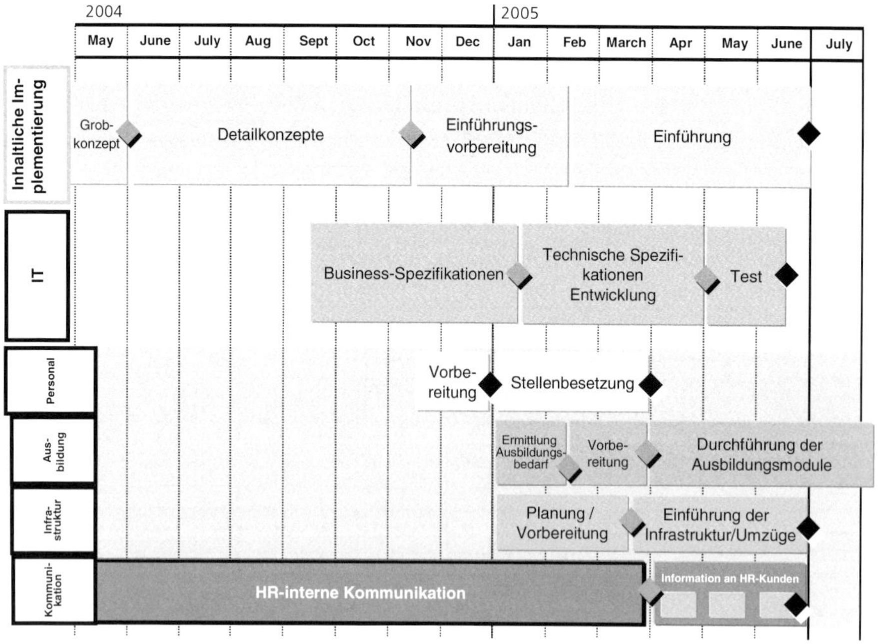

Abb. 26: Detailübersicht Einführungsphase

Es war zudem wichtig, gewisse Elemente in der Projektorganisation (z.B. Project Steering Committee, die Funktion »Communication & Change Management«) und Personen (insbesondere Projektleiter und Project Officer) sowie die eingesetzten Projektmanagement-Instrumente für die ganze Dauer des Projektes unverändert zu belassen. Dadurch konnte – trotz wechselnder Zusammensetzung und der »Teilzeittätigkeit« der meisten Projektmitglieder – eine gewisse »Klammerfunktion« und damit die den Umständen entsprechende, größtmögliche Stabilität erreicht werden.

3.9 Kommunikation & Change Management

Wie weiter vorne erwähnt, wurde bereits zu Beginn des Projektes deutlich, dass die Einführung eines neuen HR-Geschäftsmodells zu einschneidenden Veränderungen in der HR-Organisation aber auch in den HR-Berufsbildern führen würde. Es war somit klar, dass die Kommunikation gegenüber den HR-Mitarbeitern ein zentraler Erfolgsfaktor bei der Umsetzung des neuen HR-Geschäftsmodells sein würde. Deshalb wurde während der gesamten Dauer des Projektes großer Wert auf eine offene Kommunikation und ein professionelles Change Management gelegt.

Aus diesem Grund wurde bereits in der Phase »Grobkonzept« ein Kommunikations- und Change-Management-Konzept erstellt und anschließend für jede Projektphase aktualisiert. Das heißt, dass zu Beginn jeder Projektphase eine Analyse der Situation durchgeführt und ein phasenspezifisches Angebot an Kommunikations- und Change-Management-Maßnahmen zusammengestellt wurde. Ein sehr wichtiger Teil dieses Konzeptes war die Definition und anschließend formelle »Vereinbarung« von so genannten »Change Management Principles«, welche dann für die ganze Dauer des Projektes die Grundlage für die Kommunikation und den Umgang mit der Veränderung bildeten.

Die Change Management Principles lauteten wie folgt:

- HR-intern werden wo immer möglich und sinnvoll bestehende Gremien/Organe für die Kommunikation genutzt (z.B. Team-Sitzungen, regionale HR-Sitzungen, Sitzungen des HR-Managements Schweiz etc.).
- Der Inhalt der einzelnen Maßnahmen wird immer in Zusammenhang mit den übergeordneten Projektzielen kommuniziert.
- Die Gründe und Werte hinter den Entscheidungen sollen nachvollziehbar dargestellt werden.
- Die Kommunikation soll transparent und ehrlich gestaltet werden, auch über »Bad News« soll offen informiert werden.

- Die Betroffenen erhalten regelmäßig die Möglichkeit, direkt Feedback zu geben. Das Management soll über alle Rückmeldungen offen informiert werden.
- Externe Stakeholder (außerhalb HR oder außerhalb der Schweiz) werden in der Regel durch die zuständigen HR-CRM im direkten Kontakt über die wichtigsten Entscheide informiert.

Basierend auf diesen Prinzipien wurden folgende Instrumente entwickelt und während der gesamten Dauer des Projektes, also in allen Projektphasen, angewendet:

- Das Project Office führte eine ständig aktualisierte Liste mit allen Stakeholdern des Projektes (z.B. alle Geschäftsleitungsmitglieder, Vertreter der HR-Funktion in UBS Group, HR-Management außerhalb der Schweiz etc.). Jedem Stakeholder wurde ein persönlicher »Buddy« zugeteilt, welcher den Auftrag hatte, den Stakeholder regelmäßig mit durch die Projektleitung zentral erstelltem Material über den Verlauf des Projektes zu informieren und vor wichtigen Meilensteinen die Meinung des Stakeholders einzuholen. So wurden beispielsweise die wichtigsten vom Projekt erarbeiteten Konzepte in den Führungsgremien der verschiedenen Unternehmensgruppen vorgestellt und diskutiert.
  Durch die regelmäßigen Rückmeldungen war die Projektleitung immer über die Meinung der Stakeholder informiert und konnte rasch auf Bedenken und Widerstände reagieren.
- Das wichtigste Mittel um die in den Change-Management-Prinzipien festgehaltene Absicht zur intensiven, direkten Kommunikation umzusetzen, waren so genannte »Roadshows«. Die Projektleitung führte, zusammen mit Vertretern des HR-Managements Schweiz, vierteljährlich an allen HR-Standorten in der Schweiz für alle HR-Mitarbeiter Präsentationen zur Zielsetzung und zum Stand des Projektes sowie zu den nächsten Schritten durch. Neben der eigentlichen Präsentation stand in jeder Roadshow ein großzügig bemessenes Zeitfenster für Diskussion und die Beantwortung von Fragen zur Verfügung. Die organisatorisch recht aufwändige Durchführung der Roadshows ermöglichte, an allen Standorten einheitlich, konsistent und praktisch gleichzeitig zu informieren. Die Roadshows ermöglichten auch zu zeigen, dass das HR-Management uneingeschränkt hinter den durch das Projektteam erarbeiteten Lösungen stand und in wichtige Projektentscheidungen persönlich involviert war.
- Neben diesen Roadshows veröffentlichte die Projektleitung in einem Rhythmus von drei Wochen »Projektschlagzeilen«. Auf wenigen Powerpointfolien wurde jeweils schlagzeilenartig über den Stand des Projektes und die geplanten Aktivitäten im nächsten Monat informiert. Zudem wurden Fragen von allgemeinem Interesse beantwortet, welche der Projektleitung über die so

genannte »Feedbackbox« (siehe unten) zugestellt worden waren. Die Projektschlagzeilen wurden auf dem Linienweg an die Vorgesetzten in HR der Schweiz verschickt. Diese hatten den Auftrag, die Schlagzeilen anlässlich der üblichen, regulären Teammeetings zu besprechen und dabei aufkommende Fragen falls möglich direkt zu beantworten oder dann zur Beantwortung an die Projektleitung weiterzuleiten. Mit dem Mittel der Projektschlagzeilen konnte die Projektleitung regelmäßig über das Projekt informieren und so sicherstellen, dass das neue HR-Geschäftsmodell als Thema regelmäßig besprochen wurde und sich die HR-Mitarbeiter damit laufend befassen konnten.

- Als weitere Maßnahme wurde seit Frühling 2004 durch die strukturierte Befragung einer repräsentativ zusammengestellten Gruppe von Mitarbeitern in HR alle zwei Monate ein so genanntes »Stimmungsbild« erhoben.

  Zehn Fragen wurden während der ganzen Dauer des Projektes in jeder Aufnahme des Stimmungsbildes unverändert gestellt. Zusätzlich wurden je nach Projektphase einige wenige phasenspezifische Fragen gestellt. Im Folgenden, als Beispiel, die Fragen aus der Stimmungsbildaufnahme im Januar 2005, also kurz vor dem Beginn der Implementierungsphase:

  - »Verstehen Sie, weshalb ein neues HR-Geschäftsmodell nötig ist?«
  - »Wissen Sie, welches die Ziele des neuen HR-Geschäftsmodells sind – kennen und verstehen Sie die Vision von HR?«
  - »Ist Ihnen bewusst, dass das neue HR-Geschäftsmodell eine Veränderung der Arbeitssituation mit sich bringen wird?«
  - »Können Sie abschätzen, inwieweit Ihre bisherige Rolle durch das neue HR-Geschäftsmodell beeinflusst wird?«
  - »Wissen Sie, an wen Sie sich bei Fragen in Bezug auf das neue HR-Geschäftsmodell wenden können?«
  - »Werden die veränderten Bedürfnisse der HR-Kunden von den HR-Mitarbeitern verstanden?«
  - »Sind Sie überzeugt, dass die Einführung des neuen HR-Geschäftsmodells eine ›Win-win-Situation‹ für UBS und HR-Mitarbeiter darstellt?«
  - »Freuen Sie sich auf die neuen Herausforderungen, die mit ›Future-HR‹ einhergehen?«
  - »Haben Sie das Gefühl, dass offen und ehrlich informiert wird – auch über ›Bad News‹?«
  - »Werden Teamsitzungen von Ihrem Vorgesetzten zur Diskussion des neuen HR-Geschäftsmodells genutzt und werden Sie aufgefordert, Feedback zu geben?«

- »Hatten Sie bereits ein Gespräch mit Ihrem Vorgesetzten über die Auswirkungen des neuen HR-Geschäftsmodells auf Ihre Rolle?«
- »Erfolgt die Kommunikation regelmäßig und zeitgerecht – auch wenn gewisse Entscheidungen noch ausstehen?«
- »Haben Sie das Gefühl, dass sich das HR-Management-Team persönlich genug engagiert?«
- »Erhalten Sie die notwendige Unterstützung zur Bewältigung der Veränderungen?«

Die befragten HR-Mitarbeiter gaben die Antwort durch Anbringen eines Klebers auf einem Plakat:

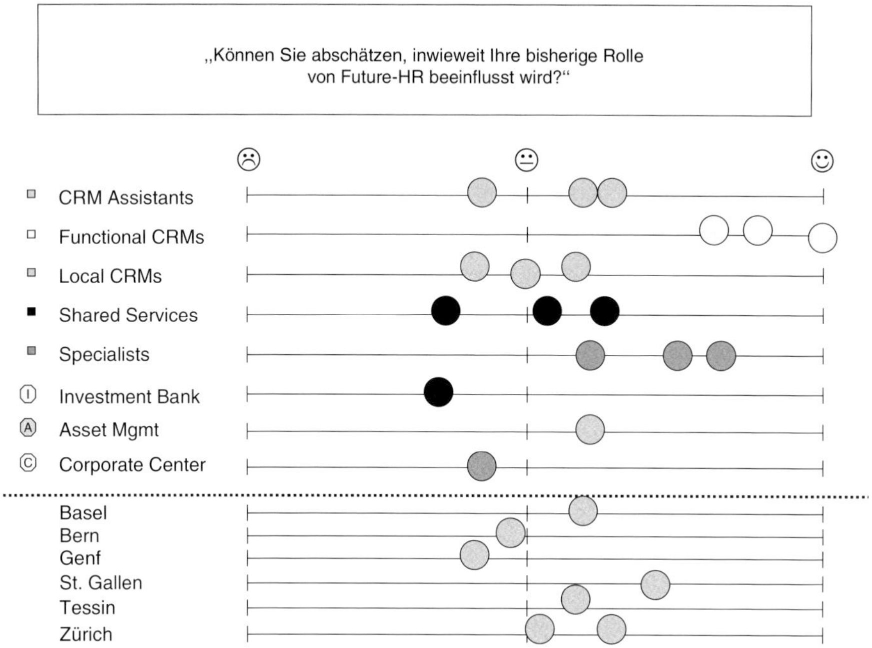

Abb. 27: Auswertungsergebnis Stimmungsbild

Durch die Auswertung der Resultate aus dem Stimmungsbild war das HR-Management immer aktuell über die Befindlichkeit der HR-Mitarbeiter informiert, erhielt direkt Anregungen von der Basis und hatte die Möglichkeit, aktiv auf zeitweise vorhandene Ängste bei den Betroffenen einzugehen. Die aktuelle Situation – auch immer im Vergleich zu den letzten durchgeführten Erhebungen – wurde im Sinne einer Standortbestimmung jeweils graphisch dargestellt und im HR-Management Team besprochen (Abb. 28).

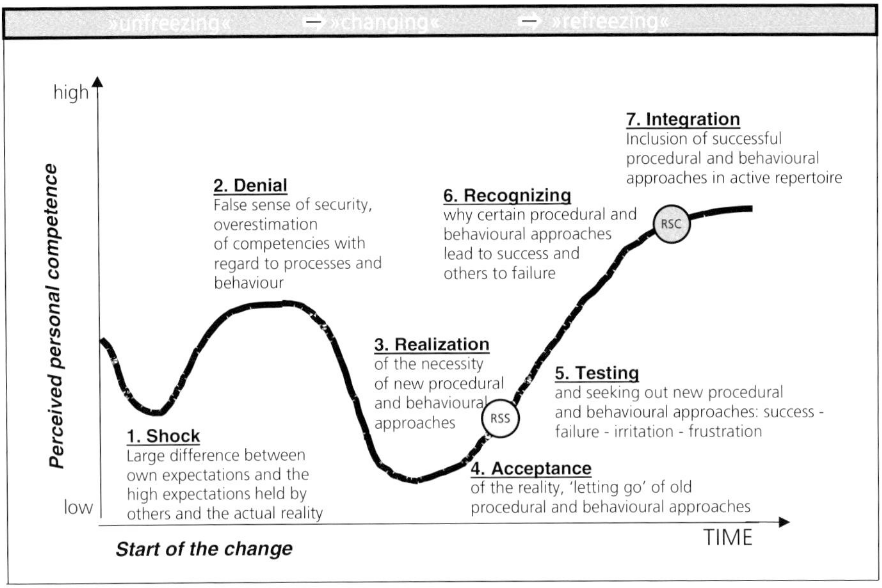

Abb. 28: Standortbestimmung im Change Management (Phases of Change)

- Um allen HR-Mitarbeitern im Arbeitsmarkt Schweiz eine Möglichkeit zu geben, der Projektleitung direkt Fragen zum Projekt oder zur künftigen Lösung zu stellen, wurde eine so genannte »Feedbackbox« auf dem Intranet installiert. Alle über die »Feedbackbox« eingereichten Fragen wurden telefonisch oder schriftlich beantwortet. Feedback bzw. Antworten von allgemeinem Interesse wurden zudem auch in den oben erwähnten Projektschlagzeilen publiziert.

3.10 Stellenbesetzungsprozess

Es zeigte sich bereits bei der Erarbeitung der Detailkonzepte, dass das neue HR-Geschäftsmodell die Aufgaben nahezu aller Mitarbeiter von HR beeinflussen und verändern würde.

Das neue HR-Geschäftsmodell führte zur faktischen Neubesetzung sämtlicher ca. 450 Stellen in HR des Arbeitsmarktes Schweiz. Die Projektleitung wurde deshalb im Rahmen der Detailplanung der Implementierung beauftragt, einen Stellenbesetzungsprozess zu konzipieren, welcher eine möglichst große Kontinuität in der Betreuung der Kunden gewährleisten und andererseits die Möglichkeit zu interner beruflicher Entwicklung schaffen sollte. Personen, welche sich für eine Stelle in der wegen des neuen HR-Geschäftsmodells veränderten HR-Organisation interessierten, die ihrer bisherigen Stelle entsprach, konnten ihr Interesse formlos anmelden. Personen, welche sich für eine Stelle, welche nichts mit ihrer bisherigen Stelle zu tun hatte, oder für eine durch das neue Geschäftsmodell neu geschaffene Stelle (z.B. im HR-Advisory- & Services-Center) interessierten, mussten sich schriftlich mit einem Bewerbungsbogen bewerben.

Die Stellenbesetzung erfolgte nach dem »Top-down-Ansatz«, also entlang der Hierarchiestufen. Dadurch konnte jede Hierarchiestufe über die Besetzung der unterstellten Personen entscheiden und so die Zusammensetzung der Einheiten signifikant beeinflussen. Durch dieses schrittweise Vorgehen und die Tatsache, dass mit jedem Interessenten für eine Stelle zumindest ein Kurzinterview geführt wurde, dauerte der Stellenbesetzungsprozess knapp drei Monate.

Großes Gewicht wurde auf Transparenz und Fairness im Stellenbesetzungsprozess gelegt. Um allen Bewerbern einen fairen Stellenbesetzungsprozess zu garantieren, wurde ein so genanntes Stellenbesetzungsgremium geschaffen, welches während des Stellenbesetzungsprozesses in der Regel alle zwei Wochen tagte, gewisse Stellenbesetzungen formell bestätigte und sicherstellte, dass möglichst jede Stelle mit dem bestgeeigneten Kandidaten besetzt wurde.

Eine sehr hohe Transparenz wurde durch die Publikation und laufende Nachführung des Stellenplanes auf dem Intranet geschaffen. Dadurch wusste jeder HR-Mitarbeiter, welche Stellen in welchen Einheiten zu besetzen (und welche Voraussetzungen ein Bewerber für eine noch offene Stelle mitbringen musste) bzw. welche dieser Stellen bereits besetzt waren.

4 Lessons Learned

- Das Projekt zur Einführung eines neuen HR-Geschäftsmodells für UBS Schweiz verlief während der gesamten Dauer stets kontrolliert und insgesamt sehr gut. Klare Aufträge für jede Projektphase und eine übersichtliche, den einzelnen Projektphasen jeweils angepasste Struktur sowie eine enge Führung des Projektes haben dazu beigetragen, Probleme frühzeitig zu erkennen und angehen zu können.
- Die gewählte Lösung mit den beiden Projektsteuerungsgremien – Advisory Council und Project Steering Committee – hat sich bewährt. Das sehr breit zusammengesetzte Advisory Council war Diskussions- und Meinungsbildungsgremium und diente vor allem dazu, durch das Projektteam entwickelte Optionen zu diskutieren, frühzeitig die Bedürfnisse der späteren Benutzer aufzunehmen und entsprechend benutzerfreundliche Lösungen zu erarbeiten. Da die durch das Projektteam erarbeiteten Lösungen mit der Diskussion im Advisory Council breit vernehmlasst waren, ergaben sich im Project Steering Committee wenig Diskussionen. Dadurch funktionierte das Project Steering Committee als effizientes Entscheidungsgremium.
- Die Idee, die Konzeption und Realisierung des HR-Recruitment Services Centers zeitlich vorzuziehen, hat sich als zweckmäßig erwiesen. Mit dessen

Realisierung per 1. Juli 2004 konnten bereits vor der Implementierung der anderen Elemente von HR-Shared-Services erste Erfahrungen mit der Konzeption und Implementierung eines HR-Kompetenzzentrums gemacht werden (z.B. Stellenbesetzungsprozess, Schnittstellenmanagement), welche dann wiederum in die Konzeption der anderen Elemente von HR-Shared-Services einfließen konnten.

- Die Erstellung der Business-Spezifikationen für die Anpassungen der HR-IT-Systeme bzw. der detaillierten Prozessbeschreibungen war sehr ressourcenintensiv. Die hohe Qualität dieser Dokumente hat eine reibungslose, praktisch ohne Rückfragen erfolgte IT-Entwicklung ermöglicht, was ein Hauptgrund für den zeitgerechten Abschluss der IT-Entwicklungsarbeiten war.
- Dank dem planmäßigen Abschluss der IT-Entwicklung konnte das Testen der neuen bzw. geänderten IT-Funktionalitäten früh beginnen. Dies ermöglichte, alle Funktionalitäten zweimal vollständig durchzutesten. Die Tatsache, dass die Tests größtenteils durch die verantwortlichen Produktmanager, welche die zu testenden Prozesse naturgemäß sehr gut kennen, durchgeführt wurden, führte zu einer sehr guten Testqualität. Die Übergabe an den Betrieb konnte deshalb zeitgerecht und ohne erwähnenswerte Probleme vorgenommen werden.
- Die Verantwortung für die inhaltliche Implementierung der Detailkonzepte, die Stellenbesetzung, die Durchführung der Ausbildung sowie für die Umsetzung der logistischen Belange lag bei den designierten Abteilungsleitern. Dies hat zu einer hohen Qualität und Detailgenauigkeit bei der Implementierung geführt und ist ein Hauptgrund für die erfolgreiche Einführung des neuen HR-Geschäftsmodells.
- Dem Stellenbesetzungsprozess wurde ein hohes Gewicht gegeben. Die Idee, einerseits eine möglichst große Kontinuität in der Betreuung der Kunden zu erhalten und andererseits die Möglichkeit zu interner beruflicher Entwicklung einzuräumen, führte zu einem lang dauernden, von vielen Mitarbeitern als komplex empfundenen Prozess. Der sehr fair verlaufene Prozess und die hohe Qualität bei den Stellenbesetzungen rechtfertigen in Rückblick allerdings den Aufwand und die verhältnismäßig lange Dauer des Prozesses.
- Der Change-Management-Aufwand war enorm. Die Planung und Umsetzung der zahlreichen Maßnahmen im Bereich Stakeholder Management und Kommunikation haben jedoch wesentlich zur erfolgreichen Einführung des neuen HR-Geschäftsmodells beigetragen.
- Die relativ lange Konzeptphase konnte genutzt werden, um alternative Lösungsoptionen zu diskutieren und um die betroffenen HR-Mitarbeiter und bankinternen HR-Kunden in den Veränderungsprozess zu involvieren. Dies führte zu Zeitersparnissen in der Implementierungsphase des Projektes.

- Die Ermittlung der benötigten Stellen pro Einheit erwies sich als sehr schwierig, da keine verlässlichen Grundlagen für Volumenberechnungen (Aufwand pro Prozess und Anzahl Geschäftsvorfälle) vorlagen. So wurde eine Schätzung auf Basis der Ist-Zahlen und des zu erwartenden Effizienzgewinns erforderlich.
- Mit der Genehmigung des Grobkonzeptes wurde das künftige HR-Geschäftsmodell schon früh abschließend definiert. Trotzdem wurde das Modell durch kritische HR-Mitarbeiter immer wieder diskutiert, hinterfragt und abzuändern versucht, weil sie der Meinung waren, es funktioniere in gewissen Einzelprozessen nicht.

  Dadurch bestand die Gefahr, das Modell aufgrund von wenigen Einzelprozessen, bei denen das neue Modell vermeintlich zu Schwierigkeiten führt, anzupassen, obwohl es für den weitaus größten Teil der Prozesse offensichtlich funktioniert.

  Eine laufende, grundlegende Veränderung des Modells konnte jedoch erfolgreich vermieden werden, indem das HR-Management der Schweiz den getroffenen Modellentscheid nicht mehr in Frage stellte. Schließlich wurde das HR-Geschäftsmodell des Arbeitsmarktes Schweiz in seinen Grundzügen auch von anderen Regionen (z.B. Amerikas, Asien, Kontinentaleuropa) übernommen.
- Alle Betroffenen und Beteiligten restlos von den durch das Projekt bewirkten Veränderungen zu überzeugen, ist weder möglich (zu hoher Aufwand) noch nötig (es gibt immer eine große Anzahl Personen, welche den Überzeugten in deren Argumentation folgen). Entsprechend war es zielführend, eine Fokussierung beim Stakeholder Management vorzunehmen.
- Die Problematik der durch die Reorganisation neu geschaffenen organisatorischen Schnittstellen wurde unterschätzt. Die Zusammenarbeit zwischen den Einheiten HR-CRM, HR-ASC und HR-Competence-Centers wird nach Einführung des neuen HR-Geschäftsmodells laufend weiter optimiert werden müssen.

5 Erste Erfahrungen mit dem neuen HR-Geschäftsmodell

Bereits die ersten Monate seit Einführung des neuen HR-Geschäftsmodells haben gezeigt, dass die Neupositionierung von HR im Arbeitsmarkt Schweiz sowohl bei HR-Kunden als auch bei HR-Mitarbeitern rasch akzeptiert worden ist.

Im September 2005 wurden alle UBS-Mitarbeiter nach ihren ersten Erfahrungen mit dem HR-ASC befragt. Die Auswertung dieser Kundenfeedbacks hat einen beachtlichen Wert von 81 von 100 möglichen Punkten ergeben. Dieses gute Resultat zeigt die hohe Zufriedenheit mit der Beratung und den angebotenen Dienstleistungen.

Die Mitarbeiter von UBS haben sich weitgehend problemlos an die Situation gewöhnt, dass sie nicht mehr wie bis anhin einen persönlichen Personalberater (HR-CRM) zugeteilt erhalten, sondern für mitarbeiterbezogene Fragen telefonisch ein ihnen zugewiesenes HR-ASC-Team kontaktieren.

Die Anzahl Kontakte sowie die Art der Anfragen an das HR-ASC entsprechen den durch das Projektteam in der Konzeptphase formulierten Erwartungen und Schätzungen. Die Vorgabe, dass 80 % aller Anfragen an das HR-ASC während der ersten Kontaktaufnahme direkt beantwortet werden können, wird eingehalten.

Die HR-CRM-Organisation wurde nur zur Beginn während den ersten ca. zehn Wochen nach Einführung des neuen HR-Geschäftsmodells mit mitarbeiterbezogenen Anfragen von erwähnenswertem Volumen konfrontiert.

Es hat sich gezeigt, dass rund 80 % der Tätigkeiten im HR-ASC administrativer Art sind und die telefonische Beantwortung von Anfragen einen verhältnismäßig geringen Anteil der Serviceleistung ausmacht. Somit hat sich das HR-ASC nicht zu einem so genannten Call Center entwickelt, wie zu Beginn des Projektes vielerorts prophezeit worden war.

Die Zusammenarbeit zwischen den Einheiten von HR-CRM, HR-ASC und HR-Competence-Centern verläuft insgesamt gut. Die Neuaufteilung der Verantwortlichkeiten hat sich im Arbeitsalltag eingespielt. Nach der Einführung aufgetretene Fragen und Problemstellungen werden in wöchentlich stattfindenden, so genannten »Firefighting Meetings« besprochen. Dabei werden gemeinsam anhand von konkreten Geschäftsfällen Verbesserungen diskutiert und entsprechende Maßnahmen vereinbart.

Durch die Aufteilung der ursprünglichen HR-CRM-Einheit in das HR-ASC und das neue HR-CRM entstanden zusätzliche Schnittstellen bei der Abwicklung von Geschäftsfällen.

Die Zusammenarbeit zwischen HR-ASC und HR-CRM ist von einem gewissen Formalismus gekennzeichnet, welcher von den betroffenen HR-Mitarbeitern in vielen Fällen als sehr aufwändig empfunden wird. Es ist jedoch zwingend notwendig, dass bei der Übergabe von Arbeiten zwischen HR-CRM und HR-ASC eine schriftliche Dokumentation der Geschäftsfälle mittels Formularen erfolgt, um im weiteren Verlauf der Geschäftsfallabwicklung zeitraubende Rückfragen und Missverständnisse zu verhindern.

Im Verlauf der Zeit werden sich diese organisatorischen Schnittstellen noch optimieren, was zu weiteren Effizienzgewinnen führen dürfte. Die Qualität der Arbeitsergebnisse, welche aus den diese Schnittstelle tangierenden Prozessen hervorgehen, konnte bereits kurz nach der Einführung grundsätzlich als gut bezeichnet werden.

Das neue HR-Geschäftsmodell hat die Neupositionierung (Business Partnering) der HR-CRM-Organisation substantiell unterstützt. Dennoch besteht weiterer Handlungsbedarf, um den Einbezug der HR-CRM-Organisation in operative und administrative Prozesse zu reduzieren.

Optimierungspotential besteht auch bei den heute noch bestehenden Prozessunterschieden zwischen den Unternehmensgruppen. Selbst innerhalb einer Unternehmensgruppe sind regionale Unterschiede erkennbar, welche vor allem darauf zurückzuführen sind, dass seitens des Managements pro Region unterschiedliche Anforderungen an HR-Dienstleistungen gestellt werden. Daraus ergeben sich viele Spezialfälle bei der Geschäftfallabwicklung. Solche Ausnahmefälle sind in Zukunft zu reduzieren.

Zweifellos hat die genaue Analyse der Prozesse während der Projektphase, die neue Zuteilung der Tätigkeiten sowie die laufende Dokumentation der Abwicklung der Geschäftsfälle dazu geführt, dass heute mehr Transparenz hinsichtlich Volumen und Aufwand der Serviceleistungen besteht. Dieses Wissen bildet die Basis für zukünftige Optimierungsmöglichkeiten und für die Weiterentwicklung des HR-Geschäftsmodells.

III Umsetzung des integrierten Geschäftsmodells Personal bei der Schweizerischen Post

Markus Klopfenstein/Simone Frischknecht

1 Das Unternehmen Schweizerische Post

1.1 Organisation und Aufbau

Die Schweizerische Post ist ein öffentlich-rechtliches Unternehmen im Besitz der Eidgenossenschaft und die zweitgrößte Arbeitgeberin der Schweiz: Über 55 000 Frauen und Männer sorgen dafür, dass jeden Tag 15 Millionen Briefe und jedes Jahr 105 Millionen Pakete pünktlich in Haushalte und Unternehmen gelangen.

Die Post bewegt sich dabei in verschiedenen Spannungsfeldern: Zum einen ist aus dem klassischen Staatsbetrieb ein marktorientiertes, eigenverantwortliches Dienstleistungsunternehmen geworden – mit gesetzlichen Rahmenbedingungen wie der Erfüllung des Service-Public-Auftrags zur landesweiten Grundversorgung. Zum andern ist die Post mit ihren Bereichen PostMail, PostLogistics, PostFinance, PostAuto, Swiss Post International, Poststellen und Verkauf und strategische Kundenlösungen divisional aufgebaut und in sehr unterschiedlichen Branchen tätig.

Neben den genannten Bereichen sind auf Unternehmensstufe die unterschiedlichen Querschnittsfunktionen wie beispielsweise IT, Finanzen, Immobilien, Unternehmenskommunikation oder Personal als Funktions- oder Servicebereiche gebündelt.

Die oben erwähnten Bereiche sowie einige weitere verfügen über eine eigene Personalorganisation. Übergreifend steuert der als Corporate Center positionierte Bereich Personal (P) die Zusammenarbeit der verschiedenen Personalorganisationen. Zusätzlich bietet der Bereich P auf Konzernstufe auch Serviceleistungen an. Dementsprechend ist der Bereich Personal in eine Management- und eine Servicedimension aufgeteilt. In der Managementdimension sind die personalwirtschaftlichen, über den Overhead finanzierten Steuerungsfunktionen (Kompetenzcenter) auf Stufe Konzern enthalten. Die personalwirtschaftlichen, als Profitcenter positionierten Servicefunktionen, welche sich über Marktleistungen oder Bezugspflichten finanzieren, finden sich in der Servicedimension.

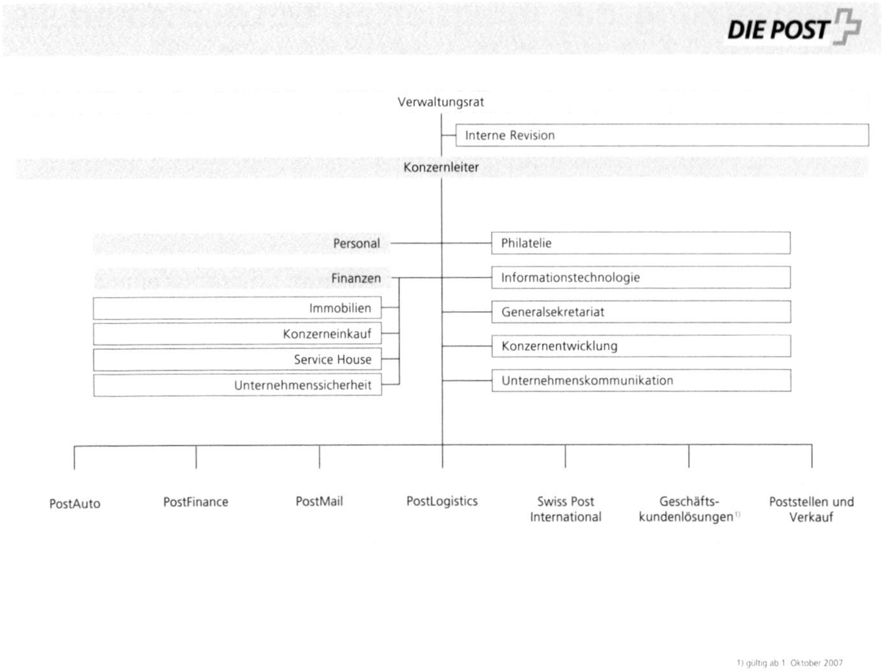

Abb. 29: Organigramm der Schweizerischen Post

1.2 Wirtschaftliches und politisches Umfeld

Die Schweizerische Post befindet sich in einer Phase des Wandels. Alleine die neuen Kommunikationstechnologien, die veränderten Bedürfnisse der Kundschaft und die eigenwirtschaftliche Erfüllung des Grundversorgungsauftrages stellen eine große Herausforderung dar. Darüber hinaus wird die Post mit der geplanten Totalrevision der Postgesetzgebung und den absehbaren Marktöffnungsschritten zunehmend der Konkurrenz ausgesetzt. Gleichzeitig verändert sich auch die Unternehmensstruktur: Mit der vermehrten Auslagerung von Dienstleistungen in selbständige Konzerngesellschaften und der immer internationaleren Ausrichtung wird die Führung des Personalwesens zunehmend komplexer und internationaler.

2 Ziele des Geschäftsmodells

Der eingangs beschriebene Wandel ist der eigentliche Treiber für die Umsetzung des Geschäftsmodells Personal: Er verändert die Post und deshalb muss sich auch ihre Personalarbeit verändern – und zwar mit all ihren Funktionen. Das Management und die Mitarbeitenden erwarten heute weit mehr als das Verwalten von Personaldossiers: Unternehmerisches Mitdenken, Mithandeln und Mitverantworten sowie eine aktive Unterstützung in der Planung und Umsetzung der Bereichs- und Unternehmensstrategien sind gefragt. Eine optimale Unterstützung des Veränderungsprozesses durch professionelle Personalarbeit wird für die zukünftige Entwicklung der Post »match-entscheidend« sein.

Mit dem integrierten Geschäftsmodell Personal und den folgenden **übergeordneten Zielsetzungen** will die Post die Auswirkungen des beschriebenen Wandels antizipieren:

- Die Querschnittsfunktion Personal macht sich proaktiv fit für eine allfällige Marktöffnung.
- Die Personalfunktion unterstützt das bereichsübergreifende Denken und Handeln im Sinne des »penser jaune« – das heißt beim Aufbau eines werteorientierten Managementverständnisses zugunsten des Konzerns Post.
- Die Personalfunktion schärft ihr Profil und agiert noch konsequenter als strategischer Partner des Managements auf Konzern- und Bereichsstufe.
- Bei den operativen Personalserviceleistungen entwickelt sich die Post zum Benchmark auf dem Arbeitsmarkt Schweiz.

Diese übergeordneten Zielsetzungen werden über die folgenden **strategischen Stoßrichtungen** verfolgt:

- Indem sich das Geschäftsmodell an der Vision Post orientiert und eine konzernweit verbindliche Personalpolitik konkretisiert, die bis zu jeder Mitarbeiterin und jedem Mitarbeiter wirkt. Die strategische Personalarbeit wird damit konsequent aus Konzernsicht ausgerichtet und zunehmend internationaler.
- Indem die operativen und strategischen Rollen der Personalfunktionen auf Konzern- und Bereichsebene klar definiert werden und eine Professionalisierung der Beratungsfunktion auf allen Stufen erfolgt.
- Indem die Standardprozesse in der Personaladministration so ausgerichtet werden, dass sie den Kunden das beste Preis-/Leistungsverhältnis im Markt Schweiz bieten.
- Indem die Kompetenzzentren im Konzern (z.B. Sozialberatung, Arbeitsmarktzentrum oder Berufsbildung) auf ihre Kosten und Qualität überprüft und allenfalls neu positioniert werden.

Um diese Zielsetzungen zu erreichen, braucht es eine konzernweite verbindliche Regelung von Rollen, Aufgaben und Kompetenzen, welche nicht punktuell und zeitlich gestaffelt, sondern gesamtheitlich und zeitlich auf einander abgestimmt neu positioniert werden müssen. Für die erfolgreiche Umsetzung des Geschäftsmodells wurden **zwei Erfolgsfaktoren** identifiziert:

1) In einer intensiven und frühzeitigen Diskussion der Herausforderungen und entsprechenden Lösungsansätze setzt sich das Management, inkl. die Konzernleitung, mit der Zukunft der Personalfunktion auseinander.
2) Mit einem integrierten Ansatz wird die erfolgreiche Umsetzung des Geschäftsmodells sichergestellt.

3 Der integrierte Ansatz

3.1 Wieso ein integrierter Ansatz?

Grundsätzlich gilt, dass die Implementierung des Geschäftsmodells und die entsprechenden umfangreichen Anpassungen und Initiativen aufeinander abgestimmt erfolgen müssen, weshalb sich ein integrierter Ansatz geradezu aufdrängt. Abhängigkeiten, Redundanzen, Synergien und Schnittstellen der verschiedenen Personalfunktionen können somit einfacher und schneller erfasst und aktiver gestaltet werden als bei einem sequentiellen Ansatz, bei welchem beispielsweise in einem ersten Schritt ein Shared Servicecenter aufgebaut und die restlichen Personalfunktionen erst nachgelagert ausgerichtet werden. Die weiteren Gründe für die Wahl eines integrierten Ansatzes sind vielfältig:

Optimiertes Zusammenspiel der Personalfunktionen

Nicht zuletzt dank technologischen Neuerungen ist es heute möglich, markante Effizienzverbesserung durch die Nutzung von Synergien entlang der Prozesskette zu erreichen, beispielsweise in einem Personal Servicecenter (HR-Shared Services) oder durch den Abbau von Doppelspurigkeiten (Unterhalt verschiedener IT-Systeme). Da es sich bei den Personalorganisationen der Post nicht um autarke Elemente, sondern um ein System von Funktionen handelt, welche in gegenseitiger Wechselwirkung stehen, kann nicht nur ein einzelner (Teil-) Aspekt beleuchtet und neu ausgerichtet werden. Im Gegenteil bedarf es einer Gesamtbetrachtung und einer ganzheitlichen Neuausrichtung der Personalarbeit, um ein optimales Zusammenspiel der einzelnen Funktionen zu gewährleisten.

Professionalisierung der Personalarbeit innerhalb des Konzerns

Der Konzern Post ist in den vergangenen Jahren innerhalb seiner divisionalen Struktur stark gewachsen, wobei sich die Bereiche vermehrt an ihrem eigenen wirtschaftlichen Umfeld ausrichteten. Die meisten Bereiche der Post haben ihre Personalabteilungen im Zuge von Restrukturierungen oder Neuorganisationen bereits konsequenter auf ihr Geschäft ausgerichtet. Die oben beschriebene Entwicklung weg von der Administration hin zum Geschäftspartner des Managements ist bei der Post entsprechend je nach Bereich unterschiedlich stark ausgeprägt. So verfügt beispielsweise der Bereich Poststellen und Verkauf seit knapp zehn Jahren über HR-Shared Services (Servicecenter Personal), welche seit 2005 um die Personaladministration von PostMail erweitert wurde und mittlerweile knapp 40.000 Dossiers verwaltet. Mit dem integrierten Ansatz des Geschäftsmodells will die Post auf Bestehendem aufbauen, entsprechende Erfahrungen nutzen und die Personalarbeit innerhalb des Konzerns nach dem Prinzip »best-practice« professionalisieren.

Komplexes (internationales) Wachstum des Konzerns

Außerdem wächst der Konzern Post stetig: Gehörten ihm im Jahr 2000 noch 19 Konzerngesellschaften an, sind es heute bereits weit über 50 – zahlreiche davon sind in ein internationales Umfeld eingebettet oder haben gar ihren Hauptsitz im Ausland. Damit diese Entwicklung auch aus Personalsicht optimal gesteuert werden kann, braucht es einen verbindlichen Rahmen in der Personalarbeit, der von den Bereichen des Mutterhauses ausgeht und die Konzerngesellschaften im In- und Ausland mit einbezieht. Ein solcher Rahmen bedarf einer integrierten, verschiedene Personalfunktionen umfassenden Sicht und kann nicht nur punktuell für einzelne Aspekte geschaffen werden.

Glaubwürdigkeit

Die Umsetzung des integralen Projektmanagements trägt außerdem dazu bei, dass die Ernsthaftigkeit der Veränderungen innerhalb der Personalfunktion im Management wie auch bei den Mitarbeitenden wahrgenommen wird. Die Glaubwürdigkeit und Akzeptanz des Gesamtprojektes wird durch den integrierten Ansatz entsprechend gefördert.

3.2 Ein Dach, vier Bausteine

Der integrierte Ansatz des Geschäftsmodells und dessen Aufbau lassen sich anhand von Abbildung 30 veranschaulichen. Kurz umschrieben besteht das Geschäftsmodell aus zwei Stockwerken, welche sich aus je zwei Bausteinen mit jeweils andersartigen Aufgaben zusammensetzen, einem Dach, welches den vier Bausteinen den Rahmen gibt, und vier Kundensegmenten. Die Steuerung des integrierten Ansatzes erfolgt über 12 Teilprojekte (siehe dazu Kapitel 4).

Das Dach

Das Dach des Geschäftsmodells entspricht der Personal Governance, also dem konzernweiten Steuerungssystem der Personalfunktion. Konkret manifestiert sich hier die Führungsverantwortung des Konzerns in bestimmten Personalfragen. Diese greift je nach Aspekt auch in die Personalorganisationen der Bereiche ein.

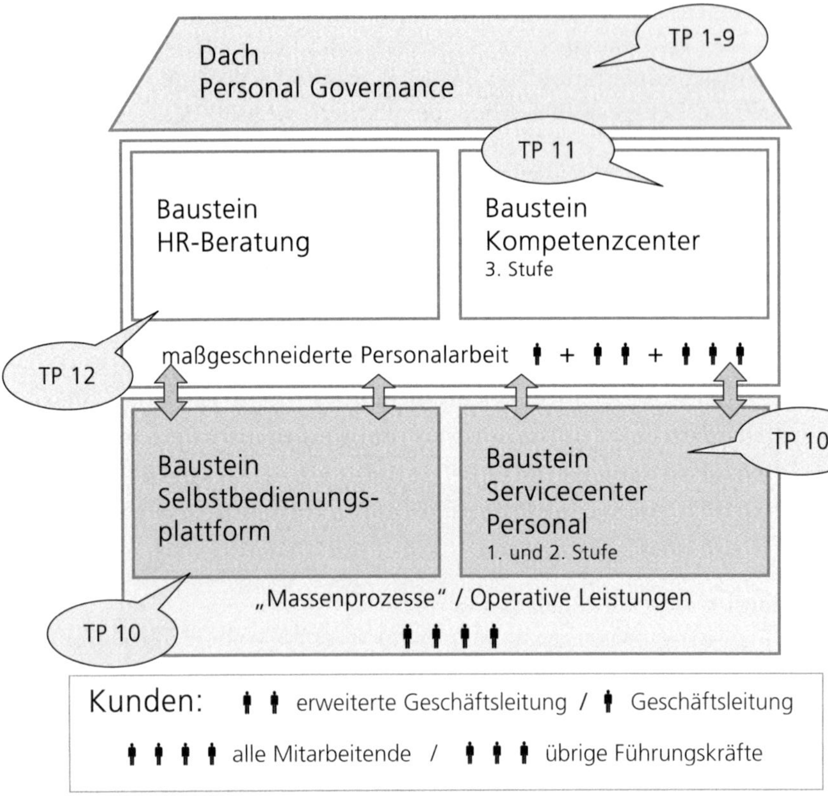

Abb. 30: Das Geschäftsmodellhaus mit Dach, zwei Stockwerken zu je zwei Bausteinen und vier Kundensegmenten und den entsprechenden Teilprojekten

1. Stockwerk: »Massenprozesse«

Im unteren der beiden Stockwerke werden alle Personalprozesse gebündelt, bei welchen konzernweite Skaleneffekte genutzt und Qualitätssteigerungen erzielt werden können.

Im Baustein »Selbstbedienungsplattform« finden sich jene Massenprozesse der Personaladministration, welche durch Informatikanwendungen unterstützt werden; sogenannte »workflow-basierte« Prozesse, bei welchen alle Bearbeitungsschritte im Arbeitsablauf – von der Auftragserteilung über die Bewilligungen bis zur Ausführung – IT-gestützt erfolgen. Auf der posteigenen Personalplattform Piazza können Mitarbeitende (ESS; Employee Self Service) und Vorgesetzte (MSS; Management Self Service) von 19 Anwendungen profitieren, angefangen bei der Pflege der eigenen Daten bis hin zu komplexen Systemen wie die Zeitwirtschaft. Die Plattform Piazza erfreut sich zunehmender Beliebtheit: aktuell erfolgen monatlich über 41.000 Transaktionen und die Tendenz ist stark steigend.

Für die Projektumsetzung liegt der Hauptfokus auf der punktuellen und benutzerfreundlichen Weiterentwicklung der bestehenden Applikationen, der Überprüfung eines »Kiosksystems« für Mitarbeitende ohne Informatik am Arbeitsplatz sowie auf der digitalen Erfassung der physischen Personaldossiers via ein Recordsmanagement.

Im Baustein Servicecenter Personal werden konzernweit jene Massenprozesse der Personaladministration abgewickelt, welche nicht über IT-gesteuerte Transaktionen vom Mitarbeitenden oder Vorgesetzten selbst vollständig und abschließend erledigt werden können (1. und 2. Stufe). Durch die konsequente Nutzung von Skalen- und Lerneffekten erreicht das Servicecenter Personal ein herausragendes Preis-Leistungsverhältnis.

2. Stockwerk: Wertschöpfungsprozesse

Im oberen der beiden Stockwerke finden sich mit der maßgeschneiderten Personalarbeit diejenigen Wertschöpfungsprozesse, welche sich an Führungskräfte richten (z.B. Beratungsleistungen).

Im Baustein der Kompetenzcenter werden all jene Personalfunktionen angesiedelt, welche in der Linie in geringer Mengenhäufigkeit zu bearbeiten sind und für deren Bearbeitung spezialisiertes Wissen nötig ist (3. Stufe). Die Kompetenzcenter unterstützen das Servicecenter Personal und die HR-Beratenden als Fachstelle.

Im Baustein HR-Beratung findet sich die geschäftsnahe, individuelle Beratung von Führungspersonen in komplexen operativen und strategischen Personalgeschäften. Neu konzentriert sich die Tätigkeit der HR-Beratenden (HR Business Partner) auf die Unterstützung der Vorgesetzten, welche ihrerseits in komplexen Personalanliegen nur noch *einen* Ansprechpartner (single point of contact) haben. Durch eine klare Rollendefinition sollen die HR-Beratenden von administrativen Tätigkeiten entlastet und dafür ihre Beratungskompetenz gesteigert werden.

Die Kundensegmentierung

Die Segmentierung der Kunden in vier Gruppen soll zu einer möglichst zielgerichteten, auf den Kunden zugeschnittenen Beratung führen. Die Aufteilung in die vier Gruppen »alle Mitarbeitende«, »Führungskräfte«, »erweiterte Geschäftsleitung« und »Geschäftsleitung« erfolgt situationsgebunden aufgrund der jeweiligen Rolle, die ein Kunde einnimmt. Eine Führungsperson kann entsprechend mehrere Rollen einnehmen: Die des Mitarbeitenden, wenn sie/er eine Dienstleistung beziehen möchte, die ihre/seine eigene Person betrifft (bspw. Adresswechsel, Eingabe von Ferien), resp. diejenige einer Führungskraft, wenn sie/er spezialisierte Dienstleistungen, welche ein hohes Fachwissen in einem bestimmten Personalthema bedingen, in Anspruch nimmt.

Abhängigkeit der Stockwerke und Bausteine

Selbstverständlich bestehen zwischen den beiden Stockwerken und den einzelnen Bausteinen zahlreiche Schnittstellen und entsprechende Durchgänge für die Kunden. Eine klare Definition der Prozesse und verschiedenen Dienstleistungskataloge sowie die saubere Abgrenzung der damit verbundenen Schnittstellen sind essentiell für einen reibungslosen Geschäftsablauf innerhalb der neuausgerichteten Personalorganisation des Konzerns Post.

4 Steuerung über 12 Teilprojekte

Die Steuerung des Projektes, resp. die Umsetzung des integrierten Ansatzes erfolgte über 12 Teilprojekte. Die einzelnen Teilprojekte unterscheiden sich hinsichtlich ihrer Größe und Wichtigkeit für das Gelingen des Hausbaues beträchtlich voneinander.

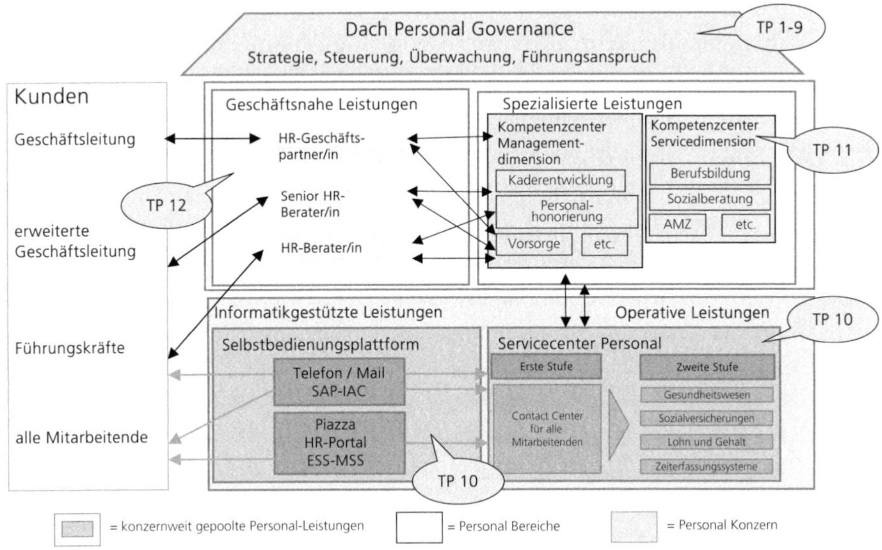

Abb. 31: Das Geschäftsmodellhaus mit detaillierten Bausteinen, Wechselwirkungen und den entsprechenden Teilprojekten

4.1 Das Dach: Teilprojekte 1–9

	Teilprojekt	Zielsetzung
1	Personal Governance	Legt für die wichtigsten Personalthemen die Verantwortung zwischen Konzern und Bereich sowie den Geltungsbereich (z.B. Verbindlichkeit für Konzerngesellschaften im Ausland) fest.
2	Wirkungsorientierte Personalpolitik	Definiert verbindlich, wie der im Teilprojekt 1 geregelte Verantwortungs- und Geltungsbereich auf der Ebene der Personalpolitik griffig umgesetzt wird.
3	Personalcontrolling	Ausrichten des Personalcontrollings auf den gesamten Konzern. Heute werden viele Kennzahlen (z.B. Absenzen oder Teilzeitarbeit) von den Bereichen erhoben, nicht aber von den Konzerngesellschaften.
4	Personal-Informationssystem	Überprüfen der Integrationsmöglichkeiten von größeren Konzerngesellschaften in das Personalinformationssystem des Konzerns.
5	Personalaspekte bei Firmenübernahmen	Festlegen der personalwirtschaftlichen Standards bei Firmenübernahmen in der Due Dilligence- und Integrationsphase.
6	Entsendungen Ausland	Festlegen von allgemein gültigen Vorgaben für das Personal, das ins Ausland entsendet wird und dort arbeitet.
7	Kaderreglement	Erstellen eines einzigen Kaderreglements für den gesamten Konzern.
8	Kaderentwicklung	Erarbeitung eines konzernweit gültigen Kaderentwicklungskonzeptes für die Kaderstufen 1 und 2.
9	Neuorganisation P	Neue Ausrichtung der Organisation des Bereiches Personal (Stufe Konzern) mit dem Ziel, sich vermehrt als strategischer Partner der Konzernleitung zu positionieren.

4.2 Servicecenter Personal: Teilprojekt 10

Im Teilprojekt 10 Servicecenter Personal wurde die konzernweite Bündelung der Personaladministration in einem Servicecenter mit mehreren Standorten geprüft. Die Post erbringt durch die konzernweite Nutzung *einer* Dienstleistungsplattform in der Personaladministration den Effizienzstandard und übernimmt in der Schweiz die Kostenführerschaft in diesem Bereich. Außerdem bietet das Servicecenter Personal mit einem modular aufgebauten Dienstleistungskatalog verschiedene standardisierte Lösungen an.

Die Kernelemente des neuen Servicecenter Personal sind:

- Vollständige Zentralisation aller administrativen Personalarbeiten im Servicecenter Personal an vier Standorten bis Ende 2008 in drei Etappen, verbunden mit der Umstellung auf elektronische Dossierführung und unterstützt durch eine Callcenter Applikation.
- Konzernweite Harmonisierung der Personaladministrationsprozesse.

- Einheitlicher modularer Dienstleistungskatalog mit bezugspflichtigen und freiwilligen Modulen.
- Verrechnung der Module zu Selbstkosten auf Marktpreisniveau.
- Unterstellung unter den Bereich Personal des Konzerns.

Damit wird das Servicecenter Personal zu einem der größten HR-Shared Services in der Schweiz mit ca. 110 Mitarbeitenden und gegen 56 000 betreuten Personaldossiers. Als flankierende Maßnahme dazu wird die Intensivierung des Informatik-Einsatzes geprüft. Ab 2009 soll das Servicecenter Personal der Post im Bezug auf Prozess- und Kosteneffizienz im Arbeitsmarkt Schweiz eine Referenzgröße sein.

4.3 Kompetenzcenter: Teilprojekt 11

Im Teilprojekt 11 Effizienzverbesserung Kompetenzcenter wurden die Personalfunktionen auf Stufe Konzern einer Portfolioanalyse durch ein breit abgestütztes Team (Konzern-, Bereichs-HR- und Linienverantwortliche) unterzogen. In den Kompetenzcentern der Servicedimension sind jene Personalfunktionen zusammengefasst, welche spezialisiertes Wissen bedingen und in den Bereichen in geringer Mengenhäufigkeit auftreten, weshalb sie gebündelt effizienter erbracht werden können (bspw. Berufsbildung, Sozialberatung). Innerhalb des Projektes wurden die verschiedenen Konzernfunktionen mit Hilfe eines Analysetools auf ihre strategische Bedeutung und Auslagerbarrieren hin überprüft. Die Ergebnisse führten für die weitere Projektbearbeitung zu einer klaren Trennung zwischen Konzernfunktionen mit einer hohen strategischen Bedeutung (Managementdimension) und solchen mit einer hohen Serviceausprägung (Servicedimension). Abbildung 32 fasst die Resultate bezogen auf die Kompetenzcenter der Servicedimension zusammen.

Aufgrund dieser Analyse wurde je Kompetenzcenter der Servicedimension entschieden, ob Auslagerungs- oder interne Optimierungsvarianten vertieft geprüft werden. Die Kompetenzcenter der Managementdimension wurden im Rahmen der Neuorganisation der Personalfunktion auf Stufe Konzern so ausgerichtet, dass sich der Bereich Personal besser als strategischer Partner der Personalverantwortlichen und des Managements positionieren kann.

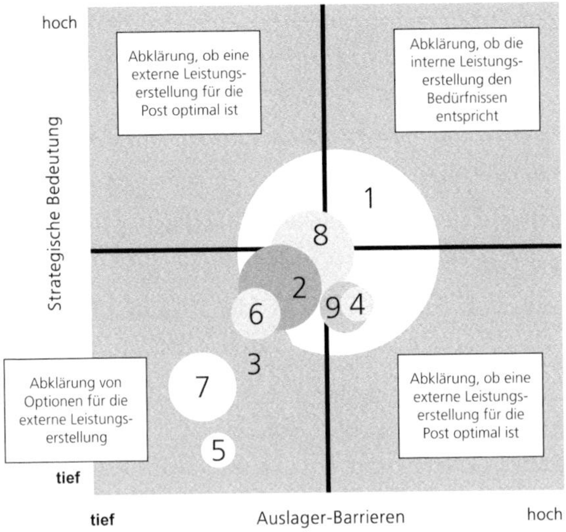

1	**Berufsbildung**
2	**Arbeitsmarktzentrum**
3	**Sozialberatung**
4	**Hochschulmarketing, Trainee Programme**
5	**Assessment-Center**
6	**Beratung und Coaching**
7	**Sprachausbildung**
8	**Weiterbildung (inkl. Führungsausbildung)**
9	**Beratung Arbeitsrecht**

Abb. 32: Übersicht der Portfolioanalyse der Kompetenzcenter der Servicedimension (die Größe widerspiegelt die Anzahl Mitarbeitenden im entsprechenden Kompetenzcenter)

4.4 HR-Beratung: Teilprojekt 12

Im Teilprojekt 12 Zielmodell HR-Beratung wurde ein für den gesamten Konzern verbindliches Modell für die Funktion der HR-Beratung ausgearbeitet, welches den Bereichen jedoch betreffend organisatorische Einbettung, Ausprägung und inhaltliche Schwerpunktbildung wesentlichen Gestaltungsspielraum gewährt. Mit dem Aus- und Umbau des unteren Stockwerks des Geschäftsmodellhauses geben die HR-Beratenden administrative und operative Leistungen an das Servicecenter Personal ab. Im Gegenzug können sie sich ganz auf die Unterstützung der Vorgesetzten in ihrem Kundenbereich konzentrieren und diese in Aspekten wie Veränderungsmanagement, Migrationen und der Umsetzung von personalrelevanten Projekten beraten. Die Vorgesetzten ihrerseits haben in komplexen Personalanliegen nur noch *einen* Ansprechpartner (Single Point of Contact).

Erreicht wird diese Neuausrichtung nebst der Verschiebung von administrativen Tätigkeiten der heutigen HR-Beratenden in das Servicecenter Personal (Teilprojekt 10) durch die klare Definition der Prozesse und des Dienstleistungskataloges sowie durch die saubere Abgrenzung der damit verbundenen Schnittstellen zum Servicecenter Personal und zu den verschiedenen Kompetenzcentern.

Die drei Rollen der »neuen« HR-Beratenden sind detailliert umschrieben und mit Stellenbeschreibungen, Anforderungs- und Kompetenzprofilen sowie dem entsprechenden Ausbildungsbedarf und Ausbildungsvorgaben hinterlegt.

- Die/der **HR-Berater/in** als Partner/in der Führungskräfte; Fokus auf die Unterstützung der Mitarbeiterführung.
- Die/der **Senior HR-Berater/in** als Berater/in der erweiterten Geschäftsleitung; Fokus auf die Begleitung von größeren Veränderungsprozessen.
- Die/der **HR-Geschäftspartner/in** als Partner/in der Geschäftsleitung; Fokus auf zukunftsgerichtete, strategische und stärker inhaltlich geprägte Themen.

Die wesentliche Herausforderung besteht jedoch in der Qualifizierung der bestehenden Rollenträger für die jeweilige Rolle. In einem ersten Schritt werden dafür die HR-Beratenden aufgrund ihrer Kompetenzen und ihres Potenzials einem Evaluationsverfahren unterzogen. In einer zweiten Phase werden individuell Entwicklungsschritte und Ausbildungsmaßnahmen festgelegt, mit dem Ziel, die Praxiskompetenzen der HR-Beratenden extern zertifizieren zu lassen.

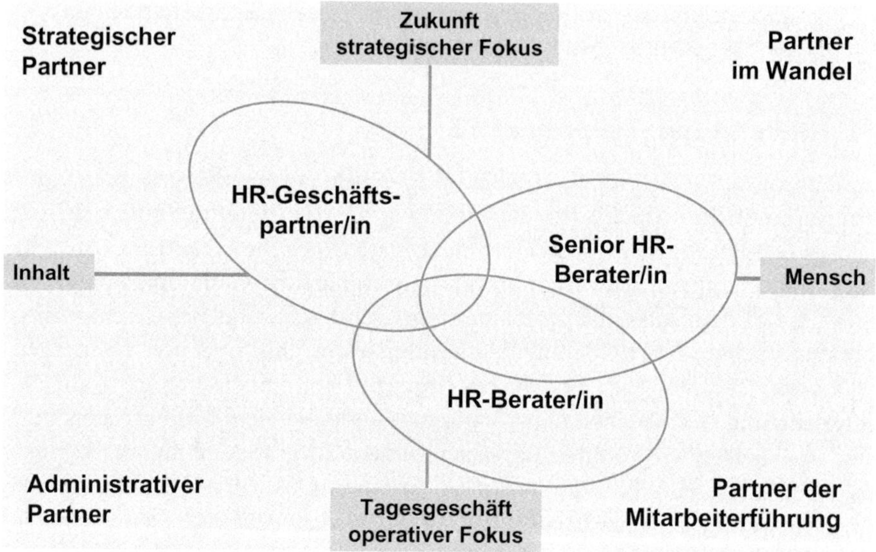

Abb. 33: Die drei Rollen der HR-Beratung mit ihren primären Ausrichtungen

5 Schwerpunkt Personal Governance

5.1 Ausgangslage

Die Personal Governance entspricht wie bereits erwähnt dem Dach des Geschäftsmodellhauses; es gibt dem Haus den klar definierten Rahmen und legt fest, wo der Konzern seinen Führungsanspruch in Personalfragen umsetzt und wo die Bereiche über Gestaltungsfreiheiten verfügen.

Der beschriebene integrierte Projektansatz bedingt eine intensive Abstimmung und Zusammenarbeit zwischen den Personalorganisationen der Bereiche und dem Bereich Personal des Konzerns. Innerhalb des Teilprojekts 1 Personal Governance wurden deshalb für die wichtigsten Personalthemen der Verantwortungsbereich und der entsprechende Geltungsbereich festgelegt. Außerdem wurde das Fachgremium Personal Strategie (FGPS) unter dem Namen Fachausschuss Personal neu positioniert und mit mehr Kompetenzen und einer neuen Form der Zusammenarbeit, den Fachtandems, ausgestattet.

5.2 Grundsätze der Fachführung Personal

Innerhalb der Personal Governance werden drei konzernweite Grundsätze festgelegt, welche aktuell in der Umsetzung die »Feuertaufe« zu bestehen haben.

Konzernweite Mit- und Zusammenarbeit

Die Personalstellen sämtlicher Stufen, d.h. Konzern, Bereiche und Konzerngesellschaften, arbeiten im neugeschaffenen Fachausschuss Personal und in den entsprechenden Fachtandems mit und entwickeln Lösungen partnerschaftlich.

Gesamtinteresse des Konzerns vor Eigeninteressen der Bereiche

Die Entscheidfindung erfolgt im Fachausschuss Personal, sofern ihm die Konzernleitung für das entsprechende Geschäft die Befugnis übertragen hat. Dabei ist diejenige Lösung zu beschließen, welche die Interessen aller Beteiligten am besten wahrt. Ist ein solcher Beschluss nicht möglich, ist zugunsten der für den Konzern besten Lösung zu entscheiden.

Differenzierungen nach Geltungsbereich und Funktion/Aufgabe/Prozess

Um den unterschiedlichen ökonomischen und arbeitsrechtlichen Rahmenbedingungen innerhalb des Konzerns Rechnung zu tragen, ist in Bezug auf die Fachführung nach den folgenden Kriterien zu differenzieren:

- **Funktion/Aufgabe/Prozess:** Die Zuständigkeiten sind unter Berücksichtigung der Bedeutung der entsprechenden Funktion, resp. Aufgabe/Prozess, für den Konzern stufengerecht zuzuweisen.
- **Geltungsbereich:** Die Differenzierung nach Geltungsbereich erfolgt via folgendem Regelungskreis:
  1. Kreis: Stammhaus und Konzerngesellschaften (KG aus Stammhaus)
  2. Kreis: KG Inland mit mehr als 150 Personaleinheiten (eigene Personalfunktion vorhanden)
  3. Kreis: KG Inland mit höchstens 150 Personaleinheiten (keine eigene Personalfunktion)

4. Kreis: KG Ausland mit mehr als 150 Personaleinheiten (eigene Personalfunktion vorhanden)
5. Kreis: KG Ausland mit höchstens 150 Personaleinheiten (keine eigene Personalfunktion)

5.3 Der Fachausschuss Personal

Der Fachausschuss Personal ersetzt das Fachgremium Personal Strategie (FGPS). Der neue Fachausschuss unterscheidet sich von vom bisherigen Fachgremium vor allem durch zwei Aspekte (siehe Abbildung 34):

- Kompetenzdelegation seitens der Konzernleitung und des Leiters Personal in den Fachausschuss, welcher so die Prozessführung in Personalfragen maßgeblich gestalten kann.
- Einführung von Fachtandems (Kapitel 5.4).

Damit sich die Konzernleitung vermehrt auf die strategischen Facetten des Personalmanagements konzentrieren kann, wurde mit der neuen Personal Governance die beschriebene Kompetenzdelegation vereinbart. Somit werden die Entscheidprozesse verkürzt und Fachentscheide können stufengerecht in der Fachlinie gefällt werden, wobei die Fachlinie auch gleichzeitig deren konsistente Umsetzung verantwortet.

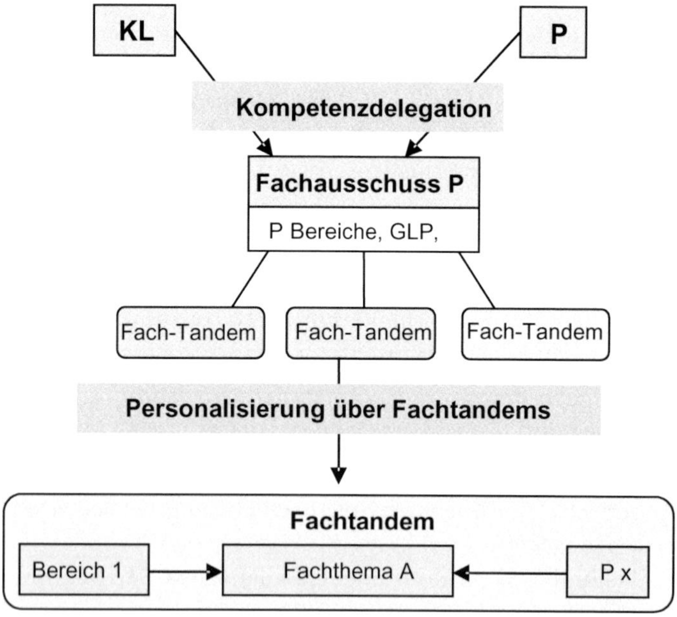

Abb. 34: Grafische Darstellung des Führungskonzepts des Fachausschusses Personal, mit Kompetenzdelegation und Personalisierung über Fachtandems

Zusammensetzung

Der Fachausschuss Personal setzt sich aus dem Leiter und den Mitgliedern der Geschäftsleitung des Bereichs Personal sowie den Personalverantwortlichen der großen Bereiche (PostFinance, PostMail, PostLogistics, PostAuto, Poststellen und Verkauf, Swiss Post International, strategische Kundenlösungen) zusammen. Die übrigen Bereiche werden über eine Geschäftsstelle in die Arbeit des Fachausschusses integriert.

Arbeitsweise

Die Sitzungen des Fachausschusses finden vierzehntäglich unter dem Vorsitz des Leiters Personal statt, die Koordination der Sitzungen übernimmt der Bereich Personal mit einer entsprechenden Geschäftsstelle. Der Fachausschuss behandelt Informations-, Aussprache- und Antragsgeschäfte. Kann der Ausschuss keinen Beschluss fassen, wird ein Eskalationsverfahren eingeleitet.

Aufgaben, Kompetenzen und Verantwortlichkeiten

In der neu ausgestalteten Kompetenzordnung des Fachausschusses Personal werden für die wichtigsten Personalthemen (Planung, Anstellungsbedingungen, Personalentwicklung, etc.) jeder Verantwortungsbereich (Konzern-, Bereich- oder Fachverantwortung) sowie der entsprechende Geltungsbereich pro Thema festgelegt. Der Fachausschuss behandelt entsprechend Geschäfte, welche gemäß Kompetenzordnung in seine Zuständigkeit fallen, sowie Erlasse von Fachweisungen, die Führung personalrelevanter Schlüsselprojekte und Anträge an die Konzernleitung. So mussten beispielsweise bis anhin verbindliche Umsetzungsvorgaben für das Gesundheitsmanagement von der Konzernleitung freigegeben werden; neu erlässt diese Fachweisung der Fachausschuss Personal.

5.4 Die Fachtandems

Die Implementierung von Fachtandems stellt neben der Kompetenzdelegation die markanteste Änderung in der konzernweiten Fachführung des Personals dar. Durch die Einführung der Fachtandems sollen die teilweise divergierenden Bereichs- und Konzernsichten möglichst früh in strategisch relevante Personalthemen einfließen und die konzernübergreifende Zusammenarbeit verbessert werden. Außerdem wird dadurch die Geschäftsorientierung der gefundenen Lösungen erhöht und eine verbesserte Akzeptanz der Entscheide in den Bereichen sichergestellt.

Ein Fachtandem bezieht sich auf ein spezifisches Fachthema und besteht aus der fachverantwortlichen Person im Konzern (Mitglied der Geschäftsleitung Personal) und einer/einem bezeichneten Bereichspersonalverantwortlichen. Das heißt konkret, dass die entsprechenden Personalleitenden der Bereiche neu einen größeren Teil ihrer Arbeitszeit (30 Prozent) zugunsten des Konzerns aufwenden.

Die strategische Steuerung der entsprechenden Fachfunktion wird durch das Fachtandem gemeinsam als Team verantwortet. Die Steuerung umfasst das rechtzeitige Erfassen von themenspezifischen Trends und unternehmerischen Herausforderungen, die Freigabe von Arbeitsaufträgen, die Beurteilung von Entscheidunterlagen, die Vertretung des Geschäfts vor dem jeweiligen Gremium sowie die Initialisierung und Überprüfung der Umsetzung der entsprechenden Vorgaben und Vorschriften.

Das Tandem hat sich vor allem an bereichsübergreifenden Lösungen, also auch an den Interessen anderer Bereiche, zu orientieren. Innerhalb der Fachtandems wird eine partnerschaftliche Zusammenarbeit angestrebt, die auf gegenseitigem Respekt und einem fairen und vertrauensvollen Umgang aufbaut. Es ist selbstverständlich, dass dabei die zwischenmenschliche Komponente innerhalb eines Fachtandems stimmen muss; bei der Bildung der Tandems muss auf diesen Aspekt Rücksicht genommen werden.

Seitens der Personalverantwortlichen der Bereiche beträgt der gesamte Zeitaufwand (Fachausschuss und Fachtandem) zu Gunsten des Konzerns 30 Prozent. Mit der Einführung der Fachtandems wurden auch die folgenden Führungsinstrumente angepasst: Stellenbeschreibungen beider Tandempartner, Arbeitsziele und Bemessung der variablen Entlohnung der bezeichneten Personalverantwortlichen der Bereiche.

Um Erfahrungen mit dieser neuen Zusammenarbeitsform zu sammeln, wurden Mitte 2007 drei Fachtandems mit prioritären Themen gebildet. Die entsprechenden Erfahrungen werden nach einem Jahr ausgewertet. Anschließend entscheidet der Konzernleiter über eine Erweiterung der Fachtandems auf weitere Themen.

6 Erfahrungen und »lessons learned«

6.1 Der integrierte Projektansatz

Nebst den bereits in Kapitel 3 umschriebenen Beweggründen für einen integrierten Projektansatz lassen sich diesbezüglich folgende Erfahrungen und »lessons learned« zusammentragen:

Ein integrierter Ansatz stößt beim Management und bei den Mitarbeitenden auf mehr Akzeptanz als zahlreiche sequentiell in Angriff genommene Teilprojekte – und dank der kommunikativen Unterstützung konnte das Gesamtprojekt Geschäftsmodell als »Initiative« wahrgenommen werden. So wurde beispielsweise das Projekt »Shared Services« (Teilprojekt 10 Servicecenter Personal) von der Konzernleitung zu einem früheren Zeitpunkt bereits einmal abgelehnt, im Frühjahr 2007 wurde es aber – wohl nicht zuletzt dank der Einbettung in das Gesamtprojekt Geschäftsmodell – von der Konzernleitung gutgeheißen.

Ein integrierter Projektansatz birgt allerdings auch eine hohe Systemkomplexität, was wiederum verschiedene Vor- und Nachteile mit sich bringt. Zum einen lassen sich Abhängigkeiten, Redundanzen, Synergien und Schnittstellen schnell erkennen, zum andern werden aber auch höchste Anforderungen an die Koordination und Leitung des Projektes gestellt. Die Systemkomplexität darf dabei die kritische Größe nicht überschreiten und es müssen klare Prioritäten gesetzt werden. Innerhalb des Gesamtprojektes Geschäftsmodell Personal ergab sich eine natürliche zweistufige Selektion in strategische, für die Umsetzung des Modells wichtige A- und entsprechend sekundäre B-Projekte.

Für die erfolgreiche Umsetzung des Projektes ebenso wichtig wie die Prioritätensetzung war eine straffe Meilensteinplanung: Die Fixpunkte stellten die weit im Voraus traktandierten Konzernleitungssitzungen dar, in welchen mittels Grobkonzepten grünes Licht für die detaillierte Umsetzung abgeholt wurde. Während also die Managemententscheide relativ straff geplant waren, wurde für die nachgelagerte detaillierte Umsetzung deutlich mehr Zeit aufgewendet.

Ein Nachteil des integrierten Ansatzes stellte das kumulierte Widerstandspotential für einen solch radikalen Verhandlungsprozess dar; es benötigte Energie und Zeit, bis der »Dampfer Geschäftsmodell« richtig Schub bekam und bis die Linie realisierte, dass in Sachen Personal große Umwälzungen geplant oder bereits im Gange waren. Einmal in Fahrt, ließ sich der Dampfer aber nicht mehr so leicht bremsen, resp. stieß wie bereits erwähnt auf breite(re) Akzeptanz.

6.2 Die Projektorganisation

Der durchdachte Aufbau der Projektorganisation trug maßgebend zur erfolgreichen Umsetzung des Geschäftsmodells bei. So überprüften zwei gut dotierte Sounding Boards bestimmte Stoßrichtungen und Einzelaspekte, bevor sie der Konzernleitung zur Entscheidfindung unterbreitet wurden.

- Sounding Board »Fach«: Im Fachgremium Personal Strategie (FGP(S)) waren die Personalleitenden der großen Bereiche vertreten. Sie beurteilten die vorgeschlagenen Lösungen aus fachlicher Sicht.
- Sounding Board »Linie«: Im Projektausschuss (PAS) waren zahlreiche Konzernleitungsmitglieder resp. deren Stellvertretungen vertreten. Sie beurteilten die Konzeptionen auf deren Umsetzbarkeit in der Linie.

Das Fachgremium Personal setzte sich dabei in einem ersten Schritt mit fachspezifischen Aspekten auseinander, während im Projektausschuss nur noch diejenigen Punkte diskutiert wurden, für welche nach der Diskussion im Fachgremium noch Differenzen bestanden.

Zur Glaubwürdigkeit des Projektes trug auch die hierarchisch relativ hoch aufgehängte Gesamtprojektleitung bei: Die Federführung lag beim stellvertretenden Leiter Personal, welcher postintern eine akzeptierte Führungsperson ist und zu Gunsten des Projektes während knapp eines Jahres zu 50 Prozent aus der Linienverantwortung herausgelöst wurde.

Die Führung von zwei gewichtigen Teilprojekten (Teilprojekt 10 Servicecenter Personal; Teilprojekt 12 Zielmodell HR-Beratung) lag außerdem in den Händen von Mitarbeitenden der Bereiche. Dies hätte bei den betroffenen Teilprojektleitenden zwar zu Rollenkonflikten zwischen Konzern- und Bereichsanliegen führen können, trug aber maßgebend zur Glaubwürdigkeit des Gesamtprojektes bei.

6.3 Die Kommunikation

Es zeigte sich nicht ganz überraschend, dass der Kommunikation für den Projekterfolg eine zentrale Bedeutung zukommt. Die Kommunikation des Projektes Geschäftsmodell Personal verlief auf verschiedenen Schienen: via persönliche Kommunikation an Roadshows, über den regelmäßigen Versand von Statusberichten, durch die Personalverantwortlichen der Bereiche sowie über eine spezielle Intranetplattform, auf welcher sich – für alle Mitarbeitenden zugänglich – sämtliche Informationen zum Geschäftsmodell fanden. Vor dem Hintergrund des integrierten Ansatzes mitsamt den 12 verschiedenen Teilprojekten war das Erstellen des Kommunikationskonzeptes eine große Herausforderung.

Da die Kommunikation im Sinne einer Prozessinformation erfolgte, bewegten sich alle kommunikativen Maßnahmen im Spannungsfeld zwischen absoluter Transparenz und Offenheit auf der einen und fehlenden (noch ausstehenden) Managemententscheiden auf der anderen Seite. So wurden die Mitarbeitenden zwar frühzeitig und regelmäßig über die aktuellen Projektstände informiert, mit konkreten Entscheiden (und den daraus resultierenden Konsequenzen für die Mitarbeitenden) konnte jedoch erst zu einem späteren Zeitpunkt aufgewartet werden. Eine solch frühzeitige Kommunikation weckte Erwartungen und Ängste, bedingte eine längere Zeit der Unsicherheit und verlangte nach detaillierten und möglichst konkreten weiteren Informationen. Die Unsicherheit der Mitarbeitenden konnte während des Prozesses nur dank der klaren Kommunikation der nächsten Meilensteine (z.B.: »Konzernleitungsentscheid am 30. Mai 2007«) etwas abgefedert werden. Diese Prozessinformation bedingte eine lückenlose, stufen- und zielgruppengerechte Kommunikation – und einen entsprechenden Ressourceneinsatz, welcher im Vorfeld wohl eher zu knapp bemessen wurde.

Rückblickend und aufgrund zahlreicher Feedbacks hat sich der Entscheid für eine Prozessinformation gelohnt: Die Mitarbeitenden wussten die Informationen einzuordnen und schätzten die Offenheit größtenteils. Die meisten zeigten sich erfreut, dass die Entscheidfindung nicht »im stillen Kämmerchen« stattfand und die Mitarbeitenden nicht einfach vor gemachte Tatsachen gestellt wurden.

Wertvoll waren außerdem die verschiedenen Roadshows, an welchen der Gesamtprojektleiter und die Teilprojektleitenden die Betroffenen persönlich und direkt vor Ort informierten und Fragen beantworten konnten. Die Roadshows dienten auch als Stimmungsbarometer und gaben aufgrund der Fragen und Reaktionen – auch während den nachfolgenden informellen Gesprächen – Aufschluss über mögliche Konfliktherde oder Unsicherheiten.

Die Intranetplattform hat sich als komplementäres Kommunikationsinstrument, auf welchem alle wichtigen Informationen jederzeit einsehbar waren, bewährt. Wichtige Inhalte wurden in einem ersten Schritt stets mittels persönlicher Kommunikation, resp. via die Linie der Bereiche weitergegeben, und erst in einem zweiten Schritt auf die Plattform aufgeschaltet. Der Aufbau der sehr umfassenden Plattform hätte sich allerdings noch mehr an den zentralen Teilprojekten ausrichten können. Zudem brachte der Betrieb einer dreisprachigen Plattform einen sehr großen Aufwand mit sich.

Das Stakeholder Management war match-entscheidend für den Erfolg einiger Teilprojekte. Es musste jedoch während dem Prozessverlauf neu aufgegleist und den Gegebenheiten der Post angepasst werden. So suchte die Gesamtprojektleitung und der Leiter P vor den wichtigen Entscheiden im Frühjahr 2007 das direkte Gespräch mit den betroffenen Konzernleitungsmitgliedern.

Für ein sauberes »Naming« und möglichst wenige Arbeitstitel müsste im Nachhinein bereits vor dem offiziellen Projektstart mehr Zeit eingeplant werden. Namensänderungen während dem Projektverlauf erschwerten die Kommunikation und brachten zusätzlich zur bestehenden Systemkomplexität weitere Verwirrung. So hieß das Gesamtprojekt ursprünglich HR-Policy, wurde dann aber im Projektverlauf in Geschäftsmodell Personal umgetauft.

6.4 Allgemeines

Die Tatsache, dass der Treiber für das Projekt nicht für alle Beteiligten unmittelbar spürbar war, erschwerte den gesamten Prozess. Grundsätzlich gibt es für die Umsetzung eines solch umfassenden Projektes zwei Treiber: Entweder wird starker Kostendruck spürbar oder aber dem Projekt liegt ein Managemententscheid zu Grunde. Ausschlaggebend für das Geschäftsmodell Personal war der Entscheid der Konzernleitung, welche sich zwar aufgrund des mit der zukünftigen Marktöffnung einhergehenden Kostendruckes für das Projekt aussprach – doch war und ist dieser Leidens- resp. Kostendruck wegen der aktuellen und in näheren Zukunft absehbaren guten finanziellen Situation der Post für die Mitarbeitenden noch nicht spürbar. Entsprechend »fehlte« der unmittelbare, weil erst in Zukunft spürbare Treiber für ein solch umfassendes Projekt. Rückblickend hätte der Entscheid der Konzernleitung als Treiber für das Geschäftsmodell noch prägnanter positioniert und die Kommunikation entsprechend angepasst werden sollen.

Nachträglich kann außerdem festgehalten werden, dass in den Initialprozess (Erarbeitung des Grobkonzeptes) mehr Zeit und Energie hätte investiert werden müssen. Dass die Initialzündung bei den Personalleitenden der Bereiche nicht ganz glückte, resp. dass nicht alle die Stoßrichtung des Projektes positiv aufnahmen und entsprechend weitertrugen, lag unter anderem daran, dass die Bereiche zu wenig in die Vorarbeiten miteinbezogen wurden.

Für die erfolgreiche Umsetzung war außerdem wichtig, dass der integrierte Ansatz auch den Bereich Personal nicht aussparte und sich dieser selbst einer Reorganisation unterzog, was zur Glaubwürdigkeit des Gesamtprojektes beitrug. Da die Reorganisation selbst Managementkapazitäten band und trotz Verunsicherung und Einstellungsgesprächen der »courant normal« aufrechterhalten werden musste, war es essentiell, dass die Reorganisation – von der Kommunikation der neuen Struktur bis hin zur letzten Welle der Stellenbesetzung – rasch durchgezogen wurde.

IV Realisierung eines HR-Shared Service Centers in einer dezentralen Organisation am Beispiel der Deutschen Lufthansa AG

Heiner Fels/Eric Heinen-Konschak

1 Das Unternehmen Deutsche Lufthansa AG

Mit einem Umsatz in 2004 von nahezu 17 Mrd. € und einem Konzernergebnis von mehr als 400 Mio. € ist die Deutsche Lufthansa AG heute eine der größten und profitabelsten Airlines der Welt. Jeden Tag starten und landen die Flugzeuge mit dem Kranich 1.760-mal, werden ca. 140.000 Passagiere und 4.800 Tonnen Fracht befördert sowie fast 1.000.000 Essen zubereitet. Dieses ist der bisherige Erfolg eines seit mehr als 15 Jahren anhaltenden ständigen Veränderungsprozesses, in dem aus einem zentralistisch geführten Staatsunternehmen in einem regulierten Markt ein voll privatisiertes wettbewerbsfähiges Unternehmen mit dezentralen Strukturen wurde (Abb. 35).

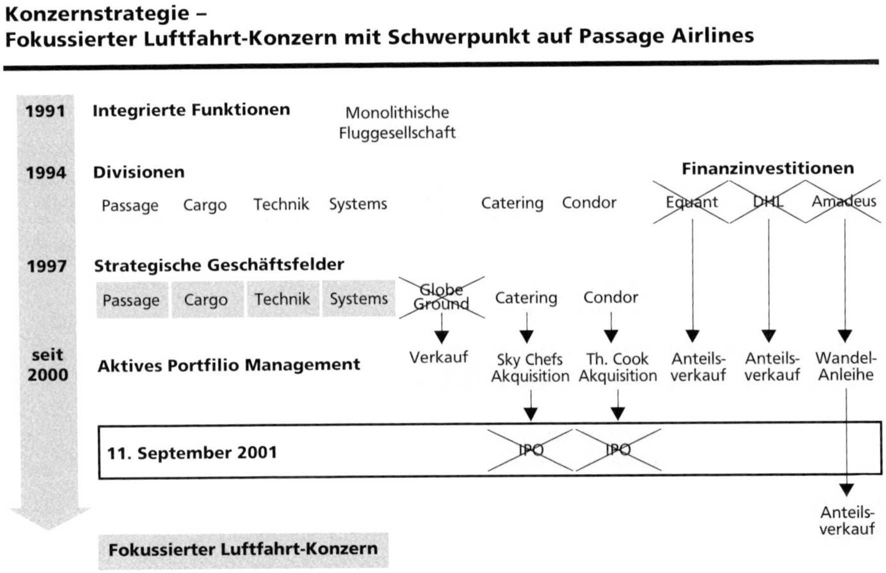

Abb. 35: Die Entwicklung der Lufthansa von einer monolithischen Fluggesellschaft zum fokussierten Luftfahrt-Konzern

Anfang der neunziger Jahre erlebte die Lufthansa ihre bisher schwerste Krise. Die die Flugnachfrage stark einschränkenden Auswirkungen des Ersten Golfkriegs, die konjunkturelle Stagnation und die von der Politik eingeleitete Liberalisierung des Luftverkehrs in Europa trafen ein Unternehmen, das in den achtziger Jahren stark gewachsen war und die eigenen Strukturen an einem regulierten Markt ausgerichtet hatte. Nur unter größten Anstrengungen, einem umfassenden Sanierungsprogramm, dem sozialverträglichen Abbau von mehreren tausend Arbeitsplätzen und einem danach folgenden kompletten Umdenken hinsichtlich Positionierung, Struktur und Führung im Unternehmen konnte das Überleben gesichert werden. Das Kostenbewusstsein wurde deutlich geschärft; die Abhängigkeit der Lufthansa vom Mehrheitseigentümer Staat, der den Luftverkehr damals als eine hoheitlich zu beeinflussende Aufgabe ansah, und die zentrale Führung der einzelnen Geschäftsbereiche wurden in Frage gestellt. Nach Abwendung der größten Bedrohungen und einem ersten Schritt zur Privatisierung der Lufthansa wurden die Unternehmensbereiche Technik, Luftfracht und IT-Services zum 1. Januar 1995 in jeweils eigenständige Gesellschaften überführt, später die Condor in ein gemeinsames Touristikunternehmen mit KarstadtQuelle eingebracht und das Kerngeschäft, die Passage, als eigenständige Geschäftseinheit mit Ergebnisverantwortung innerhalb der LH AG aufgestellt. Parallel dazu wurden neue Führungs- und Berichtsstrukturen entwickelt, die zu einer deutlichen Verkleinerung des Konzernvorstandes führten. Mit der vollständigen Privatisierung der Lufthansa im Jahre 1997 war die Wandlung von einer monolithisch strukturierten Staatsairline zu einem am Markt ausgerichteten Aviation-Konzern mit dezentraler Verantwortung der einzelnen Geschäftsfelder vollzogen.

Durch den Terroranschlag auf die Twin Towers in New York am 11. September 2001 geriet der gesamte Luftverkehr jäh in seine weltweit größte Krise; betroffen davon waren nicht nur die LH-Passage, sondern alle Geschäftsfelder des Konzerns, die flugnahe Leistungen erbrachten. Hinzu kam ein in der Folgezeit sich nochmals verstärkender Wettbewerb durch neue Marktmodelle wie No-frills-/low-cost-Airlines und durch Zusammenschlüsse verschiedener Luftverkehrsgesellschaften zu neuen großen Unternehmensverbünden (z.B. Air France und KLM) oder Allianzen. Auch sorgten und sorgen immer weiter zunehmende Flugzeugbestellungen und die daraus resultierenden Überkapazitäten für einen deutlich spürbaren Preis- und Kostendruck.

Lufthansa hat sich darauf eingestellt, den zwangsläufigen Konsolidierungsprozess im Luftverkehr maßgeblich mitzugestalten (siehe die Übernahme der Swiss) und die eigenen Strukturen (auch im Personalbereich) so anzupassen, dass auch den künftigen Herausforderungen begegnet werden kann.

2 Die bisherige Personalarbeit bei Lufthansa

2.1 Die klassische Personalarbeit im Zusammenspiel

Mehr als 90.000 Mitarbeiterinnen und Mitarbeiter, davon 75.000 mit unterschiedlichen Nationalitäten in Deutschland, arbeiten für den Lufthansa-Konzern; nahezu alle Berufsgruppen und Ausbildungsrichtungen sind vertreten.

Die Personalarbeit in einem global agierenden, dezentral aufgestellten Unternehmen muss sowohl den geschäftsfeldspezifischen Besonderheiten, Markterfordernissen und Interessen als auch dem Konzerngedanken und den darin zum Ausdruck kommenden übergeordneten Werten, Strategien und Verhaltensvorstellungen Rechnung tragen. Dementsprechend verfolgt Lufthansa eine durchgängige, kommunizierte Personalstrategie, die auf gegenseitiger Verantwortung, gleichen Werten und gemeinsamer Perspektive basiert und die von den zentralen und den dezentralen Strukturen des Personalmanagements gleichermaßen unterstützt wird. So fühlen sich die Mitarbeiterinnen und Mitarbeiter aller aus der »alten« Lufthansa hervorgegangenen Unternehmen – das zeigen die regelmäßigen Mitarbeiterbefragungen – in erster Linie noch immer als Lufthanseaten und erst dann als Mitarbeiter des jeweiligen Konzernunternehmens.

Diese einheitliche, den Zusammenhalt im Konzern sicherstellende Personalarbeit wird von dem im dreiköpfigen Konzernvorstand verantwortlichen »Vorstand Human Resources und Aviation Services« gesteuert; an diesen berichten die strategischen Funktionen für Personalpolitik, Bildungspolitik, Führungskräftepolitik und Tarifpolitik. Sie lassen sich davon leiten, den einzelnen Konzerngesellschaften einen größtmöglichen Spielraum zu geben, um die Anpassung an die branchenspezifischen Rahmenbedingungen zu ermöglichen und zu unterstützen, andererseits aber die von allen gleichermaßen umzusetzenden Themen zu bündeln und zu treiben. Am Beispiel der Tarifpolitik ist dieses gut illustrierbar: In den zentralen Themen, wie z.B. der Altersversorgung, wird zentral verhandelt und abgeschlossen, bei den dezentralen Themen wird dezentral verhandelt und abgeschlossen. So haben heute die großen Konzerngesellschaften eigene, am jeweiligen Wettbewerbsumfeld orientierte Tarifverträge zur Vergütungseingruppierung und -entwicklung und zu den Entgeltstrukturen. Gleiches gilt für die Personalpolitik: Zentrale Themen wie z.B. Sicherheitsüberprüfungen, Umgang mit dem Konzernausweis, Reiseregelungen, usw. werden zentral in Absprache mit den Konzerngesellschaften entschieden. Alle Themen, die ausschließlich einzelne Konzerngesellschaften betreffen, werden allein dort entschieden; das betrifft Arbeitszeitregelungen ebenso wie Vereinbarungen zur Ausgestaltung der Arbeitsverhältnisse und geht sogar so weit, dass einzelne Gesellschaften unterschiedliche Berechnungsmodelle für die den AT-Mitarbeitern angebotene variable Vergütung haben.

Der Konzern selbst hat keinen eigenen Personalliniendienst; die Mitarbeiterinnen und Mitarbeiter, die in Konzernfunktionen beschäftigt sind, werden vom Personalbereich des größten Geschäftsfeldes, der LH Passage, personell betreut. Dieser Bereich agiert ebenso wie die Personalbereiche der Konzerngesellschaften geschäftsfeldbezogen, d.h. neben den o.g. zentralen Themen werden hier eigene Personalstrategien – abgeleitet aus der jeweiligen Geschäftsfeldstrategie – entwickelt und umgesetzt, eigene Betriebsvereinbarungen geschlossen, eigene Einstellungsanforderungen definiert und Einstellungen vorgenommen. Hier erfolgt natürlich auch die Beratung der Führungskräfte und Mitarbeiter, die Verhandlungen mit den Betriebsräten (außer Konzernebene) und die gesamte Personaladministration. Gesellschaften mit mehreren Standorten haben zumindest an den größeren Orten eigene Personalmitarbeiter. Die Größe dieser dezentralen Personalbereiche schwankt je nach Gesellschaft und Standort zwischen einem und 50 Mitarbeitern.

Die Zusammenarbeit und Abstimmung zwischen den Gesellschaften und dem Konzern wird in Abb. 36 dargestellt.

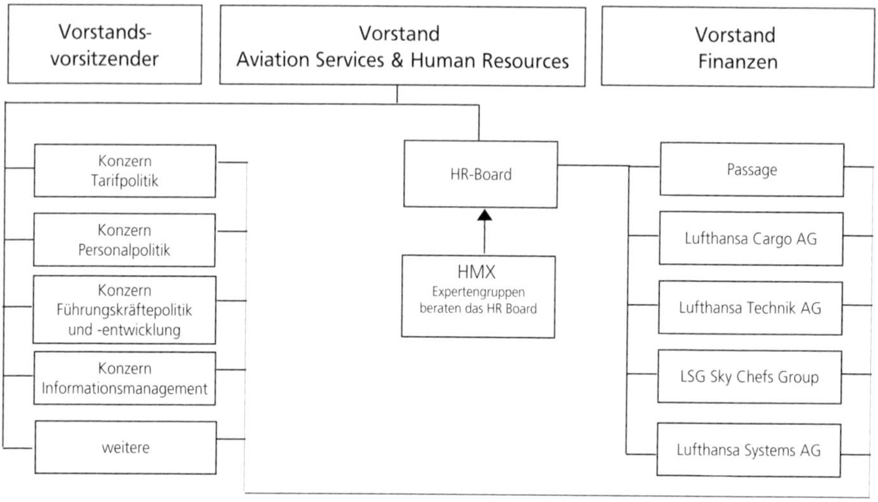

Abb. 36: Die Gremien zur Steuerung der Personalarbeit im Lufthansa-Konzern

Neben diesen dezentralen Personaleinheiten gibt es bereits seit der oben angesprochenen Verselbstständigung der einzelnen Konzerngesellschaften im Jahre 1995 eine Reihe von Serviceeinheiten, die im Ressort des Personalvorstands zentral aufgehängt sind; dieses sind die Vergütungs-, Renten- und Reisekostenabrechnung, der Medizinische Dienst (mit Arbeits-, Flug- und Tropenmedizin), die Sozialberatung, die Arbeitssicherheit und das Ideenmanagement. Deren Leistungen sind seit langem beschrieben und bepreist; entsprechende Beschreibungen und »Service Level Agreements« sind in einem konzernweiten Abrechnungsvertrag festgehalten, der jährlich Gegenstand einer gemeinsamen Überprüfung ist. Die Konzerngesellschaften sind gänzlich frei in der Wahl dieser Leistungen und Produkte, d.h. sie können die Leistungen sowohl selbst erstellen als auch bei anderen konzernfremden Anbietern beziehen oder aber – wenn ihnen das Produkt z.B. zu teuer oder zu umfänglich ist – in einer modifizierten Form kontrahieren. Der letztgenannte Fall ist ein typisches Beispiel für eine weitgehend eigenständige Personalarbeit in den Konzerngesellschaften, führt er doch dazu, dass nicht nur gleiche Produkte in unterschiedlicher Ausprägung und Intensität angeboten werden, sondern auch die Mitarbeiter – trotz gleicher Konzernzugehörigkeit – unterschiedliche Produkte erleben (z.B. eine Gesellschaft will und bezahlt Untersuchungen für ihre Managerinnen und Manager, eine andere nicht; eine Gesellschaft nutzt die Sozialberatung des Konzerns, eine andere macht dieses mit eigenen Mitarbeitern).

2.2 eHR als zweite Säule der Personalarbeit: Business driven by IT

Die klassischen, oben beschriebenen Aufgaben und Abläufe eines Personalbereiches haben sich in den letzten Jahren durch eine zunehmende Automatisierung verändert. Dieses gilt auch für Lufthansa, wo ein wegen der zentralisierten Vergütungsabrechnung zentral betriebenes SAP-HR-System für alle in Deutschland Beschäftigten die Einführung von automatisierten Prozessen in der Personalarbeit vereinfachte und beschleunigte.

»Self Service«-Szenarien wie z.B. für die Änderung von Adress- oder Kontodaten, für die Abrechnung und Planung von Dienstreisen oder für die Führung der Arbeitszeitkonten waren technisch schnell bereitgestellt und führten zu einer messbaren Effizienzsteigerung im Personalbereich. eHR ist daher seit 2002 ein wichtiges Element der Lufthansa-HR-Strategie zur Reduzierung der administrativen Personalarbeit (Abb. 37).

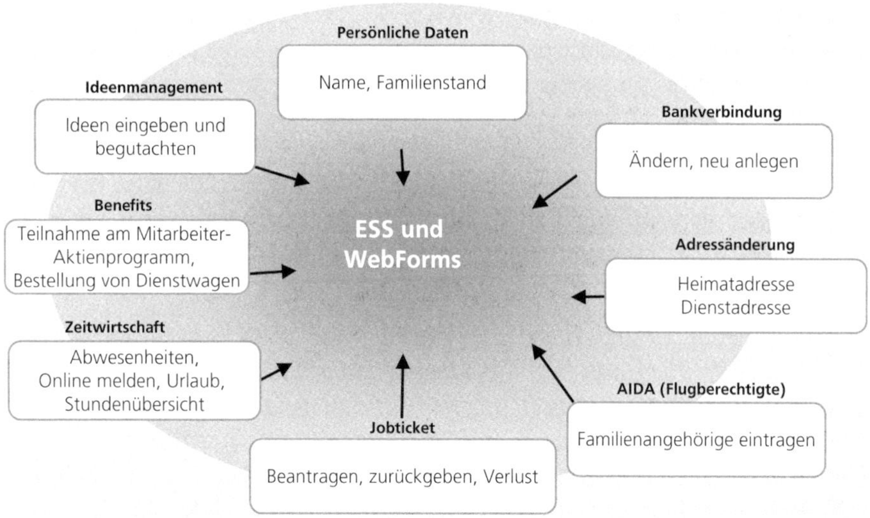

Abb. 37: Übersicht über Employee-Self-Service-Szenarien und deren Nutzung im Konzern im Jahre der Einführung

Die große Herausforderung bei solchen Anwendungen bestand in der Bereitstellung eines auch von der EDV-Mitbestimmung akzeptierten angemessen Sicherheitsniveaus. Bereits in der zweiten Hälfte der neunziger Jahre vereinbarten die EDV-Mitbestimmung und die IT-Verantwortlichen im Konzern die Umsetzung eines hohen Sicherheitsniveaus bei der Nutzung personalwirtschaftlicher Systeme. Neben der üblichen strengen organisatorischen Kontrolle von Zugriffsrechten nach dem Vier-Augen-Prinzip wurde bei Lufthansa auch ein hohes Maß an technischer Sicherheit realisiert. Alle Mitarbeiter, die einen direkten Zugriff auf personenbezogene Daten im SAP-HR-System haben, benutzen ein separates PC-Arbeitsplatzmodell. Im Unterschied zu PC-Arbeitsplätzen anderer Mitarbeiter werden alle Daten verschlüsselt übertragen und auf separat gesicherten Netzwerkservern abgelegt. Der Zugriff auf die PCs und damit auf die HR-Systeme erfolgt durch die Anmeldung mit dem personalisierten Lufthansa-Firmenausweis und der Eingabe eines starken Passwortes (»Besitz und Wissen«).

Dieses hohe Sicherheitsniveau konnte aus Kosten- und Komplexitätsgründen nicht ohne weiteres auf alle Mitarbeiter ausgeweitet werden. Erst die Einführung des konzernweiten Portals »eBase« mit einem zentralen Mitarbeiterverzeichnis und einer »Public-Key-Infrastructure« ab 2002 ermöglichte den Online-Zugriff der Mitarbeiter auf ihre Daten und schaffte damit die sicherheitstechnischen Voraussetzungen dafür, dass alle Mitarbeiter, die einen PC-Zugang haben, ihre Daten eigenständig ändern können. Heute ist die große Herausforderung an die IT-Infrastruktur, auch die Mitarbeiterinnen und Mitarbeiter mit Self-Service-Szenarien zu erreichen, die keinen eigenen PC-Zugang haben – und das sind die meisten der ca. 75.000 Mitarbeiter in Deutschland (denken Sie nur an die vielen Werkstätten der LH Technik, an die physische Flugzeugabfertigung, an die Frachtumschlagsbetriebe und die Küchen der LSG). Diese Mitarbeiterinnen und Mitarbeiter können in der Regel auf PCs in der Nähe ihrer Arbeitsplätze zugreifen; daneben wurde die Einführung von »eBase@home« beschlossen. Sobald dies etabliert ist, kann jeder Mitarbeiter von jedem beliebigen PC aus auf das interne Lufthansa Portal »eBase« und die Self-Service-Szenarien zugreifen. Durch die Authentifizierung mit »Besitz und Wissen«, Verschlüsselung der Verbindung und die Entfernung aller Daten nach dem Abmelden wird auch bei Nutzung etwaig unsicherer PCs (z. B. in Internet-Cafés) das hohe interne Sicherheitsniveau aufrechterhalten.

Solange nicht alle Mitarbeiter einen schnellen und einfachen Zugriff auf die eHR-Anwendungen haben, müssen die entsprechenden Szenarien auch in den klassischen Prozessen zur Verfügung gestellt und vorgehalten werden. Diese Bereitstellung von alternativen Prozessen begrenzt die Kosteneffizienz, sichert aber – solange gewollt – für alle Mitarbeiter das hohe Betreuungsniveau. Weiteres Optimierungspotential lässt sich, will man in den zwei Säulen der Personalarbeit – persönliche Betreuung durch einen Mitarbeiter des Personalliniendienstes und eHR-Self-Service-Szenarien – bleiben, ohne Abstriche an der Qualität und dem gewohnten Betreuungsumfang angesichts mehrerer erfolgter Kostensenkungsprogramme nur sehr mühsam realisieren.

3 HR-Shared Services: Die (neue) dritte Säule der Personalarbeit

3.1 Strategische Zielsetzung

Um weitere Effizienzsteigerungen zu erzielen und die Gedanken und Aktivitäten der Konzern-HR-Bereiche eindeutiger zu fokussieren, beschloss Lufthansa, die strategischen/steuernden von den serviceorientierten Bereichen zu trennen und Letztere in einem neuen Bereich »HR-Business Services« zu bündeln. Diesem Bereich gehören heute alle bereits früher erwähnten Funktionen, von der Vergütungsabrechnung bis zum Ideenmanagement, an; klarer Auftrag hier war, die Prozesse zu harmonisieren, die Produkte der einzelnen Bereiche marktfähig auszugestalten, dieses über Benchmarkstudien abzugleichen und die Produkte letztlich dem internen Markt so anzubieten, dass sie komplett verrechnet werden können. Wenn ein Produkt keinen Abnehmer fand, sollte es – da offenkundig nicht wichtig oder gewünscht – eingestellt werden.

Bereits zuvor wurde ein Projekt gestartet, das im engen Zusammenwirken mit den großen Konzerngesellschaften abgestimmte bisher dezentral geleistete personaladministrative Aufgaben bündeln und in einer zentralen Organisationsform, dem sog. Shared Service Center (SSC), durch Standardisierung, Simplifizierung und Skaleneffekte effizienter und kostengünstiger für die Personalbereiche der Konzerngesellschaften organisieren sollte (Abb. 38). Eine weitere Entlastung der dezentralen Personalbereiche sollte dadurch erreicht werden, dass den Mitarbeitern der Lufthansa-Gesellschaften durch eine »HR-ServiceLine«

Abb. 38: Die Ziele des Projektes HR-SSC

eine Möglichkeit eröffnet wurde, Fragen schnell und unkompliziert beantwortet und personaladministrative Dinge erledigt zu bekommen. Damit sollten sich das HR-Shared Service Center und die HR-ServiceLine als dritte Säule der Personalarbeit bei Lufthansa neben dem klassischen und dem elektronischen Zugang zu den HR-Prozessen etablieren.

Der Bezug dieser Leistungen basiert, wie bei den anderen Services auch, auf Freiwilligkeit. Dadurch werden SSC- und HR-ServiceLine gefordert, sich schnell als kompetenter, kostengünstiger und qualitätsorientierter Dienstleister aufzustellen.

Durch die Überführung von vorher dezentral verantworteten Prozessen in eine zentrale Organisation sollte ein weiterer Effekt spürbar werden. Die Standardisierung der einzelnen administrativen HR-Prozesse sollte deutlich zunehmen; dieses wiederum soll die Einführung weiterer Self-Service-Szenarien beflügeln. Insoweit erschließt sich hier ein weiteres Einsparungs- und Optimierungspotential. Dieses erhält noch weiteren Schub dadurch, dass das SSC unter Kostendruck steht und daher jede Möglichkeit nutzen muss und wird, sich Kostenvorteile zu erschließen. Waren vorher mangels Fokus jeder einzelnen Gesellschaft ESS-Szenarien nur schwer einführbar, wird jetzt also das SSC aus dem eigenen Kostendruck heraus die Rolle des ESS-Auftraggebers und Hauptansprechpartners für die IT spielen (Abb. 39).

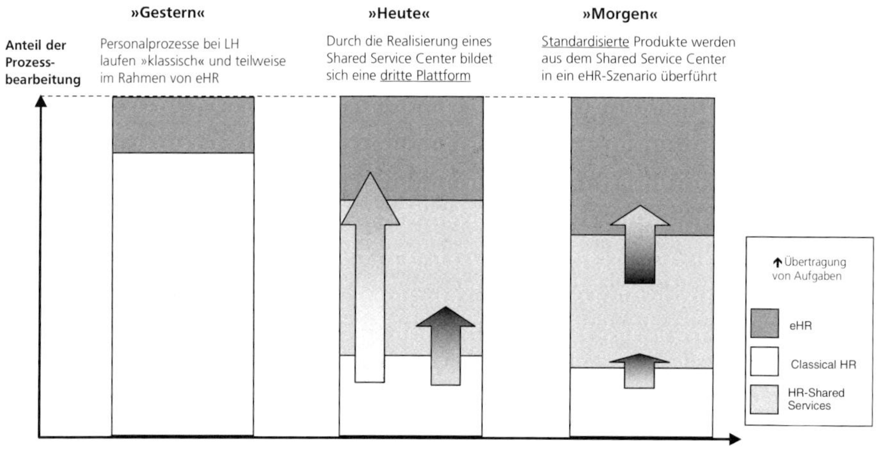

Abb. 39: Durch die Einführung des SSC soll die Standardisierung von HR-Prozessen und deren Digitalisierung vorangetrieben werden.

3.2 Das Projekt

Mit dem Beschluss des Konzernpersonalvorstands, ein solches Projekt aufzusetzen, stellte sich die Frage, ob – wie bei einigen Unternehmen in Deutschland geschehen – die Einrichtung eines SSC und die Übertragung von bisher dezentral wahrgenommenen Aufgaben auf dieses SSC per Beschluss des Konzernvorstands verbindlich für alle Konzerngesellschaften geschehen solle oder im Konsenswege mit den Gesellschaften. Die erste Option versprach eine schnellere Umsetzung, da lange Abstimmungsrunden und Diskussionen über die Sinnhaftigkeit eines solchen Vorhabens entfallen würden. Der langen Tradition bei Lufthansa gemäß ging die Entscheidung jedoch in die zweite Richtung. Bewusst wurde in Kauf genommen, dass es durchaus etwas länger dauern könnte, bis die Entscheidung von allen mitgetragen und die einzelnen Produkte und Abarbeitungsweisen von allen vollständig akzeptiert wurden. Dafür bestand eine größere Sicherheit, dass später – auch bei etwaigen anfänglichen Qualitätsmängeln – alle Beteiligten zu den Absprachen stehen, diese weiterhin mittragen und keine Gegenpositionen aufmachen würden; auch das Andocken der eigenen Prozesse an die SSC-Prozesse und die Etablierung eines veränderten Rollenverständnisses der Personalmitarbeiter vom Administrator zum Berater der Fachbereiche und Mitarbeiter konnte so leichter und glaubwürdiger erfolgen. Im Nachhinein hat sich gezeigt, wie richtig dieses Vorgehen war.

Bereits vor dem Projektstart wurde also die Grundidee und die Zielsetzung mit den Personalvorständen der großen Konzerngesellschaften diskutiert und abgestimmt. Nach der Genehmigung des Projektes »Ausbau HR SSC« wurde das Projektteam aus einem internen Projektleiter, zwei festen Lufthansa-Mitarbeitern und einem ebenfalls internen Projektmethodik-Spezialisten zusammengesetzt. Fallweise wurden aus den Personalbereichen der einzelnen Gesellschaften Experten für bestimmte Themenstellungen zu teilweise mehrmonatigen Einsätzen hinzugezogen. Externe Berater wurden nur bedarfsorientiert für konkrete fachliche oder methodische Fragestellungen kontaktiert (z.B. Prozessdokumentation). Auf den Einsatz einer großen Managementberatung wurde bewusst verzichtet, weil Know-how ausreichend im eigenen Hause vorhanden war und durch die so »auf gleicher Augenhöhe« gebildete Arbeitsgruppe das gemeinsame Verständnis für das wechselseitige Tun und das Vertrauen in die künftige Zusammenarbeit ausdrücklich betont werden sollte.

3.2.1 Vorbereitende (begleitende) Einbindung der Stakeholder

Das Projekt war von Beginn an getrieben von dem Wunsch, durch Zentralisierung konkret definierter Leistungen eine dezentral wirksame Wirtschaftlichkeit zu gewährleisten, gleichzeitig aber eine auf Dauer angelegte absolute Wahlfreiheit beim künftigen Bezug dieser Leistungen zu ermöglichen – mit anderen Worten: das Projekt musste einen breiten Konsens herstellen.

Seit der ersten großen Krise, der angesprochenen Unternehmenssanierung im Jahre 1992, hat Lufthansa umfangreiche Erfahrung mit der Konzeption und Umsetzung notwendiger interner oder gesellschaftsübergreifender Transformationsprozesse. Beispielhaft sei hier das Projekt »D-Check« genannt, bei dem allein in einer Projektlaufzeit von zweieinhalb Jahren eine konzernweite budgetrelevante nachhaltige Cash-Flow-Steigerung von ca. 1,5 Mrd. € erreicht wurde. Die dahinter liegenden fast 500 Maßnahmen wurden dezentral bottom-up geplant und umgesetzt. Die Aufgabe des zentralen Projektteams »beschränkte« sich dabei auf die Koordination der geplanten Aktivitäten, die Vermittlung bei übergreifenden Maßnahmen und die Erstellung eines transparenten und zeitnahen Berichtes über den Planungs- und Umsetzungsstand von Maßnahmen für den Konzernvorstand und die interne Öffentlichkeit.

Bei Lufthansa herrscht also eine vom Vorstand bis zum Mitarbeiter vorhandene Konsenskultur, auf der das HR-Shared-Service-Projekt aufbauen konnte. In einer solchen Unternehmenskultur kommt der Besetzung des Projektleiters ein besonderes Gewicht zu. Der ernannte Projektleiter war zuvor mehrere Jahre lang Leiter des Personalbereiches der Lufthansa Cargo AG, also einer Konzerngesellschaft, gewesen und kannte durch seine Lufthansa-Historie viele Mitarbeiter in den Personalbereichen der verschiedenen Lufthansa-Gesellschaften (Abb. 40). Er war fachlich kompetent, wodurch vielen kontroversen Diskussionen bereits im Ansatz die Grundlage entzogen werden konnte und – ganz wichtig – er war als vormaliger dezentraler Leiter gänzlich unverdächtig, unsinnige Zentralisierungen einer »abgehobenen« Zentrale umsetzen zu wollen.

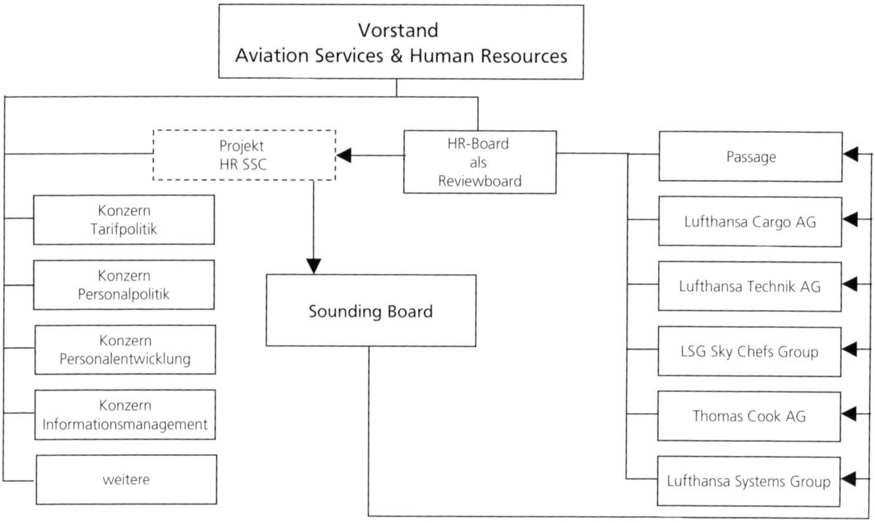

Abb. 40: Der Projektleiter HR-SSC war Mitglied des Führungsteams des Vorstandes Aviation Services & Human Resources.

Die Abstimmung mit den Personalvorständen der beteiligten Gesellschaften und deren ständige Information über den Sachstand in strukturierter Form, die Besetzung des Projektleiters und die direkt an den Konzernpersonalvorstand angebundene Projektorganisation waren aber nicht die einzigen Gründe für den Erfolg dieses Projektes; ein weiterer wichtiger Aspekt war die frühzeitige Einbindung aller Mitarbeiter und Mitarbeitergruppen, die maßgeblich den Erfolg des

Projektes mitgestalten mussten und/oder von diesem mittelbar oder unmittelbar betroffen waren.

Dieses gilt in erster Linie für die Personalleiter der einzelnen Gesellschaften, die schon vor dem offiziellen Projektbeginn in die Initiative eingebunden wurden. Konnte die Runde der Personalvorstände als »Review Board« angesehen werden, so bildete die Runde der Personalleiter quasi das »Sounding Board«. Dieses diente der Kopplung des Projektes mit den Personalliniendiensten; hier wurde der fachliche Fortschritt zwischen Projektteam und den Gesellschaften besprochen, Zwischenergebnisse bewertet und offene Fragen geklärt. Jede Gesellschaft entsandte einen Vertreter in dieses Gremium, der gleichzeitig den Informationsfluss für seine Gesellschaft sowohl vom als auch zum Projekt hin sicherzustellen hatte.

Daneben mussten natürlich die Mitarbeiterinnen und Mitarbeiter in den jeweiligen Personalbereichen in die Projektinhalte eingebunden werden. Von dem Projekt waren ca. 300 Mitarbeiter betroffen, die mehrheitlich an den beiden Standorten Frankfurt und Hamburg arbeiteten. Aufgrund dieser Struktur und Größe entschied der Projektleiter bereits sehr früh, sich vor Ort dem direkten Dialog mit den Personalmitarbeitern zu stellen. Die dadurch ermöglichte schnelle, offene und direkte Kommunikation sollte von vorneherein eine Abwehrhaltung vermeiden helfen. Bereits zwei Wochen nach Projektstart stellte er den Mitarbeitern in drei Massenveranstaltungen den Projektauftrag und sich selber vor. Obwohl es zu diesem frühen Zeitpunkt noch keine konkreten fachlichen Themen oder methodischen Ansätze zu berichten gab, war das Feedback der Teilnehmer überwiegend positiv. Seine Aussage, in kurzen Abständen offen und in allen Belangen ehrlich kommunizieren zu wollen, führte zu einer deutlichen Beruhigung bei den Mitarbeitern; aus Unkenntnis entstehende Angst und Unsicherheit wurden so gar nicht erst zugelassen. Die direkte und persönliche Kommunikation wurde fortan zu einem festen Bestandteil des Projekts. Im Abstand von ca. zwei Monaten wurden Mitarbeiterforen organisiert, in denen über den aktuellen Stand im Projekt informiert wurde und etwaigen Widerständen von den Mitarbeitern in den dezentralen Personalbereichen von Anfang an entgegen getreten werden konnte.

Eine weitere wichtige Personengruppe waren unsere Betriebspartner. Deren Sicht auf dieses Projekt war von Anfang an aus vielerlei Gründen sehr kritisch.

Das explizite Ziel dieses Projektes bestand in einer Effizienzsteigerung und Kostensenkung durch die Standardisierung und Simplifizierung von Prozessen und deren performante Abarbeitung. Aus der Sicht der Betriebspartner besteht natürlich die Gefahr, dass durch das notwendigerweise sehr enge Monitoring von Parametern zur Überprüfung der Prozessqualität und -effizienz die beteiligten Mitarbeiter übermäßig kontrolliert und ausgebeutet werden. So war ein Bestreben des Betriebsrates, eine individuelle Kontrolle der Leistungs- und Verhaltensweisen der Mitarbeiter im SSC weitestgehend auszuschließen. Ein Beispiel war zu Beginn des Projektes die Erfassung der in den einzelnen Prozessen gebundenen personellen Ressourcen. Diese war erforderlich, um feststellen zu können, welchen Aufwand welcher Prozess in den jeweiligen Konzerngesellschaften verursacht und welche Mitarbeiterbindung dadurch jeweils eintritt. Diese Erfassung konnte nicht in Form von Excel-Dateien, nach individueller Einschätzung der Mitarbeiter selbst, erfolgen, sondern ausschließlich in Papierform. In dieser Art ging es bei der Umsetzung des Projektes weiter. Die nahe liegende Lösung lag bei diesen unterschiedlichen Auffassungen darin, die Kennzahlen für Prozessqualität und -effizienz, die letztlich auch der Abrechnung den Konzerngesellschaften gegenüber dienten, zu erheben, diese aber nur für die vorgesehenen Zwecke und nicht gegen einzelne Mitarbeiter oder Mitarbeitergruppen zu verwenden.

Eine weitere Angst bestand darin, dass die Bündelung aller Personalprozesse in einem neuen Bereich innerhalb der Lufthansa die Vorbereitung für ein Outsourcing oder einen Verkauf dieses Bereichs sein könnte. Diese Bedenken sind bei einem solchen Projekt immer nahe liegend und können nur durch ein klares Commitment des Unternehmens ausgeräumt werden (und dieses auch nur dann, wenn eine ausreichende Vertrauensbasis zwischen Unternehmen und Mitbestimmung besteht).

Darüber hinaus unterliegen die Betriebsräte als Beteiligte in vielen Personalprozessen ebenfalls den veränderten Abläufen. Sie erhalten zumindest teilweise Entscheidungsunterlagen nicht mehr von den einzelnen Gesellschaften, sondern aus dem SSC und etwaige Rückfragen nach weiteren Unterlagen können ebenfalls an das SSC gerichtet werden. Hier mussten dem Betriebsrat die Prozesse eindeutig erläutert werden; insbesondere musste ihm verständlich gemacht werden, dass zwar die administrative Abarbeitung im SSC erfolgt und dieses auch über die gesamte Dokumentation und die notwendigen Unterlagen verfügt, dass jedoch die letztendliche Entscheidungsbefugnis immer bei den Gesellschaften verbleibt und diese daher nach wie vor inhaltlich und politisch verantwortliche Ansprechpartner bleiben.

Bei unseren Betriebsräten besteht ein ausgeprägtes Bedürfnis nach Datensicherheit; dieses führt zu hohen Hürden beim Umgang mit personenbezogenen Daten und einer entsprechend starken Sicherheitsarchitektur. Die Einführung eines SSC hat dieses Verständnis von Datensicherheit und -herrschaft bis an die Grenzen strapaziert, was zu einer sehr umfangreichen Dokumentation und hohen Anforderungen an die Datensicherheit führte. Die Tatsachen, dass jetzt nicht mehr »nur« der eigene Personalsachbearbeiter in der Konzerngesellschaft Einblick in die personenbezogenen Daten hat, sondern auch ein »anonymer« Mitarbeiter im SSC, führte ebenso zu umfänglichen Diskussionen wie der Umstand, dass zur Unterstützung des SSC als neues Tool das EIC von SAP verwendet werden sollte. Nach Ansicht der Betriebspartner ist dieses aus dem CRM-Umfeld kommende System ungeeignet für eine Personalanwendung, die einen hohen Sicherheitsbedarf hat und klare Abgrenzungen und »Mauern« zu anderen Systemen braucht. Hinzu kam, dass die Auswahl des Systems – weil in die homogene SAP-Landschaft bei Lufthansa gehörend – bereits getroffen war, bevor mit den Gremien Kontakt aufgenommen worden war. Diese Form der Einbindung war definitiv zu spät und ungeeignet, eine schnelle Einführung zu ermöglichen. Alles zusammen führte – wie unten noch beschrieben wird – zu einer Verzögerung in der Routineeinführung von fast sechs Monaten.

Insgesamt war die Rolle der Betriebspartner jedoch nicht von einer absoluten Verweigerungshaltung geprägt; vor allem auf Konzernebene versuchte der Bodenbetriebsrat die Entwicklungen eher mitzugestalten als zu verhindern. Am wichtigsten waren dabei die Standortfrage für das SSC, die am Ende für Deutschland entschieden wurde, die Sicherheitsumgebung, in die die verwendeten Systeme nebst Schnittstellen eingebunden wurden und letztlich die Tatsache, dass sich im SSC ausschließlich Mitarbeiterinnen und Mitarbeiter befanden, die zuvor in den Personalbereichen der einzelnen Gesellschaften gearbeitet hatten und die sich freiwillig in das SSC beworben hatten und dort ihre Kenntnisse von den Arbeitsabläufen in den Gesellschaften einbringen konnten. Auf alle genannten Punkte wird später noch näher eingegangen. Mit diesem Verhalten der Betriebspartner wurde eine Eskalation verhindert, die für das SSC – an welchem Standort dann auch immer – in der Startphase zu einer großen Belastung hätte werden können.

3.2.2 Planungsphase

Das Projekt startete mit einer achtmonatigen Planungsphase im November 2003 (Abb. 41). Im Zentrum der Planungsphase stand inhaltlich die Analyse und Optimierung der operativen Personalprozesse. Neben den inhaltlichen Zielen war die Herstellung eines breiten Konsenses die Kernaufgabe dieser Phase. Die inhaltlichen Ziele dieser Phase waren:

- Aufnahme und Analyse der administrativen HR-Kernprozesse
- Entwurf optimierter Soll-Prozesse
- Ableitung eines geeigneten Produktportfolios für das HR-SSC
- Konzeption einer Aufbau- und Ablauforganisation
- Evaluierung von Alternativen zum Sourcing, Standort und der Organisationsform

Die Planungsphase wurde mit einer Entscheidungsvorlage für den Konzernvorstand im Juni 2004 abgeschlossen.

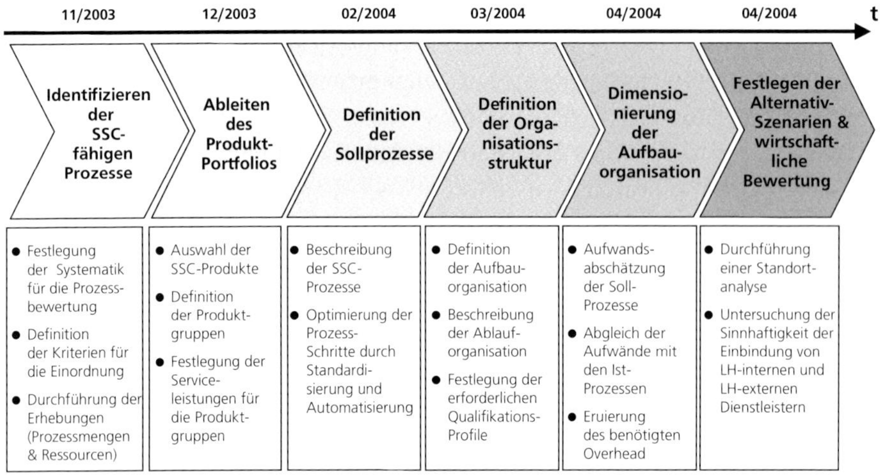

Abb. 41: Die Phasenplanung des Projektes

Der Kern dieser Phase hatte eine politische und eine fachliche Seite. Politisch mussten nach den Arbeitsdirektoren, die einer Etablierung ja zugestimmt hatten, nun die eigentlich Verantwortlichen und die Personalarbeit Leistenden, nämlich die Personalleiter und deren Mitarbeiter, von der Sinnhaftigkeit eines solchen Vorgehens überzeugt werden. Die Vorgehensweise wurde oben bereits skizziert, stellte aber eine inhaltlich wie zeitlich nicht zu unterschätzende Herausforderung dar. Schließlich war das Projekt auf einen wahrheitsgemäßen und sehr konkreten Input aus den Gesellschaften angewiesen und musste gleichzeitig etwaige Befürchtungen, dass mit diesen Zahlen eine »Schönrechnung« des Projektergebnisses erfolgt, zerstreuen. Auch mussten die Personalleiter, die bei einer Übergabe bestimmter Aufgaben an das SSC an der ein oder anderen Stelle einen objektiven Kontrollverlust befürchteten, und die Personalmitarbeiter, die sich zu einem nicht unerheblichen Teil in den zurückliegenden Jahren mit den administrativen Vorgängen identifiziert hatten, überzeugt werden, dass es sich um ein im Gesamtinteresse, aber auch im Interesse der jeweiligen Einzelgesellschaft, sinnvolles Vorgehen handelt.

Fachlich mussten die »tauglichen« Personalprozesse definiert und die darin gebundenen sächlichen und personellen Ressourcen erhoben werden. Die administrativen Personalprozesse wurden durch Datenerhebungen in den Gesellschaften erfasst. Diese Erhebung wurde insgesamt dreimal durchgeführt. Nach der ersten Erhebung, die ja auf einer Schätzung der beteiligten Mitarbeiter und nicht auf einer konkreten Messung beruhte, wurden gravierende Unterschiede für identische Prozesse festgestellt. So reichte z.B. der für die Durchführung einer »Versetzung« angegebene Zeitbedarf von drei Minuten bis hin zu drei Tagen. Da beides gleichermaßen falsch war, musste die Qualität der Datenerhebung verbessert werden; deshalb beschrieb das Projektteam die zugrunde liegenden Tätigkeiten wesentlicher detaillierter, machte die Bewertung aller Gesellschaften transparent und fragte die Daten ein zweites Mal ab. Das gleiche Verfahren wurde dann noch ein weiteres Mal angewendet und führte danach zu einer plausiblen Datenbasis, die Grundlage für das weitere Vorgehen war, allerdings durchaus mit dem von allen Gesellschaften begrüßten Hinweis, dass die Werte nach Inbetriebnahme des SSC noch einmal von diesem konkret ermittelt und bekannt gemacht werden, was dann auch Basis für die Verrechnung der SSC-Leistungen sein sollte.

Im Projektteam wurde vorher durchaus ein alternatives Vorgehen erwogen. Aufgrund des im Team vorhandenen Fachwissens hätten die Prozesse zentral beschrieben und der dafür benötigte Ressourceneinsatz abgeschätzt werden können. Das Vorgehen wäre sicher schneller gewesen, hätte aber zwei gravierende Nachteile gehabt: Zum einen waren die Verantwortlichen in den Personalbereichen zu Anfang des Projektes der Meinung, alle Prozesse würden gesellschaftsabhängig zu Recht große Unterschiede aufweisen, da sie eben spezifisch auf die konkrete Situation in der jeweiligen Konzerngesellschaft zugeschnitten seien. Dieser Auffassung wegen, die sachlich zu diesem Zeitpunkt nicht angreifbar war, wären sicherlich alle rein zentral beschriebenen Prozesse und Ressourcenschätzungen mit vielen kleinen Details und Beispielen widerlegt worden. Durch das gewählte »Bottom-up«-Vorgehen war dies kein Diskussionsthema mehr. Am Ende dieses Verfahrens offenbarte sich vielmehr allen unwiderleglich, dass die Prozesse im Wesentlichen identisch waren, und es nur kleinere individuelle Ausprägungen gab, die teilweise auch noch eher gewachsen, als betrieblich unabdingbar notwendig waren.

Der zweite Nachteil eines rein zentralen Vorgehens wiegt noch schwerer. Alle Aufwandsschätzungen kamen von den verantwortlichen Personalleitern oder deren Beauftragten in den Konzerngesellschaften. Die Zahlen als solche waren daher später nicht mehr Gegenstand von Einzeldiskussionen. Als es mit diesen Zahlen am Ende der Planungsphase um die Einschätzung der Verlagerungspotentiale in das HR-Shared Service Center und um die Einsparpotentiale bei den einzelnen Personalliniendiensten ging, bestanden zwar noch Meinungsunterschiede über die Effekte eines solchen Vorgehens, nicht aber über die Ressourcenbindung in den spezifischen Prozessen und Teilprozessen; dieses war unstreitig und ermöglichte so in fachlicher Hinsicht das schnelle Einläuten der nächsten Phase.

Insgesamt wurden im ersten Schritt 65 Personalprozesse (von A wie Ablage von Dokumenten in der P-Akte, Anzeigenschaltungen, Altersteilzeit-Vertragserstellung, Azubi-Auswahl, -einstellungen und -übernahmen bis Z wie Zeugniserstellungen und Zulage- bzw. Einmalzahlungsschreiben) als grundsätzlich shared-service-tauglich identifiziert und im weiteren Vorgehen konkretisiert. Zu diesen Prozessen wurden – wie oben beschrieben – die Mengen pro Jahr und die dezentral an diese Prozesse gebundenen personellen und sächlichen Ressourcen erhoben. Die Einstufung der Personalprozesse als »shared-servicefähig« erfolgte auf Basis verschiedener Bewertungskriterien; die Wesentlichsten waren:

- Anzahl der Vorgänge p.a.
- Vorkommen in mehr als 1 Konzerngesellschaft
- Zielgruppe für den Prozess: Bearbeiter im Personalbereich
- Standardisierbarkeit und Stabilität der Prozesse
- Anzahl der Schnittstellen und der Beteiligten
- kein Entscheidungsbedarf bei der Prozessbearbeitung

Nach der erfolgreichen Ableitung der shared-service-fähigen Produkte wurden die entsprechenden Soll-Prozesse definiert und abgestimmt; dabei spielten die Vertreter der Konzerngesellschaften eine wichtige und für alle Beteiligten neue Rolle: Sie definierten ihre Anforderungen an die Produkte als zukünftige Kunden und Auftraggeber. Dabei kam ihnen auch die schwierige Rolle zu, ihre bisherigen Abläufe und Schnittstellen sowie die inhaltlichen Formulierungen ihrer Schreiben zu überprüfen und im Sinne einer Standardisierung und Simplifizierung über alle Konzerngesellschaften hinweg zu verändern. Dieses war – durchaus erwartungsgemäß – ein intensiver und manchmal auch schwieriger schmerzhafter Prozess für alle Beteiligten.

Ziele dieser Optimierung waren also eine deutliche Verschlankung, Automatisierung und klare Standardisierung der administrativen Prozesse. Außerdem wird durch eine optimierte Arbeitsteilung und die sich daraus ergebende Spezialisierung und Professionalisierung der Mitarbeiter im SSC die Abarbeitung der einzelnen Aufträge deutlich beschleunigt. Der IT-Einsatz wird optimiert und durchgängiger, dadurch wird die Zahl von Medienbrüchen reduziert. Ein weiterer Schwerpunkt in der Gestaltung der Soll-Prozesse war eine möglichst geringe Anzahl von Schnittstellen zwischen den dezentralen Personalbereichen und den von diesen betreuten Mitarbeitern einerseits und dem Shared Service Center andererseits, da jede Schnittstelle die Komplexität und den Abstimmungsaufwand erhöht.

Auf der Basis der Produkte und Soll-Prozesse wurde die in Kapitel 3.3 Organisation eingehend beschriebene Organisation konzipiert; daraus ergab sich letztendlich auch das Ressourcen- und Qualifikationsgerüst, das das zentrale SSC vorhalten muss.

Bei der Frage der endgültigen Dimensionierung des Shared Service Centers und der damit eng zusammenhängenden Frage nach der Anzahl der in den Konzerngesellschaften zu verlagernden oder abzubauenden dezentralen Mitarbeiter kam es zur einzigen Eskalation an das HR-Board, den Kreis der Arbeitsdirektoren unter Vorsitz des Konzernpersonalvorstands. Die abschließende Berechnung des Projektteams wurde von den Personalbereichen nicht mitgetragen. Da die

Datenerhebung über die Ist-Prozesse – wie oben gezeigt – von den Fachbereichen selbst durchgeführt wurde und die Konzeption der Soll-Prozesse wegen der engen Einbindung der dezentralen Experten fachlich ebenfalls unangreifbar war, bezog sich die Ablehnung auf eher weiche Fragestellungen wie z.B. die Bewertung der internen Schnittstelleneffizienz. Das HR-Board delegierte jedoch die Diskussion zurück in bilaterale Gespräche zwischen Projektleiter und jeweiligem dezentralen Personalvorstand. In diesen Diskussionen wurde die von Beginn an enge Einbindung der dezentralen Experten in die Konzeption zum wichtigen Erfolgsfaktor, so dass die Unstimmigkeiten dort schnell beendet werden konnten.

Als letzten Schritt der Planungsphase galt es, Realisierungsszenarien zu entwickeln und zu bewerten (Abb. 42). Drei verschiedene Szenarien wurden ernsthaft untersucht: Eigenbetrieb von Front- und Backoffice an einem oder mehreren Standorten in Deutschland, Outsourcing des Frontoffice, aber Betrieb in Deutschland und Outsourcing des Frontoffice mit Betrieb im Ausland. Die mögliche Option des Komplett-Outsourcings ins Ausland wurde wegen einer fachlich wie politisch nicht sinnvollen Realisierbarkeit nicht verfolgt; die qualitativen Risiken, die Möglichkeit der Umwandlung von heute noch händischen Prozessen in ESS-Szenarien und die notwendige kontroverse Auseinandersetzung mit den Betriebspartnern wogen den zusätzlichen wirtschaftlichen Nutzen auf.

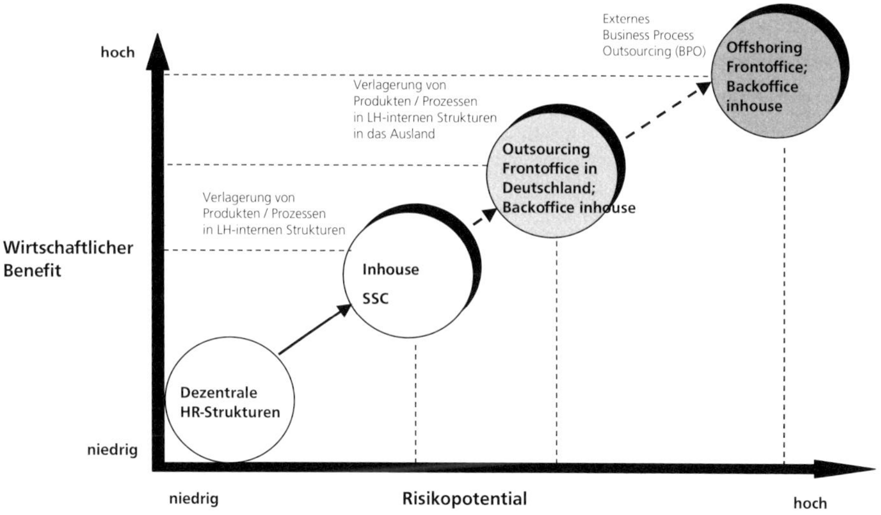

Abb. 42: Für den Produktivbetrieb wurden vier Realisierungsszenarien bewertet

Drei Gründe gaben den Ausschlag für die Entscheidung, das gesamte Shared Service Center mit eigenem Personal in Deutschland aufzubauen:

- Der wirtschaftliche Nutzen gemäß der Berechnung der qualifizierten internen Kapitalverzinsung war für einen Zeitraum von fünf Jahren bei allen drei Szenarien positiv. Der Unterschied zwischen Eigenbetrieb in Deutschland und Teil-Outsourcing ins Ausland betrug (relativ geringe) drei Prozentpunkte.

- Die Tarifstruktur und die -vereinbarungen des Lufthansa-Konzerns sind vielfältig und nicht einfach; auch ist der Konzern mit seinen unterschiedlichen Konzerngesellschaften an vielen unterschiedlichen Orten in Deutschland tätig und dort gelten nicht immer gleiche Regeln und Arbeitsbedingungen. Das Frontoffice soll aber künftig erste und einzige Anlaufstelle für die Fragen und administrativen Anliegen aller Mitarbeiter aller Konzerngesellschaften an allen Orten in Deutschland (derzeit noch) sein und lebt daher von der Qualität und Richtigkeit der Antworten. Im Frontoffice müssen daher – im Gegensatz zu landläufigen Call Centern – Leute sitzen, die wissen, wovon sie reden und die Lufthansa von innen her kennen. Dieses wäre im Ausland nicht oder nur mit einem unverhältnismäßig hohen Aufwand, dessen Nutzen sich erst noch hätte erweisen müssen, realisierbar gewesen. So konnten sich aus allen beteiligten Konzerngesellschaften Personaldienstmitarbeiter zur Mitarbeit im SSC bewerben und haben dieses auch getan, so dass jetzt aus jeder Gesellschaft Know-how im SSC vertreten ist und die Qualität daher von Anfang an auf einem hohen Niveau stabilisiert werden konnte. Das SSC hat ein Gesicht den Kunden gegenüber erhalten, was der Abnahme von Leistungen sehr zuträglich ist und die Mitarbeiter, die sich dort melden, schnell davon überzeugt hat, in guten, die Umstände kennenden Händen zu sein. Für die Konzerngesellschaften selbst war dieses Vorgehen positiv, weil sie nicht nur Aufgaben an das SSC übertragen konnten, sondern auch die notwendigen Mitarbeiter; daher war ein Abbau von Personal wesentlich einfacher und verträglicher zu gestalten.
- Sowohl bei einem SSC wie auch bei sonstigen zentral zu erbringenden Services (z.B. Vergütungsabrechnung) gibt es drei Arten von Aufgaben:
    1. solche, die einer besonderen, nicht einfach auf dem jeweils neuesten Stand zu haltenden Expertise bedürfen oder bei denen es viele Schnittstellen zu anderen hier verbleibenden Bereichen oder Prozessen gibt: dafür macht eine Verlagerung ins Ausland keinen Sinn;
    2. solche, die sehr stark standardisiert sind und in großen Stückzahlen vorkommen: dafür macht eine Verlagerung ebenfalls keinen Sinn, weil diese besser in ein ESS/MSS-Szenario überführt werden sollten;
    3. solche, bei denen die vorgenannten Punkte nicht zutreffen: diese können ausgelagert werden. Hier muss geprüft werden, wie viele Aufgaben dieses denn tatsächlich noch sind und inwieweit eine solche Verlagerung unter Berücksichtigung aller Transaktionskosten vernünftig ist.

Die Wirtschaftlichkeit des HR-SSC war durch die Reduzierung des Personaleinsatzes gegeben. Das SSC wurde von Anfang an mit deutlich weniger Personal betrieben, als zuvor für die übergebenen Prozesse eingesetzt war (Abb. 43).

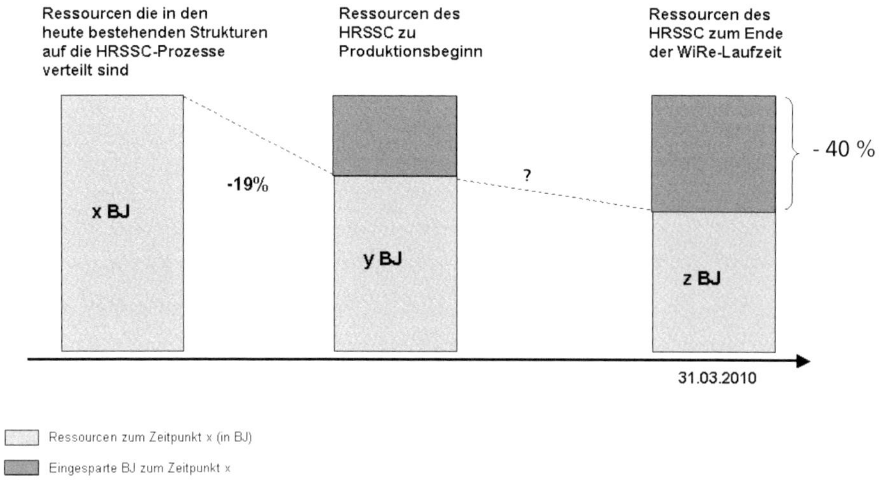

Abb. 43: Übersicht über die kalkulierte Entwicklung der Ressourcen in den betrachteten Prozessen.

Durch die Identifikation weiterer shared-service-fähiger Prozesse, die Integration dieser Prozesse in die bestehende Prozesslandschaft, die Forcierung von eHR (ESS/MSS-Szenarien) und die fortschreitende Standardisierung und Simplifizierung sollen in den nächsten fünf Jahren weitere Einsparungen erzielt werden. Dieses ist nach den derzeitigen Erkenntnissen ab Going-live durchaus realistisch.

3.2.3 Realisierungsphase

Das in der Analysephase erarbeitete Konzept wurde Anfang September 2004 vom Gesamtvorstand des Lufthansa-Konzerns zur Umsetzung freigegeben. Der Aufbau sollte in drei Stufen umgesetzt werden:

- Reorganisation des VP-Ressorts und Einführung einer HR Business Service Organisation (HRBS) zum 01.10.2004,
- Etablierung und Aufbau der HR-Shared Service Organisation (HR-SSC) mit Frontoffice (= Service Line) und Backoffice (= Service Center) als integrativer Bestandteil der HR-Business-Services zum 01.04.2005 und Verlagerung der administrativen Personalprozesse aus den Gesellschaften in das HR-SSC,
- sukzessive Weiterentwicklung des Produktportfolios entsprechend dem Bedarf interner und ggf. externer Kunden nach dem 01.04.2005.

Im Rahmen der ersten Stufe wurden im Vorstandsressort Personal die strategischen von den serviceleistenden Bereichen getrennt. Letztere wurden in eine eigene, ebenfalls direkt beim Konzernpersonalvorstand angehängte Organisationseinheit überführt. Dieses waren:

- Vergütungs-, Reise- und Rentenabrechnung
- Medizinischer Dienst inkl. Sozialberatung
- Arbeitssicherheit
- Ideenmanagement
- Visa-Stelle
- Ausländerbetreuung

Diese Phase wurde planmäßig zum 01.10.2004 mit der Etablierung der neuen Einheit »HR Business Services« abgeschlossen. Als Leiter dieser Einheit wurde der langjährige Personalverantwortliche einer Konzerngesellschaft benannt, der als guter Kenner der Personalarbeit sowohl im Konzern als auch in einem dezentralen Unternehmen die notwendige Akzeptanz aller Beteiligten hatte. Parallel dazu wurden als Vorbereitung für den Routinestart des Shared Service Centers das Produktportfolio weiter konkretisiert und die Implementierungsplanung für die zu überführenden Personalprozesse durchgeführt.

Die anschließende zweite Stufe sollte mit dem Routinestart am 01.04.2005 abgeschlossen werden. Die geplanten Hauptaktivitäten hier waren die Überführung der identifizierten Prozesse und Ressourcen aus den dezentralen Personalbereichen in das HR Shared Service Center, die Prozess- und Schnittstellenoptimierung innerhalb der bereits verlagerten Servicefunktionen und die Optimierung der Kundenschnittstelle, z.B. durchgängige Einführung von Service Level Agreements, koordinierte regelmäßige Kundeninformationen, Weiterentwicklung des Pricing-Modells und insbesondere natürlich die Koordinierung der Einführung der neuen EDV-Tools.

Diese Phase konnte nicht planmäßig zum 1. April, sondern erst zum 26. September 2005 abgeschlossen werden. Im Nachhinein erwies sich der Aufbau der IT-Tools zur Unterstützung der Kerntätigkeiten der neuen Organisation als viel mitbestimmungskritischer als erwartet. Zwei IT-Systeme sollten die Front- und Backoffice-Prozesse unterstützen: das Auftragsmanagement-Tool (EIC) zur Nachverfolgung von Anfragen und eine IT-gestützte Wissensdatenbank. Im Projekt wurde die Detailplanung erst nach Abschluss der ersten Stufe begonnen, da großer Wert auf eine optimale Unterstützung der neuen Soll-Prozesse gelegt wurde. Dieses führte jedoch dazu, dass der Mitbestimmungsprozess zeitlich völlig aus dem Ruder lief und das Projekt eine empfindliche Verzögerung erfuhr. Neben den bereits geschilderten Diskussionspunkten (Leistungskontrolle der Mitarbeiter im SSC und Sicherheit der im SSC zu verarbeitenden Daten) folgte die EDV-Mitbestimmung z.B. nicht ohne weiteres dem vom Projekt vorgeschlagenen Weg zur Authentifizierung von anrufenden Mitarbeitern. Erst als sich hierzu Lösungen abzeichneten, konnten die Verhandlungen im September 2005 für den Großteil der Lufthansa-Mitarbeiter zu einem Kompromiss geführt werden, der den Routinestart ermöglichte. Die kleinere Gruppe des fliegenden Personals hat diesen Kompromiss erst später unterschrieben, so dass das HR-SSC anfänglich nur für die Bodenmitarbeiter startete.

3.2.4 Ergebnis

Durch die Zusammenführung der dezentralen Prozesse und der damit verbundenen Standardisierung der Leistungserbringung gibt es eine Vielzahl von qualitativen Verbesserungen, die vor allem für die Endkunden der HR-Prozesse, die betreuten Mitarbeiter, spürbar werden. Das neue Frontoffice ist die zentrale Anlaufstelle für alle Mitarbeiter zu allen Themen rund um Vergütungs- und personaladministrative Fragestellungen. Der Mitarbeiter muss sich nicht mehr um Zuständigkeiten und Kompetenzen im Personalbereich kümmern und bekommt immer einen Ansprechpartner, der ihm eine Antwort geben kann oder ihn – wenn das nicht möglich ist, weil z.B. ein Entscheidungsbedarf besteht – zum jeweiligen Experten weiter vermittelt. Durch die Möglichkeiten der besseren Flexibilisierung des Arbeitseinsatzes der Mitarbeiter im HR-Frontoffice können Öffnungszeiten mit einer überwachten hohen Erreichbarkeit werktags von 08:00 Uhr bis 17:00 Uhr sichergestellt werden. Es herrscht Transparenz über die inhaltliche Qualität, die Bearbeitungszeit von Anfragen und die etwaigen Wartezeiten, bis der Anruf angenommen werden kann, so dass sich Angebot und Qualität des Frontoffice immer besser und kundengerechter entwickeln können.

3.3 Die neue Organisation

Das HR-Shared Service Center wurde als integrativer Bestandteil der HR-Business Services der Lufthansa realisiert. Abb. 37 skizziert die Organisationsform der HR-Business Services sowie die Einbindung in das Ressort des Konzernpersonalvorstands:

Das HR-Shared Service Center setzt sich aus einem logischen Frontoffice (der so genannten HR-Service Line, Organisationsbezeichnung HAM PS/L) und einem logischen Backoffice (dem so genannte HR-Service Center, FRA PS/C) zusammen (grau markiert).

3.3.1 Aufbauorganisation HR-Service Line

Die HR-Service Line stellt die primäre Anlaufstelle für alle personalrelevanten Fragestellungen und Aufträge der Kunden dar. Per Telefon, eMail, Brief oder Fax können die Kunden ihre Anliegen bei der HR-Service Line adressieren resp. Statusinformationen zu den beauftragten oder sie betreffenden Anliegen abfragen (Abb. 44).

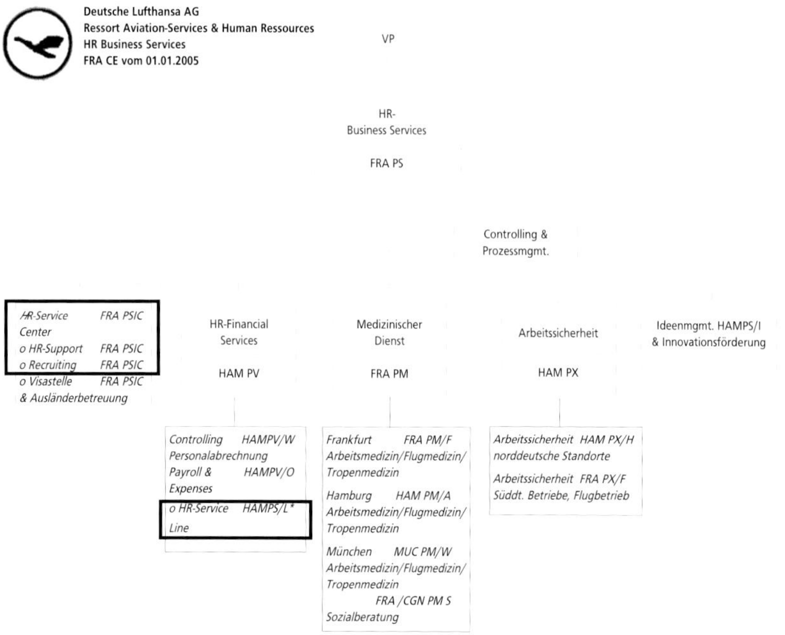

Abb. 44: Aufbauorganisation HR-Business Services

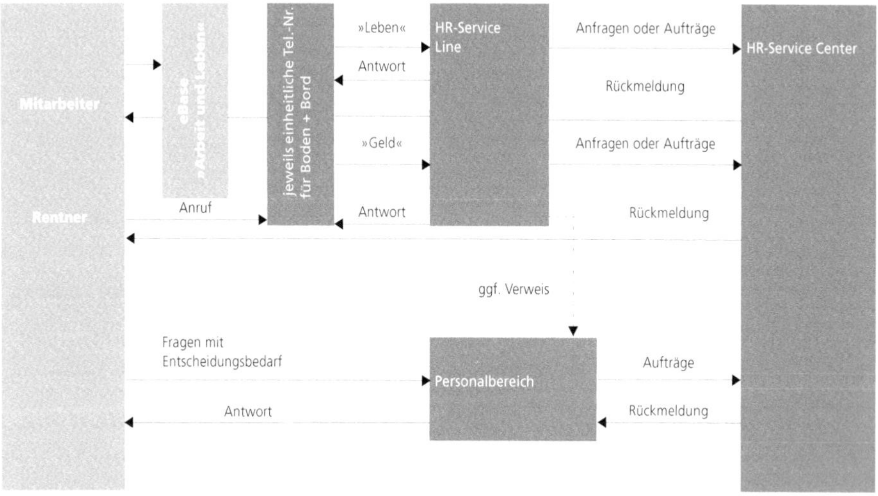

Abb. 45: Ablauforganisation bei Anruf eines Mitarbeiters

Die HR-Service Line besteht organisatorisch aus zwei funktionalen Einheiten, die für die Bearbeitung unterschiedlicher Prozesse resp. für verschiedene Kundenkreise zuständig sind.

- HR-Service Line – HR-Support & Recruiting (»Leben«)

  Diese funktionale Einheit ist die zentrale Anlaufstelle für alle Mitarbeiterinnen und Mitarbeiter des Bodenpersonals der großen Konzerngesellschaften (LHAG, LH Cargo AG, LH Technik AG und LSG Deutschland) für alle administrativen Personalthemen und Auskünfte. Jeder Mitarbeiter kann sich mit seinem Anliegen oder seiner Anfrage hierher wenden; sollten ihm die Kolleginnen und Kollegen aus der Service Line nicht weiterhelfen können, vermitteln sie ihn zumindest an den richtigen Ansprechpartner. Um möglichst vielen Mitarbeitern eine Warteschleife zu ersparen, soll kein Telefonat länger als 3 Minuten dauern; danach soll an das HR-Service Center zur weiteren Bearbeitung übergeben werden.

- HR-Service Line – Payroll & Expenses (»Geld«)

  Diese funktionale Einheit ist für die Beantwortung aller abrechnungsrelevanten Anfragen sowie die Bearbeitung administrativer Prozesse im Zusammenhang mit der Vergütungs-, Reise- und Rentenabrechnung zuständig; bei tiefer gehenden Fragestellungen oder individuellen Berechnungsnotwendigkeiten geben die Mitarbeiter der Service Line an den jeweiligen Abrechner weiter.

  Im Unterschied zum Supportteil ist die HR-Service Line – Payroll & Expenses die zentrale Anlaufstelle für alle Mitarbeiter des LH-Konzerns, die von der zentralen Vergütungsabrechnung abgerechnet werden. Der Grund liegt darin, dass die weitaus meisten Konzerngesellschaften bereits seit Jahren von der zentralen Vergütungsabrechnung abgerechnet werden und die Prozesse daher bekannt und eingespielt sind, wohingegen mit dem Aufbau des HR-Service Centers und der HR-Service Line – Support & Recruiting Neuland betreten wurde. Um die Komplexität nicht zu stark zu erhöhen, wurden daran daher zunächst nur die genannten vier größten Konzerngesellschaften beteiligt. Allen anderen Gesellschaften wird eine Teilhabe sowohl am HR-Service Center als auch an der Service Line – Support & Recruiting angeboten, sobald sich die Prozesse stabilisiert haben.

3.3.2 Aufbauorganisation HR-Service Center

Das HR-Service Center ist ein »produzierender« Bereich. Hier werden die operativen Personalaufgaben auf Basis definierter Standardprozesse bearbeitet. Das Backoffice ist der primäre Ansprechpartner für die dezentralen Personalbereiche und hat keinen direkten Kontakt zu den Mitarbeitern der Gesellschaften; es hat sich in zwei Produktionsbereiche aufgeteilt:

- die Bearbeitung von administrativen Personalprozessen: Dieser Produktionsbereich ist die zentrale Anlaufstelle für alle Aufträge der dezentralen Personalbereiche, für alle Archivierungsthemen und für die übergeleiteten Aufträge von der HR-Service Line – Support & Recruitig.

- die Bearbeitung der administrativen Rekrutierungs- und Einstellungsprozesse: Hier gehen alle Bewerbungen ein, die an Lufthansa adressiert sind, hier wird die Interessentendatenbank betreut und etwaige Anzeigenschaltungen beauftragt.

3.3.3 GbD

Die Gesellschaft für beleglose Datenverarbeitung (GbD) war zum Zeitpunkt der Gründung des HR-SSC ein Tochterunternehmen der LH Systems, welches sich auf das Einscannen (die Digitalisierung) von Papierdokumenten spezialisiert hat.

Da es ein Ziel des HR-Shared Service Centers ist, alle für die Kommunikation erforderlichen Dokumente so früh und so weit wie möglich in elektronischer Form zu verarbeiten, wird die GbD als zentrale »Posteingangsstelle« genutzt, d.h. alle in schriftlicher Form an das HR-Shared Service Center herangetragenen Anliegen gehen bei der GbD ein, werden dort eingescannt und anschließend in elektronischer Form an das HR-SSC weitergeleitet. Hier werden sie dann abschließend bearbeitet.

3.4 IT

Die IT-Welt der Lufthansa-Personalarbeit basiert nahezu ausschließlich auf SAP R/3 HR. Dieses zentrale System für alle Mitarbeiter wird durch eine optische Archivierungskomponente unterstützt, in der die P-Akten der Mitarbeiter der meisten Konzerngesellschaften enthalten sind. In Ergänzung zu diesen Systemen wurden zwei weitere spezialisierte Anwendungen für die Arbeit im Shared Service Center benötigt. Ein Auftragsmanagementsystem (AMS) zur Erfassung und Verfolgung von Anfragen sowie eine Wissensdatenbank zur effektiven Unterstützung der Mitarbeiter im Call Center und im Backoffice. Ein besonderes Augenmerk wurde dabei der Authentifizierung und Security gewidmet.

3.4.1 Auftragsmanagementsystem

Mit dem Einsatz des AMS (Abb. 46) im HR-Shared Service Center werden im Wesentlichen vier Ziele verfolgt:

- Schaffung von Transparenz über die im HR-Shared Service Center erbrachten Leistungen (Wo liegen welche Aufträge? Wie ist der Bearbeitungsstand der Aufträge?)

- Auswertung und Reporting der optimierten internen Abläufe und Dokumentation der erbrachten Leistungen gegenüber den Kunden als Grundlage für die Rechnungsstellung
- Bestmögliche Unterstützung der organisatorischen Abläufe zwischen HR-Shared Service Center und HR-Service Line
- Routingfunktion für die einzelnen Dokumente in die jeweiligen Archivsysteme bzw. Wiedervorlageordner

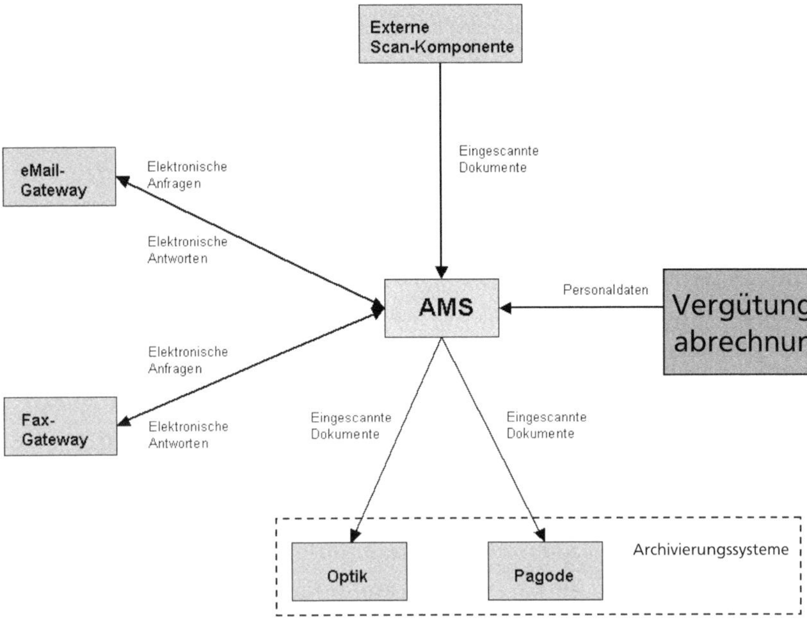

Abb. 46: Das Auftragsmanagementsystem und seine Schnittstellen

Das Auftragsmanagementsystem verfügt über die folgenden Kernfunktionalitäten:

- Ticketfunktionalität: Für alle in der HR oder Service-Line und im HR-Service Center eingehenden Kundenanfragen oder -aufträge werden Tickets eröffnet, auf deren Grundlage die Anfragen bzw. Aufträge bearbeitet und der Bearbeitungsfortschritt dokumentiert werden.
- Routingfunktionalität: Über die Routingfunktionalität können Aufträge und ggf. damit verbundene elektronische Dokumente zwischen verschiedenen Bearbeitungsstellen (d.h. HR-Service Line und HR-Service Center) hin- und hergeleitet werden. Dieses ist beispielsweise immer dann der Fall, wenn ein Auftrag im Frontoffice nicht abschließend bearbeitet werden kann.
- Bearbeitungs- und Kontakthistorie: Das Auftragsmanagementsystem hält die im Zusammenhang mit einem Auftrag stehenden Daten und Informati-

onen auf Basis einer Historienfunktionalität vor, so dass bei der Bearbeitung eines Tickets durch unterschiedliche Mitarbeiter in der HR-Service Line oder im HR-Service Center immer (auch nach Monaten noch) der vollständige Vorgang mit allen relevanten Informationen ersichtlich ist.

- Terminverfolgungsfunktionalität: Das AMS verfügt über eine Terminverfolgungsfunktion, die ein Bearbeitungsteam daran erinnert, falls ein Auftrag für einen definierten Zeitraum unbearbeitet geblieben ist oder der mit dem Kunden vereinbarte Service Level für die Bearbeitung eines Anliegens nicht eingehalten werden kann.
- Suchfunktionalität: Das Auftragsmanagementsystem verfügt über eine integrierte Suchfunktionalität, die eine Suche auf alle im System abgelegten Aufträge und Dokumente zulässt.

Als zentrale Arbeitskomponente im HR-SSC besitzt das AMS Schnittstellen zu vielen anderen Systemen.

Einer der Grundgedanken des HR-Shared Service Centers ist, dass alle in Papierform eingehenden Unterlagen im Rahmen der Post-Eingangsbearbeitung eingescannt werden und anschließend ausschließlich in elektronischer Form weiterbearbeitet werden, so dass im SSC keine Dokumente in Papierform verarbeitet werden. Dieses gilt natürlich nur für Dokumente, die sinnvoll elektronisch verarbeitet werden können; ausgeschlossen von der Digitalisierung sind beispielsweise Lohnsteuerkarten etc. Das Einscannen der Unterlagen geschieht – wie bereits dargestellt – nicht im HR-Shared Service Center, sondern über eine vorgelagerte Scan-Komponente, die bei einem Scan-Dienstleister (GbD) aufgesetzt ist.

Das Auftragsmanagementsystem ist an die Scan-Komponente der GbD in der Form angebunden, dass die beim Dienstleister eingescannten Dokumente per Filetransfer an das AMS übertragen werden und anschließend innerhalb des AMS weiterverarbeitet werden können. Für die Datenübertragung wird die bereits zwischen der GbD und dem Rechenzentrum der LSY existierende sichere Datenverbindung genutzt. Die Schnittstelle ist unidirektional, d.h. es werden keine Daten vom AMS an die GbD transferiert.

Als Basis für die Lösung wurde das Employee Interaction Center der SAP eingesetzt.

3.4.2 Wissensdatenbank

Da nicht jeder Mitarbeiter in der HR-Service Line zum Produktionsstart des HR-Shared Service Center über den gleichen Wissensstand verfügt, wird für die Unterstützung zur standardisierten Beantwortung von Kundenanfragen auf eine Knowledge-Komponente zugegriffen. In dieser Knowledge-Komponente werden Frage/Antwort-Tupel sowie Dokumente vorgehalten, die im Bedarfsfall von den Mitarbeitern des HR-SSC abgerufen werden können, falls eine Anfrage eines Kunden nicht unmittelbar beantwortet werden kann. Durch die Eingabe eines Themenbereiches, der mit der Frage des Kunden verbunden ist, bekommt der Mitarbeiter von der Knowledge-Komponente alle diesem Themenbereich zugeordneten Frage/Antwort-Tupel und die relevanten Dokumente angezeigt.

Die Eingabe und Pflege entsprechender Frage/Antwort-Tupel und das Einstellen der Dokumente erfolgt in der Knowledge-Komponente über einen Redaktionsprozess durch die Mitarbeiter des HR-Shared Service Centers. Dieser Redaktionsprozess bietet die Möglichkeit, neue Frage/Antwort-Tupel anzulegen, bestehende Frage/Antwort-Tupel zu modifizieren oder ggf. zu löschen. Zusätzlich besteht die Möglichkeit für eine Themenverwaltung sowie die Zuordnung von Frage-/Antwort-Tupeln zu Themen/Schlagworten (Kategorisierung). Bei der Anlage von Frage/Antwort-Tupeln kann eine Zuordnung zu Bezugsgruppen vorgenommen werden. Hierdurch wird gewährleistet, dass bei einer Suchanfrage durch einen Mitarbeiter nur die Ergebnisse angezeigt werden, die für den jeweiligen Fall von Relevanz sind.

Den Kundengesellschaften des HR-SSC ist der Zugriff auf die Wissensdatenbank freigeschaltet worden; im Gegenzug haben sich diese verpflichtet, für eine jederzeitige größtmögliche Aktualität zu sorgen, denn natürlich ist eine HR-Service Line auf den Input der jeweiligen Kundengesellschaft angewiesen. Woher sonst sollte ein zentral organisierter Bereich das Wissen um Veränderungen, neue Regelwerke wie Tarifvertrag und Betriebsvereinbarungen oder gesellschaftsinterne Neuerungen haben, erst recht, wenn es um verschiedene Unternehmen an verschiedenen Orten geht? Das a-jour-Halten der Antworten ist also unabdingbar für die Glaubwürdigkeit der HR-Service Line und damit Grundvoraussetzung für deren erfolgreiche Arbeit.

Die Wissensdatenbank konnte fast ausschließlich aus Standardmodulen des Konzernportals eBase zusammengesetzt werden. Durch die Möglichkeiten von Documentum und dem SAP-Portal betrug der Anpassungsgrad lediglich ca. 10 % des Funktionsumfanges.

3.4.3 Security und Authentifizierung

Mit der Einführung des HR-Shared Service Centers im Lufthansa-Konzern und der damit verbundenen Einrichtung der HR-Service Line als zentraler Anlaufstelle für alle HR-relevanten Fragestellungen und administrativen Personalprozesse stellt sich die Frage, wie und in welcher Form die dort zukünftig anrufenden Mitarbeiter aus den Konzerngesellschaften sicher identifiziert werden können. Es muss und soll auf jeden Fall vermieden werden, dass sich jemand unter falschem Namen meldet und dann alle erfragten Auskünfte und persönlichen Daten (z.B. Vergütungsabrechnungsdaten) erhält.

Daher ist eine zuverlässige Identifizierung der anrufenden Mitarbeiter erforderlich, da neben administrativen Standardfragen und den entsprechenden Antworten auch sensible und vertrauliche Informationen von den Mitarbeitern der HR-Service Line über das Telefon weitergegeben werden sollen. Aus diesem Grunde muss sichergestellt werden, dass entsprechende Informationen nur an die dafür legitimierten Empfänger weitergegeben werden. Die Einhaltung dieser Bedingung war gefordert und kann durch Verwendung eines geeigneten Authentisierungsverfahrens möglich gemacht werden.

Auf Grundlage des Authentisierungskonzeptes wird gewährleistet, dass sensible Informationen von Mitarbeitern der HR-Service Line nur dann weitergegeben werden, wenn die Identität des anfragenden Kunden eindeutig geklärt ist.

Bei einer per eMail gestellten Anfrage reicht als Authentisierungsmerkmal die Absenderadresse des Fragestellers, solange diese personalisiert ist.

Schwieriger ist es bei Telefonanfragen. Die ursprüngliche Idee zur Authentisierung war, den Kunden bei einem Anruf nach bestimmten persönlichen Attributen zu fragen, die nur er wissen kann. Wenn ein Anrufer die ihm zur Authentisierung gestellten Fragen nicht beantworten kann, könnte ein Missbrauchsversuch vorliegen und der Anrufer wird abgewiesen. Der Prozess für die Authentisierung eines anrufenden Kunden ist als Funktionalität innerhalb des AMS abgebildet. Im Zuge der Verhandlungen mit der EDV-Mitbestimmung gab es jedoch deutlich unterschiedliche Auffassungen über die Qualität dieses Authentisierungsverfahrens. Hauptkritikpunkt war – und das ist nicht von der Hand zu weisen –, dass die gestellten Fragen entweder zu einfach waren (wie lautet die vierte Stelle der Bankleitzahl) oder so schwer, dass sie einen Anruf bei der Service Line nicht zulassen (wie lautet ihre Rentenversicherungsnummer). Es wurde daher vereinbart, das Sicherheitsniveaus der eingeführten Lösung extern bewerten zu lassen und ggf. stärkere Verfahren, wie z.B. die aus dem Telefonbanking bekannte Eingabe einer PIN zu prüfen. Dieses setzt jedoch voraus, dass entweder die PIN in den Systemen der Service Line vorgehalten werden muss, was wiederum Missbrauchsmöglichkeiten eröffnet, oder dass die Telefonanlage so ausgelegt ist, dass eine solche Möglichkeit unterstützt wird.

Nachdem wir – um keine weitere Zeit zu verlieren – zunächst mit der Abfrage nach persönlichen Attributen gestartet waren, haben wir bald auf das PIN-Verfahren umgestellt. In Absprache mit der Mitbestimmung und dem Datenschutz haben wir mehr als 90.000 Mitarbeitern einen PIN-Brief zukommen lassen. Dabei wurde die Möglichkeit eingeräumt, die automatisch erzeugte PIN in eine persönliche PIN zu verändern; dieses führte dazu, dass der erwartete Aufschrei der Mitarbeiter fast völlig ausblieb und diese im Gegenteil sogar den Zuwachs an Datensicherheit lobten.

Wer heute eine Anfrage zu sensiblen Daten hat, ruft normal in der HR-Service Line an; der dortige Mitarbeiter bittet ihn dann, sich zu identifizieren, was er durch PIN-Eingabe über die Tasten seines Telefons tun kann. Sollte diese Eingabe übereinstimmen mit der nur dem System bekannten, diesem Mitarbeiternamen zugeordneten PIN, erhält der Mitarbeiter in der HR-Service Line eine Bestätigung, so dass er die Anfrage dann direkt beantworten kann.

Sollte sich jemand 3 × nacheinander falsch authentifizieren, wird er vom System gesperrt; er erhält dann einen neuen PIN-Brief, mit dem er sich wieder anmelden kann.

Eine weitere Einschränkung von Missbrauchsmöglichkeiten ergibt sich durch das zugrunde gelegte Rollenkonzept. Den Mitarbeitern im HR-Shared Service Center und den Mitarbeitern in den beteiligten Organisationseinheiten sind unterschiedliche Rollen zugewiesen, die in den Anwendungssystemen abgebildet sind.

Durch die Nutzung von Rollen und die damit einhergehenden Berechtigungen wird sichergestellt, dass jeder Anwender nur auf die Daten innerhalb der Systeme Zugriff hat, die er für die Bearbeitung der entsprechend seiner Rolle definierten Aufgabenstellungen benötigt. Es gibt vier verschiedene Rollenprofile:

- HR-Service Line
- HR-Service Center
- Mitarbeiter externer Scan-Dienstleister
- Mitarbeiter Shared Service Organisation (für Monitoring)

Innerhalb der Rollen erfolgt eine Differenzierung der Berechtigungen über lesenden/schreibenden Zugriff auf PK-Nummernkreise. Über diese Rollen- und Nutzergruppensichten ist gewährleistet, dass keiner der Mitarbeiter im HR-SSC einen umfassenden Zugriff auf alle personenbezogenen Daten im System hat. Ein Missbrauch wird dadurch erschwert.

3.5 Einführungsbegleitende Veränderungsmaßnahmen

Drei Personengruppen sind mehr oder weniger stark von der Einführung des HR-SSC berührt: die neuen Mitarbeiter im Front- und Backoffice des HR-SSC, die in den Personalliniendiensten verbliebenen Mitarbeiter und die betreuten Mitarbeiter als Kunden.

Für das HR-SSC wurden insgesamt 39,5 Vollzeitstellen ausgeschrieben, davon 13,5 in der Service Line und 26 für das Service Center. Aus personalpolitischen und pragmatischen Gründen durften sich ausschließlich Mitarbeiter aus den alten Personalbereichen bewerben (wer Arbeit übergibt, soll auch die Menschen mit ihrem gesellschaftsspezifischen Know-how versetzen können); in der Ausschreibung wurden konkrete Anforderungen formuliert:

- Es wurde erwartet, dass die zukünftigen Mitarbeiter das von ihnen betreute Umfeld und die dort relevanten Gesetze, Tarifverträge, Betriebsvereinbarungen, Dienstvorschriften und Arbeitsanweisungen sehr gut kennen. Eine abgeschlossene kaufmännische Berufsausbildung und die Weiterbildung zum/zur Personalkaufmann/-frau oder eine mehrjährige einschlägige Berufserfahrung sowie umfassende personalwirtschaftliche Kenntnisse und gute betriebliche Kenntnisse des Lufthansa-Konzerns waren daher gefordert.

- Gute Kenntnisse der HR-relevanten EDV-Systeme (wie beispielsweise das Bewerbersystem, das Vergütungssystem und das Archivierungssystem) und eine Affinität zur Bildschirmarbeit waren substanziell, da die entsprechenden EDV-Systeme im Rahmen der täglichen Arbeit im HR-Shared Service Center intensiv genutzt werden müssen.
- Der Servicegedanke des HR-Shared Service Centers erfordert von den Mitarbeitern eine ausgeprägte Serviceorientierung, Spaß an Kommunikation sowie Einfühlungs- und Überzeugungsvermögen.
- Die Arbeitsteilung zwischen dem HR-Shared Service Center und den dezentralen Personalbereichen sowie die Aufgabenteilung und das Wechselspiel zwischen Frontoffice und Backoffice bei der Bearbeitung der Prozesse erfordert ein hohes Maß an Teamfähigkeit bei den Mitarbeitern.
- Da das Tagesgeschäft teilweise von nichtdeterministischen Faktoren abhängt, wird zudem eine hohe Einsatzbereitschaft und Flexibilität von den Mitarbeitern gefordert.
- Ein sehr gutes mündliches und schriftliches Ausdrucks- und Darstellungsvermögen ist insbesondere bei der Beantwortung der eingehenden Kundenanfragen von Bedeutung.
- Darüber hinaus sind englische Sprachkenntnisse von Vorteil, da einzelne Kunden aus den Gesellschaften rein englischsprachig sind und eine englischsprachige Kommunikation mit diesen Kunden den Servicegedanken des HR-Shared Service Centers unterstützt.

Die Überraschung für das Projektteam war zunächst, dass sich bei einer ersten Ausschreibung niemand auf die neuen Stellen bewarb. Ein Effekt, den die Linienvorgesetzten in den dezentralen Personalbereichen vorhergesagt hatten. Das Projektteam veranstaltete daher getreu der Projekttradition, immer direkt vor Ort zu kommunizieren, eine »Road Show« in den Personalbereichen. Hier wurden die Arbeitsweise und die Anforderungen an die zukünftigen Mitarbeiter eingehend vorgestellt und Gelegenheit zur Klärung von Fragen gegeben. Auch auf die Zukunftsaussichten und die persönlichen Vorbehalte der Mitarbeiterinnen und Mitarbeiter wurde individuell und ausführlich eingegangen. Erwartungsgemäß lag die größte Unsicherheit im Bereich der persönlichen Zukunft: Werden wir später verkauft, haben wir in der Administration überhaupt eine Zukunft, wo doch die Beratung der wichtigere Part eines Personalers ist, werden wir entsprechend der KPI-Logik nun bis ins Detail überwacht und gemessen, heute weiß ich, was ich habe, aber was kommt in der neuen Funktion auf mich zu, wie ist die Arbeit in einem Shared Service Center mit meinem Selbstverständnis als qualifizierte Personalfachkraft oder -sachbearbeiterin zu vereinbaren, ...? Als Ergebnis dieser aktiven Kommunikation gingen auf die ausgeschriebenen Stellen nahezu 40 % mehr Bewerbungen ein, als Stellen vorhanden waren; erfreulicherweise waren Bewerber aus allen Konzerngesellschaften dabei, so dass der Know-how-Transfer gewährleistet war. Ein weiteres Mal zeigte sich, dass der persönliche Dialog (zumindest bei Lufthansa) immer noch die wirksamste Art der Kommunikation ist; nur durch persönliche Überzeugung, durch die Vorstellung der handelnden Personen und der Zukunftsideen kann Unsicherheit effektiv abgebaut werden. Die so gefundenen Mitarbeiterinnen und Mitarbeiter haben in der Folgezeit verschiedene Seminare und Lehrgänge besucht, in denen ihnen die fachlichen Themen (Umgang mit den neuen Systemen, ...) nahe gebracht, aber auch benötigte Skills (Kundenorientierung, Prozessmanagement, ...) aufgefrischt wurden. Daneben stand natürlich das Kennenlernen und Zusammenwachsen der neuen Einheit und das Finden einer eigenen Identität. Der entsprechende Auftakt-Workshop in unserem Schulungszentrum in Seeheim ist noch heute legendär; die dort gemalten Bilder zu den Themen Service-Orientierung, Kundenbedürfnisse, Qualität, Zusammenarbeit im Team und Arbeiten in und an Prozessen schmücken die Räume des HR-SSC und sind ständige Erinnerung an das Selbstverständnis des Bereiches.

Mit den in den Personalbereichen verbleibenden Mitarbeitern wurde intensiv über die Erwartungen und Möglichkeiten in deren neuer Rolle diskutiert. Viele dieser Mitarbeiter hatten die Administration in den Jahren zuvor als notwendig und sinnvoll akzeptiert und darin einen Teil ihrer Wertschöpfung gesehen. Dieses sollte jetzt plötzlich anders werden; jemand, der einen nicht unerheblichen Teil seiner täglichen Arbeitszeit mit Administration im weitesten Sinne verbracht hat und im Schreiben von Betriebsratsvorlagen, Versetzungen oder Abordnungen, Einstellungsverträgen und Zeugnissen, oder der Gewährung von Darlehen, Sonderurlauben und sonstigen Arbeitsbefreiungen eine Notwendigkeit klassischer Personalarbeit gesehen hat, sollte sich wandeln zu einem Berater von Fachbereichen und Mitarbeitern, zu einem Auftraggeber für ein Shared Service Center und einem Vermittler zukünftiger Entwicklungen. Dieses kann nicht von heute auf morgen gelingen. Lufthansa hat daher – getrieben von der Personalentwicklung – ein Change-Projekt aufgesetzt, in dessen Mittelpunkt ein mehrstufiges Seminar stand, in dem der inhaltliche und organisatorische Wandel in der Personalarbeit diskutiert wurde, das neue Rollenverständnis der Personalmitarbeiter erarbeitet wurde und in der neuen Rolle benötigte Skills aufgefrischt wurden. Das Seminar mit Namen »HR-Excellence« lief mit mehreren Blöcken über insgesamt ein Jahr und wurde von internen Personalverantwortlichen und externen Fachleuten gestaltet.

Die betreuten Mitarbeiter waren von den Veränderungen am wenigsten betroffen. Sie wurden auf allen Lufthansa-internen Kanälen über die Veränderungen informiert. Neben Publikationen wie einem »management aktuell« und mehreren Sonderbeiträgen in der Mitarbeiterzeitschrift »Lufthanseat«, Hinweisen im

Lufthansa Portal eBase und auf den Startseiten der einzelnen Konzerngesellschaften wurden die Mitarbeiter in den teilnehmenden Konzerngesellschaften auch zielgruppenspezifisch durch eine spezielle Information, die der Vergütungsabrechnung beigelegt war, informiert. Die ersten Erfahrungen zeigen, dass sich die Mitarbeiter sehr schnell an die neue Form der Kommunikation und Zusammenarbeit gewöhnt haben. Sie missen im einen oder anderen Fall sicherlich noch ihren Personal-Sachbearbeiter vor Ort, schätzen aber zunehmend die klaren und schnellen Auskünfte und die gute Erreichbarkeit der Ansprechpartner in der Service Line. Selbst die häufig vorhandene Scheu, zunächst mit einer »Maschine« zu sprechen und seine Wünsche zu kanalisieren, schreckt nicht mehr so stark ab; zumindest gehen die entsprechenden Kommentierungen deutlich zurück. Dieses liegt sicherlich sowohl an der Einsicht, sich auch im Personalbereich effizient aufstellen zu müssen als auch an dem zunehmenden Wissen, dass sich nach der Maschine ein auskunftsfreudiger und -fähiger Mitarbeiter meldet, der das Unternehmen kennt und die Frage beantworten kann. Eine sehr hilfreiche Maßnahme hat diesen Prozess unterstützt: Die Fotos aller Mitarbeiterinnen und Mitarbeiter in der Service Line wurden in einem Flyer veröffentlicht und diesem der Vergütungsabrechnung beigelegt. Damit war klar, hier arbeiten Kollegen für Kollegen; Raum für die ansonsten immer wieder beklagte Anonymität von Call Centern bliebt so nicht mehr.

4 Ausblick

Wir haben im Vorangehenden festgestellt, dass die Einheit »HR-Business Services« bei Lufthansa zwei Segmente vereinigt: die transaktionsbasierten Aufgaben werden in der Shared Service-Einheit abgearbeitet, die eher expertisenbasierten Aufgaben werden in den Fachbereichen (Medizinischer Dienst, ...) als »Center of excellence« bearbeitet. Nahziel ist daher sicherlich, beide Segmente prozessual und steuerungsmäßig so aufeinander auszurichten, dass die Einheit bestmöglichen Nutzen für die Konzerngesellschaften bringt. Dazu gehört ganz sicher auch die Umwandlung heutiger Abläufe in ESS/MSS-Szenarien, denn dieses ist die beste Form, Marktverantwortung und Effizienz abzubilden.

Danach – und teilweise parallel dazu – wird das derzeitige Produktportfolio inhaltlich und kundenbezogen weiterentwickelt. Auf der einen Seite sind noch eine Vielzahl interner Gesellschaften nicht angesprochen worden; nicht alle werden die Services nutzen können oder wollen, aber es wird schon davon ausgegangen, dass ein Großteil dieser Gesellschaften von der Dienstleistung überzeugt werden kann, wenn die Preis-Qualitäts-Relation stimmt und sie sehen, dass sich die ursprünglichen Befürchtungen (Verlust von Einfluss und Kontrolle in den Personalliniendiensten, Kosteneinsparungen gehen zulasten der Qualität, . . .) bei den heutigen Kunden nicht realisiert haben. Auf der anderen Seite gibt es neben den heute bereits in der Einheit »HR-Business Services« befindlichen Aufgaben eine Vielzahl weiterer HR-Themen, die dort bearbeitet werden können und sollten; beispielhaft seien genannt: Dienstbekleidungsmanagement, Mitarbeiterbefragungen, die Unterstützung von Auslandsentsendungen, Abwicklung der gesetzlich vorgeschriebenen Sicherheitsüberprüfungen von Mitarbeitern, Abwicklung des Firmenausweis-Bestell- und Verlängerungsverfahrens, operatives Personalmarketing, ...

Neben dieser eher operativen Weiterentwicklung wird es aber auch strategische Entwicklungssprünge geben. Als akzeptierter Dienstleister werden die HR-Business Services in Zeiten, in denen alle Möglichkeiten ergriffen werden, Fixkosten zu sparen, immer mehr in die Rolle eines Problemlösers kommen und dadurch die Rolle der Personalliniendienste weiter verändern. Das Modell Beratung – Betreuung – Administration wird sich zu einem 2-Stufen-Modell verjüngen; die Personalbetreuungsfunktion wird sich aufteilen in Beratungsaufgaben und Shared-Service-Aufgaben. Die Beratungsfunktion wird wesentlicher Bestandteil der Personalarbeit im Unternehmen bleiben, wird aber nicht mehr von Personalmitarbeitern alter Prägung erledigt, sondern zunehmend von Key Accounts, die durchaus auch aus Nicht-Personalbereichen kommen können. Im Gegensatz zu heute wird das möglich sein, da das Fachwissen um Prozesse und Inhalte bei den HR-Business Services liegen wird.

Daneben wird ein »Outside Vendor Management« zunehmend an Bedeutung gewinnen. Ein gut funktionierender HR-Service-Bereich wird nicht alles selbst erledigen, sondern sich bei der Erfüllung spezieller Aufgabenstellungen externer Experten bedienen (so wie bereits heute bei Arbeitnehmerüberlassung). Damit wird sich der Bereich HR-Business Service in seiner Aufgabenstellung und seinem Rollenverständnis wandeln: weg vom anerkannten marktgerecht agierenden Dienstleister, hin zu einem Manager für outgesourcte bzw. zugekaufte Dienstleistungen. Er wird mit eigener Fachkenntnis verantwortlich sein für die Strategie (welche Dienstleistungen werden von wem und wo für welchen Zeitraum zugekauft) und die Performance der Dienstleistungen. Er wird sich – hier möchten wir Anleihe nehmen bei der Lufthansa Cargo, unserem Logistikdienstleister – zu einem Supply Chain Manager entwickeln und verantwortlich sein für das erfolgreiche Zusammenspiel aller Beteiligten in einer Lieferkette. Er wird also Netzwerke gestalten und planen, wird die Ressourcen bündeln und planen und somit über das Management der Lieferantenbeziehungen die Wertschöpfung mit verschiedenen, miteinander verzahnten internen und externen Fachleuten erbringen. Wer dabei am besten und am effizientesten die Kapazitäten zu Marktbedingungen mobilisieren und vernetzen kann, wird der Gewinner sein. Dieses wiederum heißt, dass »alte, vergessen geglaubte« Tools der Prozessoptimierung wieder auferstehen werden, wie z.B. die Refa-Methode.

HR-Business Services wird sich also vom reinen Kostensenker zum Strategiepartner und Effizienzgestalter entwickeln. Inwieweit es dann zu einer Zusammenlegung der Shared Service Center der verschiedenen Ressorts kommen wird (Finanzen, IT, ...), soll hier nicht vertieft werden.

V Change Management bei der Einführung von HR-Shared Services am Beispiel der SAP AG

Andrea Zimmermann

1 Das Unternehmen SAP

Seit die SAP 1972 von vier ehemaligen Mitarbeitern von IBM gegründet wurde, hat sie sich nicht nur zu einem börsennotierten global agierenden Softwareunternehmen mit weltweit 32.000 beschäftigten Mitarbeitern entwickelt, sondern auch zum drittgrößten unabhängigen Softwareanbieter überhaupt. Die SAP entwickelt Softwarelösungen, die betriebswirtschaftliche Geschäftsprozesse für Planung, Logistik, Rechnungswesen, Controlling, Personalwirtschaft und strategische Unternehmensführung und Steuerung unterstützen. Zusätzlich dazu bietet die SAP Services und Support, Beratung, spezifische Kundenentwicklungen, Schulungen und Trainings für ihre Kunden an, was einen weiteren großen Geschäftsbereich der SAP AG darstellt. Die Bandbreite der Produktpalette der SAP deckt eine Vielzahl an industriespezifischen Lösungen ab.

2 Einführung eines Shared Service Centers im HR-Bereich

Die Einführung eines Shared Service Centers in der Personalverwaltung (dem internen Bereich Human Resources) und der Finanzbuchhaltung (Finance and Administration) stellt einen wesentlichen Beitrag zur Umgestaltung dieser beiden internen Verwaltungsorganisationen dar. Die vorliegende Fallstudie wird nur auf die Einführung des Shared Service Centres im Personalbereich Bezug nehmen.

Mit der Einführung von Shared Services im HR-Bereich bei SAP werden Funktionen, Prozesse und Ressourcen, die bisher über viele verschiedene Abteilungen, Bereiche oder Geschäftsstellen verteilt waren, auf einer Plattform konsolidiert, um fest definierte Services in hoher Qualität zu konkurrenzfähigem Preis an interne oder externe Kunden zu liefern.

Die Vision, die SAP damit verfolgt, wird in einem formulierten »Mission Statement« deutlich, das der Leiter des globalen Programm Managements (gleichzeitig oberster Leiter des Personalbereiches) zur offiziellen Ankündigung an alle Mitarbeiter des Personalbereiches zu Projektbeginn Anfang des Jahres 2004 richtete:

»**Wie in** *den letzten Telefonkonferenzen und Informationveranstaltungen zu unserer Globalen HR-Strategie angekündigt wurde, hat das Shared-Service-Programm hohe Priorität für HR. Es wird unser Service-Portfolio für unsere Kunden ergänzen* *und verbessern. Wir werden optimierte und standardisierte Prozesse etablieren und unsere bestehenden Ressourcen zum bestmöglichen Einsatz bringen.«*

Leiter Global HR der SAP AG

2.1 Auftrag und Programm-Governance

Bereits 2003 entschied der Vorstand der SAP AG, bis 2006 Shared Services einzurichten. Den Auftrag der Implementierung von Shared Services in HR bekam eine Projektorganisation, die aus Entscheidungsträgern der Personalabteilung und internen Projektmitarbeitern bestand und von einem externen Beratungsunternehmen mit umfangreicher Shared-Service-Erfahrung unterstützt wurde. In Abbildung 47 ist die Programmstruktur unter Angabe der Funktionen der Projektrollen dargestellt.[1]

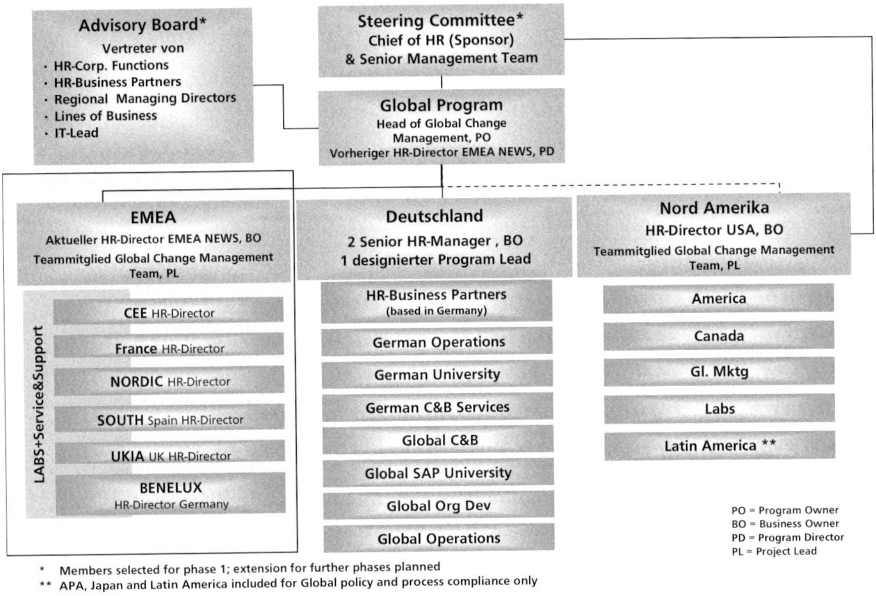

Abb. 47: Programm-Governance-Struktur

Die Bildung von Shared Services wird als wichtiger Beitrag zur erfolgreichen Umsetzung der SAP-Business-Strategie gesehen. Damit der HR-Bereich das Business bei der Erreichung seiner Ziele optimal unterstützen kann, müssen die im HR-Bereich verfügbaren Mitarbeiter mit ihren Fähigkeiten und Kompetenzen effizient eingesetzt werden. Dies bedeutet, dass der HR-Bereich eine grundlegende Veränderung erfährt: Mit der Einführung von Shared Services geht eine Neugestaltung des HR-Modells einher, denn es werden Services in verändertem

1 In Grafiken werden Funktionen und Stellenbezeichnung gemäß den internen Bezeichnungen bei SAP in Englisch angegeben.

Zuschnitt von neuen Lokationen erfüllt und geliefert. Das neue HR-Business-Modell erfordert auch die Schaffung neuer Rollen und Verantwortlichkeiten. Es werden Vereinbarungen zu Übergaben an den Schnittstellen notwendig. Es braucht von der Kundenorganisation Service Level Agreements, zu denen bisherige Prozessowner, die ähnliche Services für ihre Landesorganisationen dezentral geliefert haben, zustimmen müssen.

Damit entsteht ein HR-interner Wandel im Prozessverhältnis: Kunden-Lieferanten-Beziehungen müssen neu definiert werden, sich einspielen und dem neuen Organisationsgefüge und der Ablauforganisation anpassen.

2.2 Treiber für den Aufbau eines HR-Shared Service Centers

Vier Haupttreiber stehen hinter dem Aufbau eines HR-Shared Service Centers bei SAP:

1) Bereits vorliegende positive Erfahrungen von SAP America mit einem Employee Interaction Centre: Hier konnten durchgängig Verbesserungen bei Kundenzufriedenheit, Servicequalität und Service-Accessibility erreicht werden. In Deutschland wurden über die letzten Jahre mehrere lokale Compensation & Benefit Shared Services für die verschiedenen deutschen Tochtergesellschaften eingeführt. Dadurch wurde ein einheitliches und übergreifendes Management von Bonusprogrammen und Lohn- und Gehaltsreviews gewährleistet. Auch im Bereich »Global Mobility« wurden im Vorfeld weitreichende Prozess- und Policyanpassungen über mehrere Regionen hinweg vorgenommen. Weiter wurden seit einigen Jahren verschiedene Governance-Themen identifiziert und für eine Synchronisierung und Anpassung vorbereitet (HR-Datenbasis, Datenmanagement und Reporting).

2) Die Nutzung der SAP-eigenen Software: Das Employee Interaction Centre (EIC) wird als Teil des SAP Customer Relationship Managements (CRM) etabliert. Dies bietet gleichzeitig einen »Showcase« für interessierte Kunden.

3) Reduktion der Kosten und damit Effizienzsteigerungen in Prozessen.

4) Konsistente und vergleichbare Services, die überregionales HR-Management erleichtern.

Zusammengefasst sollen effiziente und qualitativ hochwertige Services den HR-Bereich dabei unterstützen, wertsteigernd für das Kerngeschäft der SAP zu wirken.

3 HR-Transformation: Neues Rollenmodell für HR

3.1 Veränderung der HR-Rollen

Das HR-Shared Service Center bildet eine wesentliche Voraussetzung, damit HR die Transformation von einer administrativen, im operativen Tagesgeschäft gebundenen Personalabteilung zum beratenden Partner des Business erfolgreich bewältigen kann. Dies wird in Abbildung 48 illustriert.

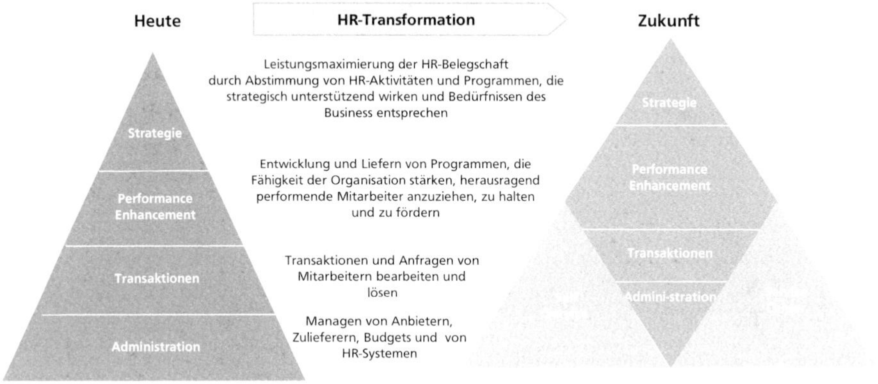

Abb. 48: Die Veränderung der Rollen in der HR-Organisation

Ziel der HR-Organisation ist die effektive und effiziente Unterstützung der Marktwachstumsziele der SAP. Dies bedeutet für die HR-Abteilung, dass sie einen Beitrag leisten muss, um profitables Wachstum bei steigenden regulativen Anforderungen zu unterstützen, die Effizienz und Qualität der internen betrieblichen Abläufe zu steigern und führende HR-Prozesse zu etablieren.

Bisherige Erfahrungen mit Shared Service Center zeigen, dass dieses Konzept enorme Kosteneinsparungen sowie höhere Prozessqualität und Effizienz durch Standardisierung ermöglicht. Die Übernahme von stark transaktionalen Prozessen durch ein Shared Service Center erlaubt einen stärkeren Fokus auf wertschöpfende Tätigkeiten und Entscheidungsunterstützung. Letztendlich wird die erfolgreiche Implementierung des Shared Service Centers ein wichtiges Referenzprojekt für SAP-Kunden sein, die ebenfalls den Aufbau von globalen Shared Service Center planen.

3.2 Kernbereiche des neuen HR-Modells

Die vier Kern-Rollen, die durch Shared Services in HR eingeführt werden, bilden durch ihre klare Verantwortungszuweisung das wichtigste, organisationsgestaltende Element der transformierten HR-Organisation (Abb. 49).

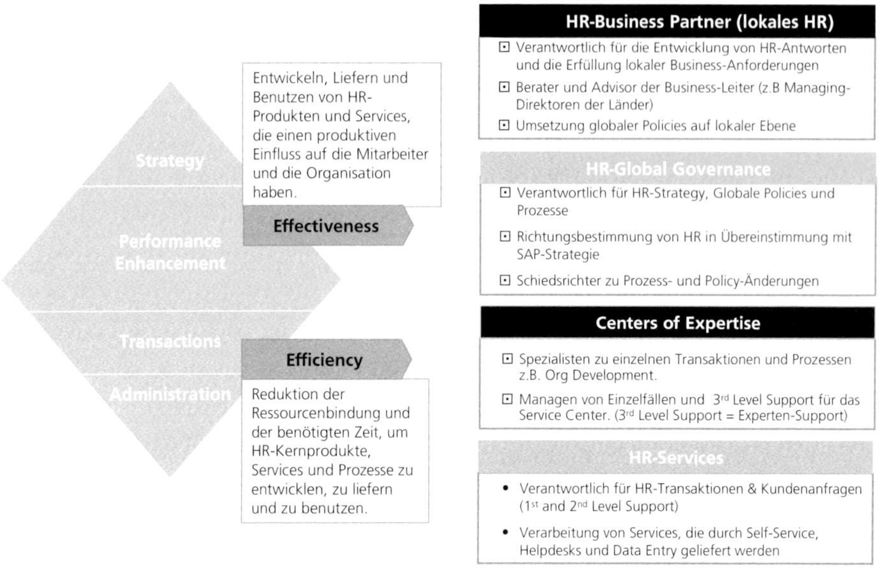

Abb. 49: Die transformierte HR-Organisation basiert auf vier Rollen

Die Verantwortungsverankerung leitet sich aus den vier Hauptpfeilern der HR-Strategie ab und trägt durch ihre konsequente Verfolgung zu durchgängiger Erhöhung von Effektivität und Effizienz innerhalb der HR-Organisation bei.

Vor der Einführung von Shared Services gab es durch die breite Basis im Bereich Administration und Transaktion eine heterogen verteilte, meist dezentrale HR-Organisation, die in vielen Ländern duplizierte Prozesse und Services nach sich zog. Durch die neu entwickelten Rollen und Verantwortlichkeiten entstand eine klare, durchgängige und länderübergreifende Zuweisung von strategischen, transaktionalen sowie administrativen Aufgaben über das gesamte HR in EMEA. Durch die neue Organisationsgestaltung und Rollenverteilung wurde auch die Governance sauber geklärt und eine Verantwortungsdiffusion über Länder hinweg konnte verhindert werden.

Einen Detailüberblick über die Vorteile und Auswirkungen auf die Rollen und Mitarbeiter in HR gibt Abb. 50. Diese Darstellung wurde auch zur internen Kommunikation an die HR-Organisation genutzt.

Was bringt es?

- Veränderte Rollen in HR, die HR als Business Partner stärken
- Neue Karrieremöglichkeiten für HR-Mitarbeiter
- Fokus auf strategische und wertschöpfende Services
- Herausfordernde Verantwortlichkeiten für HR-Manager
- Mehr Zeit für »Kunden«
- Kontrollierbarkeit von HR-Service-Kosten

Was ist die Auswirkung?

- Breites HR-Service-Portfolio
- Neue Zugangskanäle zu HR-Services
- Gebündelte und Hamonisierte HR-Prozesse
- Verbesserte und zugeschnittene Service Levels
- Organisatorische Veränderungen
- Re-allocation und Re-deployment von Mitarbeitern
- Standardisierte Services

Abb. 50: Durch Shared Service erwirkte Veränderungen und ihre Auswirkung

4 Engagement Model der HR-Organisation

Im Engagement Model wird die Interaktion der neuen HR-Organisation mit bestehenden Organisationseinheiten definiert und beschrieben. Es definiert auch die Interaktionen innerhalb des neuen Organisationsmodells. Dies wird durch die Einführung der neuen Rollen und Verantwortlichkeiten notwendig. Es illustriert einerseits die Erklärung des Engagements der Rollen und Verantwortlichkeiten untereinander und ist in die HR-interne Kommunikation integriert. Andererseits dient es als Erklärungs- und Strukurierungsmodell, das außerhalb von HR die HR-internen Abläufe und Verantwortlichkeiten darstellt und die Interaktion und Schnittstellen zum Business verdeutlicht. Das Engagement Model stellt neben diesen Elementen auch die Abläufe dar, wie Services von HR zum Business geliefert werden, und wer an diesen Servicelieferungen beteiligt ist (vgl. dazu Abb. 51).

Die Bedeutung des Engagement Models für Mitarbeiter, Linienmanager und Executives:

- **Mitarbeiter** erledigen die Mehrzahl ihrer HR-Transaktionen und Anfragen durch eine Kombination von telefonischen Direktanfragen an das EIC (Employee Interaction Centre) im Shared Service Center und über die ESS Plattform (Employee Self Services) (z.B. Policy-bezogene Anfragen und Änderungen persönlicher Daten).

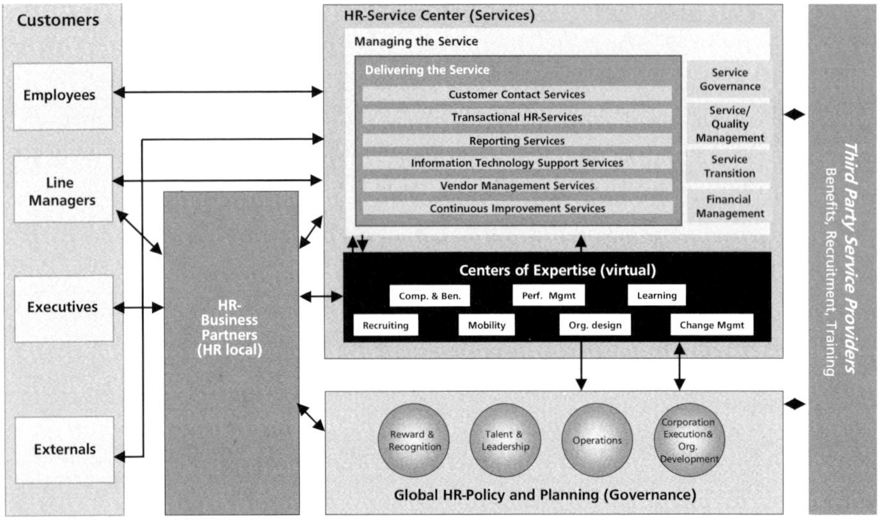

Abb. 51: Engagement Model der HR-Organisation

- **Linien-Manager** stoßen ihre HR-Transaktionen über die HR-Business-Partnern an (z.B. Authorisierung von Recruiting-Anfragen oder Abstimmungen von vertraglichen Änderungen).
  Änderungen der persönlichen Daten können Linien-Manager (analog Mitarbeitern) in einer Kombination von ESS und EIC vornehmen.
- **Executives** arbeiten eng mit den HR-Business-Partnern zusammen, um Business-Wachstumspläne, Organisationsveränderungen oder Talent-Management-Fragen zu diskutieren. Die HR-Business-Partner lösen daraufhin über das Shared Service Centre oder die Globalen Funktionen entsprechende Arbeitsprogramme aus. Für Änderungen eigener persönlicher Daten nutzen Executives ebenfalls eine Kombination von ESS und EIC.

4.1 Grundprinzipien des Engagement-Prozesses

Die Grundprinzipien des Engagement-Prozesses mit Kunden innerhalb des neuen Operating Models sind:

- Der »first point of contact«, um Transaktionen zu starten, ist das EIC (Employee Interaction Centre). Dies erlaubt ein proaktives Servicemanagement.
- Wann immer möglich, werden elektronische Kommunikationskanäle benutzt, um mit Linien-Managern und Mitarbeitern zu kommunizieren.
- Der Workflow ist die bevorzugte Methode des Prozessmanagements.

- HR-Business-Partner werden über alle Transaktionen gemäß dreier Prioritäten informiert:
  - Sofort und in »Echtzeit« bei Prozessen, in denen sie aktiv involviert sind oder unmittelbar handeln müssen (z.B. bei Budget-Authorisierungen).
  - Bei regelmäßigem Reporting (monatlich und wöchentlich) bei Prozessen, in denen Wissen über Trends und Volumen nützlich ist (z.B. Mitarbeiter-Anfrage-Analysen).
  - Es gibt keine Benachrichtigung zu Transaktionen, die keinen Wertbeitrag zur Rolle eines HR-Business-Partners leisten (z.B. Veränderungen von persönlichen Bankverbindungen).
- HR-Business-Partner werden mit Linien-Managern und Executives in die Mehrzahl der Transaktionen involviert. Manche (z.B. disziplinarische) erfordern ihr direktes Involvement.
- Online-Kundenzufriedenheitsumfragen werden bei abgeschlossenen Transaktionen durchgeführt.
- Die Mehrzahl der Transaktionen für den Pilot Service wurden in Deutsch oder Englisch durchgeführt, außer es ist durch lokale Gesetzgebung anders erforderlich (z.B. Verträge in Frankreich und Spanien).

4.2 Kernbereiche des neuen Organisationsmodells

Die größte Organisationseinheit (Abb. 52) wird durch die Prozess-Spezialisten und Prozess-Team-Koordinatoren repräsentiert, die die transaktionalen Services sicherstellen. Diese Einheiten bilden die Basis für das Kerngeschäft des Shared Service Centers. Die zweitgrößte Einheit stellen die Centers of Expertise (CoE) dar, die sich aus Beratern und Leitungsfunktionen zu den jeweiligen Themen zusammensetzen. Diese Leitungsfunktionen der CoEs berichten zusätzlich zu ihrer direkten Berichtslinie an die Leitung des Shard Service Centers, in »dotted-line« an die Globalen Funktionsleiter ihrer thematischen Schwerpunkte ihres CoE. Damit ist eine Synchronisierung mit globalen Richtlinien, Neuentwicklungen und Standards gesichert. Da die Leitung des Shared Service Centers mit ihrer direkten Berichtslinie an den Bereich HR-Operations im Globalen HR-Bereich berichtet, ist auch hier eine enge Abstimmung gegeben und Anlehnung an globale Regeln und Abläufe der HR-Operations gewährleistet.

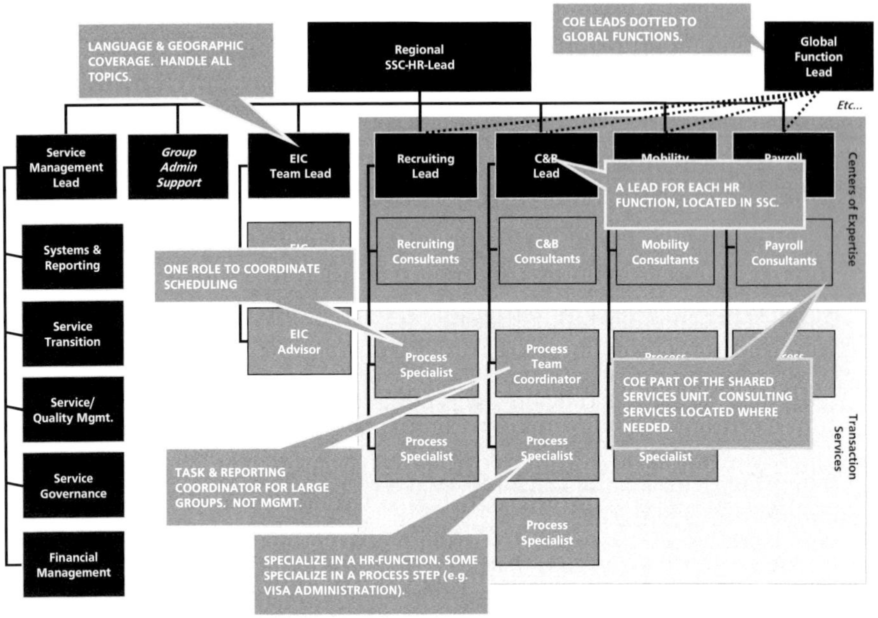

Abb. 52: Illustratives Organisationsmodell des Shared-Service-Centers

5 Projekt- und Change Managements innerhalb des Shared-Service-Projekts

5.1 Implementierungs-Roadmap

Die Basis-Projektphasen bestanden in 3- bis 6-monatigem Technikaufbau und Rollout sowie der 2- bis 3-monatigen Migration der Services. Vor Beginn der Migration gab es eine einwöchige Reviewphase, um sicherzustellen, dass die Dokumentation, technische Erfordernisse sowie organisatorischen Notwendigkeiten erfüllt waren. Nach der Migration gab es eine knapp 4-wöchige Stabilisierungsphase. Dies sind als wichtigste gestaltende Grundelemente des Projekts immer wiederkehrende Kernelemente, die jede Servicemigration in jedem Land definierte, ordnete und begleitete. Für jeden Service, der migriert wurde, gab es ein dediziertes Teilprojektteam, das eigenverantwortlich die Migration durchführte und umsetzte. Die wichtigsten Meilensteine innerhalb einer Migration sind die Kick-off-Termine in den Ländern zu den einzelnen Services, die Sign-off-Termine nach der Migrationsvorbereitung (Technikaufbau und Rollout) und das Go-live der Migration als offizielle Übergabe der Verantwortlichkeit für die Servicelieferung an das Shared Service Centre. Für das Projekt ist ein weiterer wichtiger Termin der Abschluss der Stabilsierungsphase im Shared Service Center. Damit ist die Projektbegleitung für einen Service durch Vorgaben und Ressourcenunterstützung vollständig abgeschlossen. In Abb. 53 stellt die generische Implementierungs-Roadmap dies in der zeitlichen Abfolge exemplarisch dar.

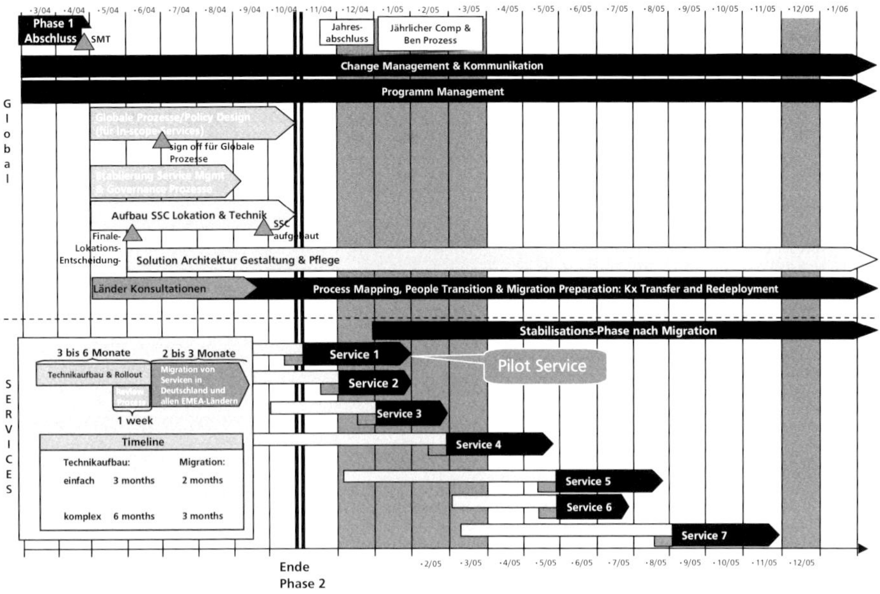

Abb. 53: Generische Implementierungs-Roadmap

Change Management und Kommunikation sind in Form einer fortlaufenden Projektbegleitung vorhanden. Die Roadmap veranschaulicht, dass es sich bei der HR-Shared-Service Implementierung um eine Aneinanderreihung mehrerer Servicemigrationen handelt.

Jede Migration für sich benötigt eine aussagekräftige, erklärende und informativ erschöpfende Kommunikation an die von der Migration betroffenen Zielgruppen. Jede Service-Migration wurde zudem durch auf die betroffenen Mitarbeiter und Führungskräfte zugeschnittene Change-Management-Maßnahmen begleitet.

5.2 Change-Management-Architektur

Durch die wechselnden Schwerpunkten des Projektverlaufs unterscheiden sich auch die Change-Management-Maßnahmen stark voneinander und zeigen im Rückblick die aus dem Projekt entwachsene Reifung der Organisation und ihrer Mitarbeiter. Im zeitlichen Verlauf des Projektes lässt sich dies an den verändernden Charakteristika der Schwerpunktthemen und Maßnahmen erkennen (vgl. dazu die Gesamtübersicht der Change-Architektur in Abb. 54).

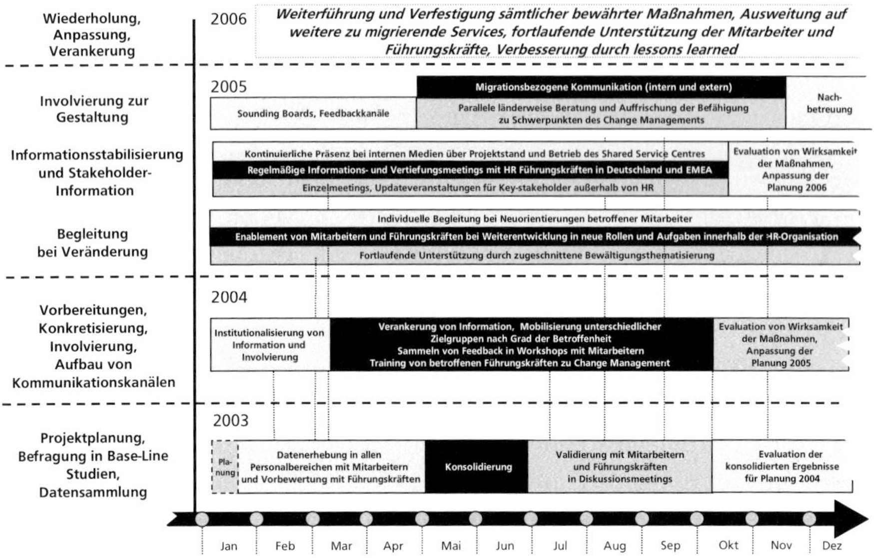

Abb. 54: SAPs HR-Shared-Services-Change-Management-Architektur

5.2.1 Prämissen und Phasen der Change-Architektur

Es können drei aufeinander folgende Hauptphasen der Change-Management-Architektur beschrieben werden (Abb. 55):

- Vorbereitung und Aufbau,
- Mobilisierung und Stabilisierung,
- Befähigung und Verankerung.

In diesen drei Phasen wiederholen sich von der Gestaltung der Architekturelemente die Prämissen »Informieren, Begleiten, Gestalten«. Diese Prämissen entsprechen dem Grundverständnis, welches die Change-Management-Begleitung in der Gestaltung des Veränderungsprozesses prägend einbringt.

5.2.2 Ausgewählte Architekturelemente von Change-Maßnahmen

Um die Kernelemente der einzelnen Phasen zu konkretisieren, sind in Abb. 56 beispielhaft Auszüge von besonders charakteristischen und wirkungsvollen Change-Maßnahmen aufgezeigt: Diese beispielhafte Darstellung einzelner Elemente orientiert sich an Stärke der Wirksamkeit für die involvierten Teilnehmer, Umfang der Maßnahme sowie ihrem Aufwand und dem nachfolgenden positiven Feedback darüber.

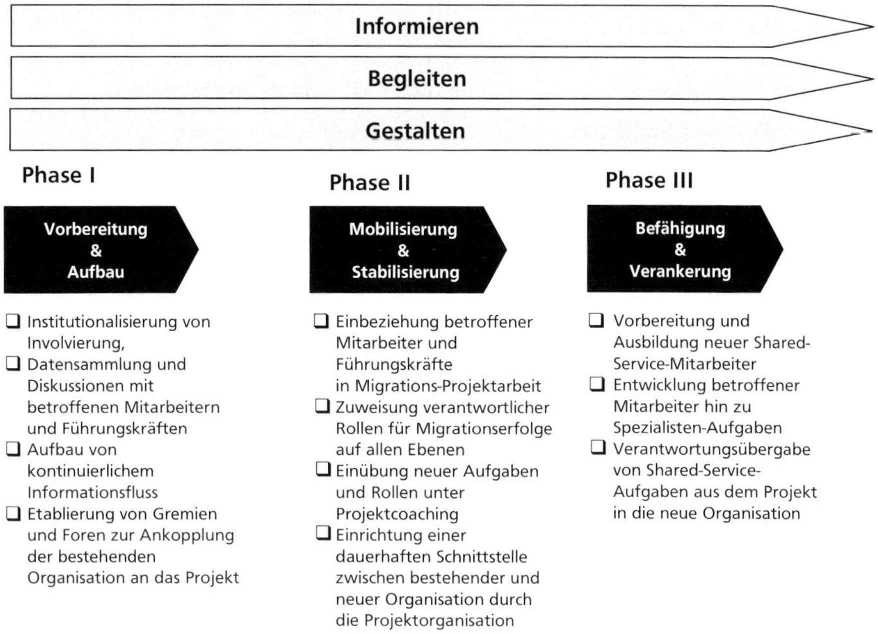

Abb. 55: Prämissen und Phasen der Change-Architektur

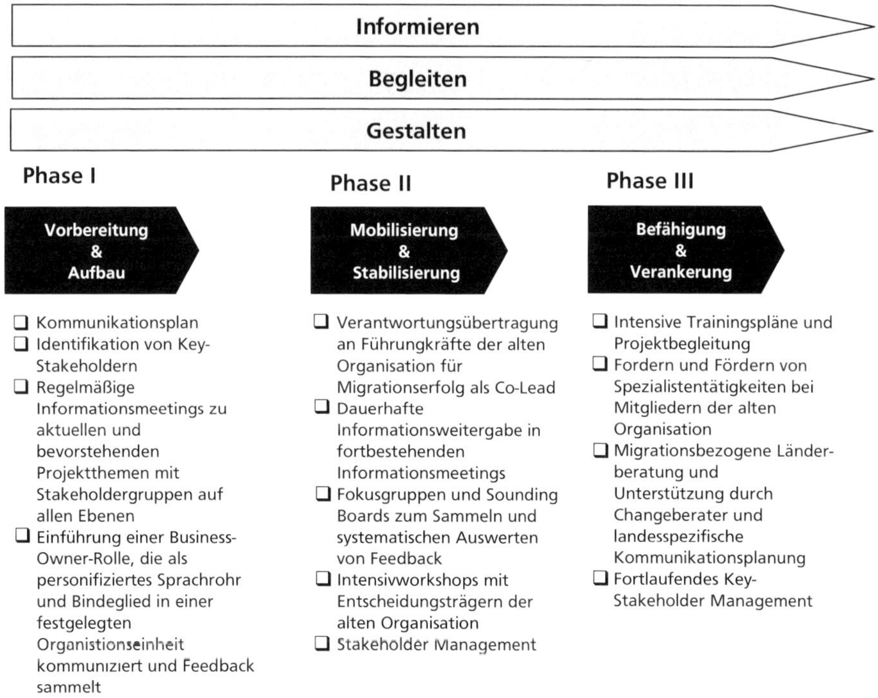

Abb. 56: Beispiele ausgewählter Architekturelemente der Change-Architektur

Auszugsweise sollen hier nun einzelne dieser Maßnahmen ausführlicher dargelegt werden:

Phase 1: Regelmäßige Informationsmeetings zu aktuellen und bevorstehenden Projektthemen mit Stakeholdergruppen auf allen Ebenen

Regelmäßige Meetings mit allen HR-Linien-Managern der SAP AG in Deutschland

Diese Meetings wurden monatlich mit allen Linien-Managern des HR-Bereiches durchgeführt. Eine Schwierigkeit bestand darin, dass der Informationsbedarf und die Intensität der Betroffenheit innerhalb der Gruppe sehr unterschiedlich waren. Nach einem allgemeinen für alle Anwesenden relevanten Teil wurde deshalb ein spezieller Teil angehängt, der für HR-Manager interessant war, die von einer der nächsten Migrationen betroffen sein würden oder deren Bereich enger mit dem Shared Service Centre oder dem Projekt zusammenarbeitete. Abb. 57 zeigt eine Beispielagenda des HR-Manager Meetings.

General part with relevance for all *high-level information & raised issues by group*	Presenter
Target audience: all	Time: 15:00-16:00
News from the project: staffing, organization, plan	PMO
Customer Feedback & Scoreboard	Team Lead Mobility
Misc. topics in case of updates	Responsible Teamlead

Special part with relevance for more impacted	Presenter
Target group: Managers actually or soon in Migrations (GFLs) & HR BP Managers	Time: 16:00-17:00
Collection of Feedback from the HRBPS about ShS in their teams	Change Management
Exchange on experiences from "Managers in Migrations"	HR Manager

Abb. 57: Beispielagenda eines HR-Manager Meetings

Phase 2: Zwei beispielhafte Elemente des Stakeholder Managements

Wöchentliche Telefonkonferenzen mit den HR-Direktoren in EMEA

Während des gesamten Shared-Service-Projektes wurden zwei wöchentliche Telefonkonferenzen mit den HR-Direktoren der Länder in EMEA durchgeführt. Diese hatten zum Ziel, die HR-Verantwortlichen über den aktuellen Projektstatus zu informieren und ihnen damit Material für die Kommunikation an ihr Management-Team und ihre Mitarbeiter zur Verfügung zu stellen. Einzelne aktuelle Projekt- oder Migrationsthemen konnten auf diese Weise mit ihren Expertenvertretern auf den Telefonkonferenzen vertreten sein. Da der Großteil dieser Kommunikation virtuell ablief, gaben manche HR-Direktoren das Feedback, dass die Mitarbeiter des Projektes ihnen nicht ausreichend bekannt seien und sie Themen nicht »Gesichtern zuordnen« konnten. Dieser Unsicherheitsfaktor konnte mit der Ergänzung der Agenda durch eine »Your Host today«-Folie mit Bildern der Referenten und Rollenbeschreibungen ihrer Aufgaben auf bildhafte Weise vermindert werden (Abb. 58). Die Stimme in der virtuellen Telefongemeinschaft erhielt damit ein Gesicht, dem auch eine entsprechende Rolle und Verantwortlichkeit zugeordnet werden konnte.

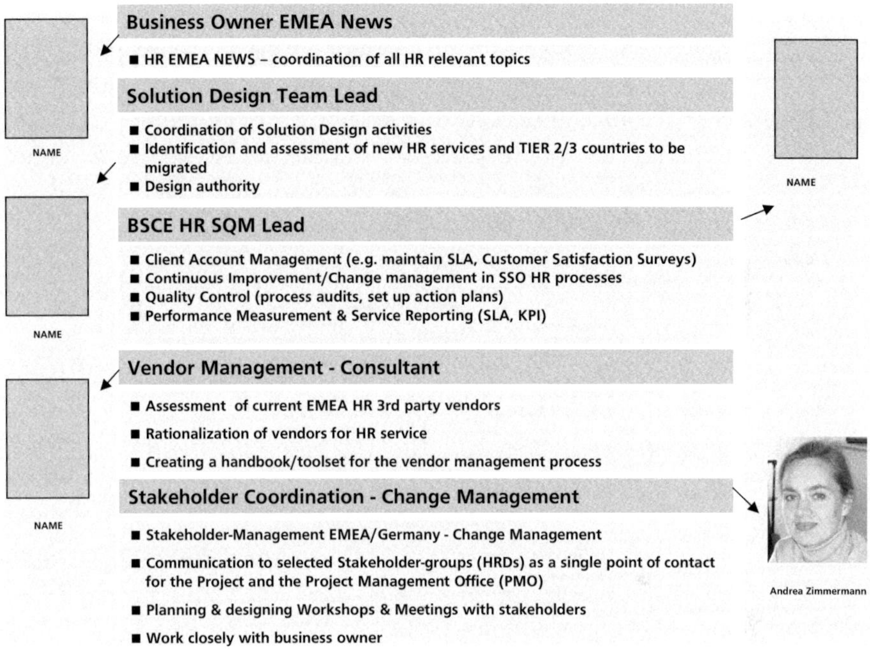

Abb. 58: Beispiel zur Transparenzerhöhung für virtuelle Meetings: »Your host today is«

Involvierungs Workshops: regelmäßige HRD Konferenzen

Durchschnittlich dreimal jährlich gab es Konferenzen der HR-Direktoren aus EMEA, die die jeweiligen HR-Direktoren der Regionen als Gastgeber ausrichteten. Da für die Region EMEA HR-Shared Service eines der zentralen und kontinuierlichen Themen seit Beginn des Projektes darstellt, hat das Thema HR-Shared Service dort immer wieder einen festen Platz im Programm eingenommen.

Im Sommer 2005 fand ein ganzer Tag mit dem Schwerpunkthema HR-Shared Service für die HR-Direktoren der Länder statt, mit dem Ziel sich nochmals die Verknüpfung zwischen Strategie und HR-Shared Service zu vergegenwärtigen und sich über ihren Beitrag in diesem Transformationsprozess auszutauschen. Bedeutsame Elemente dieser Thematik wurden in Breakoutsessions mit Kleingruppen erarbeitet und so intensiv thematisiert und unter Moderation ausgetauscht: »Bedeutung für die eigene Rolle, Veränderungen für die HR-Organisation im Land, Auswirkungen der veränderten Rollen auf Verantwortlichkeiten und Konsequenzen daraus, Lessons learned von Managern in Migrationen«. Damit wurde den europäischen HR-Direktoren und dem Projektteam ein geeignetes Forum geboten, die aktuellen Themenstellungen, die aus der HR-Transformation durch Shared Services entstehen, interaktiv zu bearbeiten. Die Abb. 59 zeigt die Agenda der HR-Direktoren-Konferenz, die als Workshop gestaltet wurde.

Topics	Discussion Points	Presenter	Time
Welcome & Agenda	• What we do today • Time for indivudal talks, calls, meetings	A. Zimmermann	08:00-08:15
EMEA NEWS Strategy	• The strategic direction for EMEA NEWS	CFO EMEA NEWS	08:15-09:00
HR Strategy	• HR Mission for 2005+HR Strategy: Global HR	Lead Global HR	09:00-10:00
Coffee Break	• Time for Individual meetings, emails & calls	All	10:00-10:30
What business expects from HR	• **Expectations from Development**	HRBP Manager SAP Labs	10:30-11:00
HR Strategy *(Breakoutsession)*	• *Implications for Roles: »Cascading it down«* • Sharing Results		11:00-12:00
Lunch		All	12:00-13:00
Shared Services Status and Updates	• Key Achievements • Project update • Outlook & Planning	Program Lead	13:00-14:00
Experiences I Shared Services Project from several perspectives *(Breakoutsession)*	• *Exchange on Lessons Learned* ***from HRDs Perspective, Business Perspective, HR BP Manager Perspective, HR BP Perspective, HR BO Perspective*** • »Profit & Loss«, »What's in it for me«, Links between the Roles/Functions, How to close Gaps	All	14:00-15:00
Coffee Break	• Sharing results: Visit the fair!	All	15:00-15:30
Experiences II	• Lessons Learned from **Managers in Migration** • Mentoring-peers	Managers in Migrations	15:30-16:30
People Management	• The People Management Framework	HR BP Manager	16:30-17:00
Meet the project	Q&A and Discussion with Members of the Project Team	All	17:00-18:00

Abb. 59: Workshop-Agenda für HR-Direktoren

Im Rahmen der ersten Breakoutsessions dieses Workshops wurden in Kleingruppen die Bedeutung von HR-Shared Services für die HR-Direktoren-Rolle bearbeitet: »Implications for Roles: cascading it down«. Hierzu wurde ein vorstrukturiertes, vorausgefülltes Template ausgeteilt, anhand dessen sich die Teilnehmer orientieren konnten. Die Aufgabe war es, die eigene Rollenbeschreibung nach erfolgreicher Implementierung von Shared Services zu erstellen: Die Kleingruppe bekam ein leeres Template als Arbeitsmaterial. Der Moderator dokumentierte die Kernelemente an einer Metaplanstellwand, die dem Template der Arbeitsmaterialien entsprach. Abb. 60 und 61 zeigen diese Vorlagen.

1. General description

- Manages and optimizes .... thereby focusing on strategic aspects of resource management, organization and controlling,...........

2. Tasks

General tasks:

- Contributes to the economic targets of the SAP Group
- Develops, implements and optimizes .... (i.e. structures, processes, systems)
- Defines and implements (e.g.policy/guideline in collaboration with......)
- Ensures human resource planning, development and professional management of key positions within .... on a global and regional level
- Ensures a consistent controlling of .... activities (in collaboration with Corporate Controlling/ ......)
- Benchmarks ....against best practices
- ...

2. Tasks (continued)

Managerial tasks:

- Appoints and dismisses .... staff
- Defines individual targets with directly assigned staff (......)
- Coordinates and monitors activities of directly assigned staff (.......)

Professional tasks:

- Develops .... strategy/ targets and derives regional/ ...... targets
- Supports .... in development and implementation of .... strategies (i.e. ......in coordination with ....)
- Consolidates reporting from regions/reports according to specified 'reporting lines'
- Organizes and heads defined meetings on a global level
- ...

Special tasks:

- ...

3. Meetings

- 1:1 with Global HR BO Lead
- Global HR Leadership meetings (quarterly)
- Bi-weekly EMEA TelCo's
- Individual Meetings with key stakeholders
- 1:1 with MD

4. Main contacts

- Board Member
- MD
- ....

Abb. 60: Struktur einer Rollenbeschreibung

1. General description

2. Tasks

General tasks:

2. Tasks (continued)

Managerial tasks:

Professional tasks:

Special tasks:

- ...

3. Meetings

4. Main contacts

- ....

Abb. 61: Vorlage für die Rollenbeschreibung

Die zweite Breakoutsession diente dem Erfahrungsaustausch zu »Lessons Learned« aus verscheidenen Perspektiven. Es wurden Kleingruppen gebildet, und die HR-Direktoren konnten so die zu bearbeitende Aufgabe wählen. Sie konnten die eigene HR-Direktoren-Perspektive, die Business-Perspektive, die Perspektive der HR-Business-Partner, der Linien-Manager oder der HR-Business Owner bearbeiten.

Abb. 62 zeigt dieses Arbeitstemplate. Es wurde den Gruppen als Poster auf einer Metaplanstellwand als Dokumentationsstruktur und Muster zur Verfügung gestellt und von einem Moderator mit der Gruppe zusammen ausgefüllt.

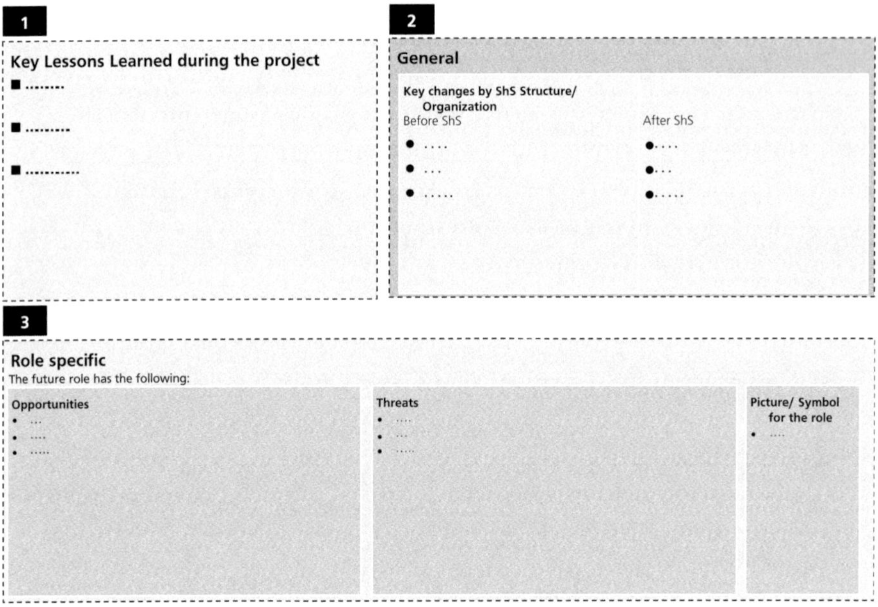

Abb. 62: Vorlage zu Breakoutsession II: Lessons learned

Moderationsbeispiel zu Workshop »Manager in Migrations – Lessons learned«

In dem Agendapunkt »Experiences II« trugen die Manager, die bereits Migrationen durchgeführt hatten oder sich mit ihrem Team in einer solchen befanden, ihre Erfahrungen dem Auditorium vor. In einem Workshop waren die »Lessons learned« einige Wochen zuvor mit ihnen aufgearbeitet und zusammengefasst worden.

Die Dramaturgie des ursprünglichen Workshops bestand aus einem 2-stündigen Design, in dem jeder Manager für sich den Prozessverlauf von der initialen Information, von der Shared Service Migration im eigenen Team betroffen zu sein, bis zum heutigen Tag reflektierte und die erlebten Hoch- und Tiefpunkte beschrieb und an einer Metaplanwand dokumentierte. So zeichnete jeder Manager seine individuelle Verlaufskurve und heftete an die Hoch- und Tiefpunkte erklärende Metaplankarten. Im Anschluss daran präsentierte jeder von ihnen seine Kurve. In einer gemeinsamen Diskussionsrunde erarbeitete der Moderator mit den Teilnehmern die für die Hochpunkte begünstigenden Erfolgsfaktoren und erfragte mögliche Hilfestellungen zu den Tiefpunkten. Dieser ressourcenorientierte Austausch fand mit allen Teilnehmern zusammen statt, was eine Atmosphäre des gegenseitigen Unterstützungswunsches erzeugte und Ermutigung zur Weitergabe von Tipps und Tricks bewirkte. Da die Teilnehmer diesen Austauschprozess als sehr bereichernd und unterstützend empfanden, schlugen sie vor, den internationalen Kollegen einen solchen Workshop anzubieten. Daher bot es sich an, die Erfahrungen der Gruppe an der HR-Direktoren-Konferenz weiterzugeben. Abb. 63 zeigt die Anmoderation zu diesem Programmpunkt auf der Agenda des HR-Direktoren-Workshops.

Experiences II	• **Lessons Learned from** Managers in Migration • Mentoring-peers	Managers in Migrations	15:30-16:30

- **We conducted a Workshop with »Managers in Migrations« to share experiences about the process during migration:**
  - **from a leadership perspective**
  - **regarding team dynamics**
  - **Impact of own behavior/attitude (e.g. regarding resistance)**
- **We discussed lessons learned: what was helpful, what was hindering (behaviors/actions/attitudes)**
- **Purpose: sharing of general recommendations for managers in migrations & reflect the processes**

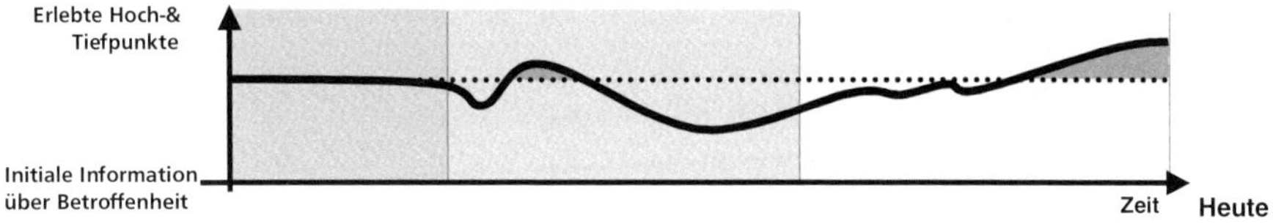

Abb. 63: Erfahrungsaustausch »Manager in Migrations-Workshop«

Phasen 2 & 3:

Im Zentrum dieser Phasen stand aus Change-Management-Sicht die »migrationsspezifische« Beratung der hauptbetroffenen HR-Führungskräfte des von der nächsten Migration betroffenen Landes.

Dies wurde im Rahmen eines telefonischen Kick-offs zu den Themen Kommunikation und Changemanagement durchgeführt, nachdem die Migrationsteams in den jeweiligen Ländern den projektseitigen Kick-off veranstaltet hatten. Teilnehmer der Telefon-Kick-offs waren seitens des Projektes der Change-Management Teamlead, der Verantwortliche für das Thema Kommunikationsplanung und der Country-Migration-Lead. Aus der lokalen Organisation waren der HR-Direktor und gegebenenfalls sein Vertreter eingeladen. Abb. 64 zeigt beispielhaft eine Agenda des Länder-Kick-offs zu Change und Kommunikation.

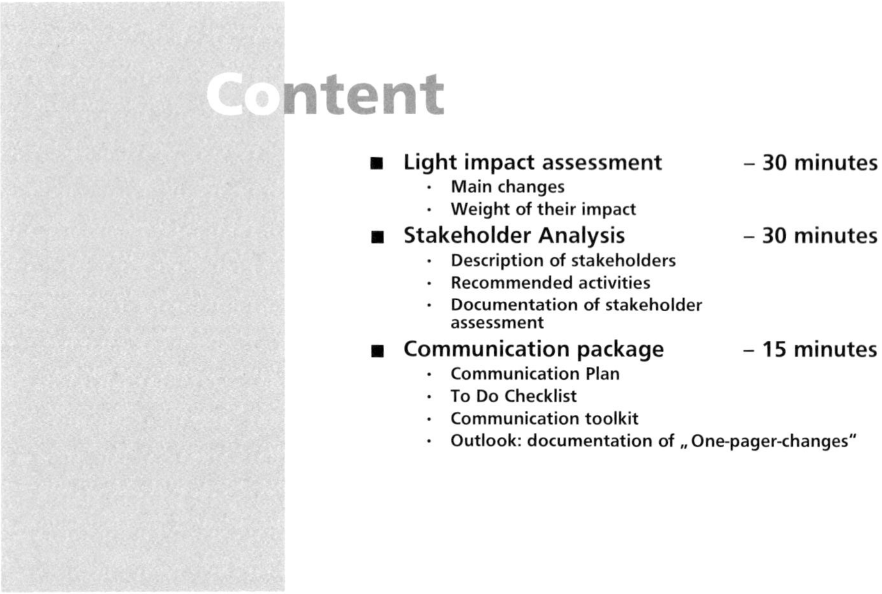

Abb. 64: Agenda Country Kick-off »Change and Communication«

Im Change-Kick-off wurde ein genereller Überblick über die Change- und Kommunikationsplanung (Abb. 65) für das jeweilige Land gegeben und der HR-Direktor hinsichtlich der Bedeutung der Veränderung und ihrer Auswirkungen auf seine HR-Organisation beraten (Impact-Analyse). Es wurde zudem eine High-level-Stakeholderanalyse mit ihm über seine Organisation durchgeführt, um Ergebnisse daraus unmittelbar in die Kommunikationsplanung für das jeweilige Land aufnehmen zu können. Bei einem weiteren Termin wurde dann der länderspezifische Kommunikationsplan im Detail abgestimmt.

6 Lessons learned

Die vorangestellten Beispiele des Change Managements haben ihren Schwerpunkt in der Interaktivität und Involvierung einer Auswahl zu informierender Rollenträger: in erster Linie Führungskräfte der HR-Organsiation, die von der Migration unmittelbar betroffen sind.

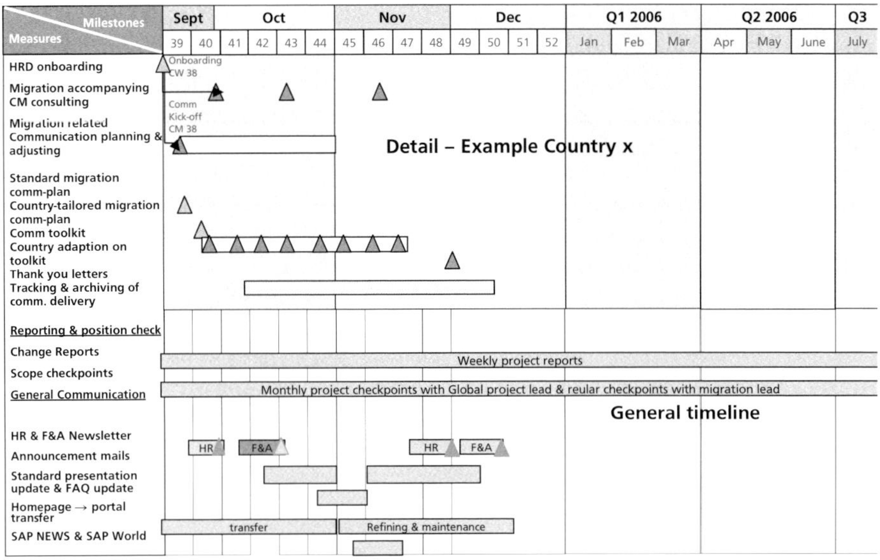

Abb. 65: Beispiel einer länderspezifischen Change- und Kommunikationsberatung

Der Gestaltung dieser Maßnahmen mit Involvierungs- und Interaktionscharakter liegt die Annahme zugrunde, dass eine erfolgreiche, reibungslose und verantwortungsvolle Migrationsmitgestaltung durch die betroffenen HR-Direktoren und HR-Manager nur möglich sein kann, wenn den Betroffenen zunächst Gelegenheit und Zeit gegeben wird, die Bedeutung der Transformation zu verstehen, zu begreifen und zu reflektieren. Dies ist umso wichtiger, da die Veränderung in ihrem bisher selbstverantworteten Organisationsbereich im Land eingreift. Die Erfahrung in diesem Projekt hat gezeigt, dass es den betroffenen Personen immer dann leichter gelang, die anstehenden Veränderungen zu begreifen, wenn die Möglichkeit zum Dialog und zur Interaktion gegeben war. Die Ausgestaltung des Dialogs und der Interaktion kann dabei verschiedene Formen annehmen: Übernahme einer aktiven Rolle im Projekt, Erarbeitung von relevanten Inhalten oder Anwesenheit bei Veranstaltungen. Ein weiteres Hilfsmittel zur Interventionsgestaltung stellen hypothetische Fragen im Rahmen der Impact Analyse dar wie beispielsweise: Was wird sich durch die Implementierug von Shared Services in Ihrem Organisationsbereich verändern? Ein solcher Frageprozess setzt eine Reflektion in Gang, die dazu führt, Verantwortung zu übernehmen und sich solche konkreten Veränderungen vorzustellen und von verschiedenen Perspektiven zu beleuchten. Dies ist ein anderer Ansatz, als Veränderungen nur zu erklären und die intendierten Veränderungen auf Folien abgebildet und geschrieben zu verschicken und abschließend zu hoffen, dass diese verstanden werden. Die Wahrscheinlichkeit, dass per E-mail versendetes Informations- und Kommunikationsmaterial vollständig gelesen (und in der Breite und Tiefe seiner Bedeutung verstanden) wird, ist gering. Vor allem in Anbetracht der Tatsache, dass es sich bei diesem Thema oft nur um eines von vielen handelt. Damit liegt das Thema und somit auch das Projekt in Konkurrenz zu anderen wichtigen Themen, die der HR-Manager auf den Tisch bekommt und eine Auseinandersetzung mit den tatsächlichen Auswirkungen der Organisations- oder Rollenveränderung findet kaum umfassend statt.

Ein wirkungsvoller Beitrag, den eine Change-Begleitung hier liefern kann, ist es, den Betroffenen wiederholt die fundamentale Frage zu stellen: »Was bedeutet diese Veränderung – mit generellen und speziellen Fragen – für Sie konkret?« Ziel ist es, den Befragten auf dem Weg zu seiner Antwort und den sich weiter daraus ableitenden Antworten – aber auch bei der Findung von Lösungsoptionen für weitere Fragen z.B. für die Organisation – zu begleiten. Wenn dies in Interaktion mit anderen, ebenfalls Betroffenen geschieht, entsteht ein stabiles Netzwerk, das länderübergreifenden Austausch fördert und den Teamgedanken festigt.

VI Aufbau eines HR-Management Consultings und HR-Center of Competence am Beispiel der Swisscom Fixnet AG

Christoph Abplanalp/Marcel Oertig

1 Das Unternehmen Swisscom Fixnet AG

Swisscom Fixnet ist innerhalb der Swisscom-Gruppe die größte Gesellschaft und seit dem 1. Juli 2002 eine eigenständige Aktiengesellschaft. Im Markt für Festnetzkommunikation ist sie in der Schweiz Marktführerin. Sie plant, baut und unterhält die Netzinfrastruktur und verkauft ihre Netz- und Dienstleistungen an Privatpersonen und Unternehmen kleinerer und mittlerer Größe und an Wiederverkäufer. Unter der Marke Bluewin bietet Swisscom Fixnet umfassende Internet-Services und Breitbanddienste für das vernetzte Zuhause an.

Folgende Bereiche sind unter dem Dach von Swisscom Fixnet angesiedelt:

- Residential (Produkte und Dienstleistungen rund um Festnetz und Internet für Privatpersonen)
- Small & Medium Enterprises (Produkte und Dienstleistungen rund um Festnetz und Internet für kleinere und mittlere Unternehmen)
- Swisscom Fixnet Wholesale (Netzbetrieb und Netzleistungen für Wiederverkäufer)
- Customer Care (Kundendienst, Auskunftsdienste)
- Payphone Services (öffentliche Sprechstellen)

Ihre Kunden berät Swisscom Fixnet vor allem über ihre Contact Center, in den Swisscom Shops und im Swisscom Online-Shop.

Swisscom Fixnet umfasst zudem zwei Tochtergesellschaften, die als eigene Einheiten auftreten: Swisscom Directories AG (Verzeichnisse) und cablex AG (Bau und Unterhalt Leitungsnetze).

Auf dem Weg zur Multimedia-Anbieterin setzt Swisscom Fixnet auf die Breitbandtechnologie. Mit dieser Technologie kann Swisscom Fixnet künftig Telefonie, Internet und Fernsehen aus einer Hand anbieten.

Swisscom Fixnet in Zahlen

(Auszug aus dem Jahresbericht 2005 der Swisscom-Gruppe)

- Mitarbeitende (Vollzeitstellen): 7.118
- Nettoumsatz 2005 (konsolidiert): CHF 5.308 Mia.

- Privatkunden (Stand 31.12.05): 2.900 Mio.
- KMU-Geschäftskunden (Stand 31.12.05): 290.000

2 Entwicklung der bisherigen HR-Organisation

Die Entwicklungsstufen des Human Resources Managements von Swisscom Fixnet lassen sich grob in drei Stufen einteilen:

Stufe 1 (bis 2000):

Mehrheitlich geographisch organisierte HR-Personalabteilungen, die neben der Personaldatenpflege die Kernprozesse der Personalgewinnung, -beurteilung -entwicklung, -honorierung und -trennung dezentral begleitete. Zentral geführt wurden gewisse Kompetenzzentren für Sozialpartnerschaft, Lohn/Fringe Benefits und Sozialversicherungen sowie Personalentwicklung und Training.

Stufe 2 (ab 2000):

Einführung von Relationship Managern, die eine einheitliche Schnittstelle zu den divisional organisierten Kunden sicherstellen und die HR-Prozesse koordinieren. Zentral wurde das Organizational Development zu einem Kompetenzzentrum für Organisations- und Personalentwicklung ausgebaut.

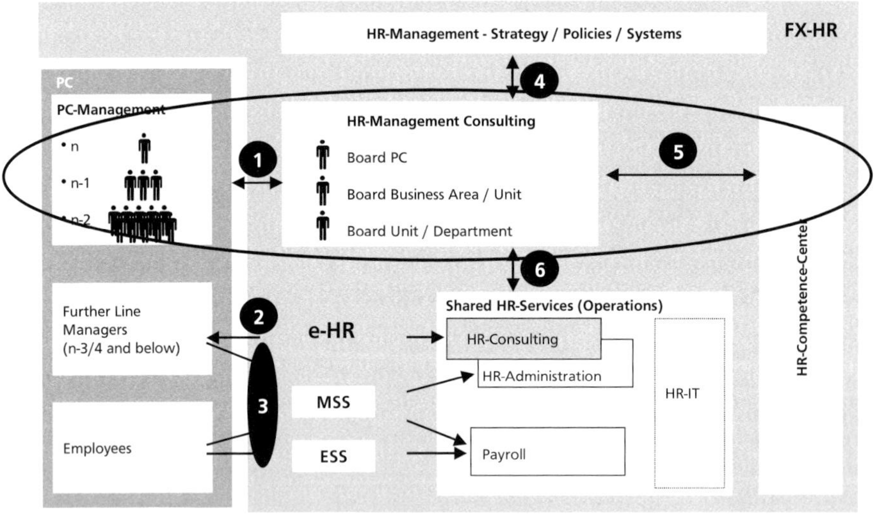

Abb. 66: HR-Businessmodell der Swisscom Fixnet AG

Stufe 3 (ab 2002):

Im Zuge einer Fokusierung auf die strategischen, wertschöpfenden Beiträge des Human Resources Managements entwickelten sich in den letzten Jahren folgende HR-Funktionen:

- HR-Management Consulting
- HR-Consulting
- Management Development
- Center of Competence
- Employment Relations
- HR-Metrics

In dieser Fallstudie wird insbesondere auf die Funktionen der HR-Management Consultants (im allgemeinen HR-Geschäftsmodell entspricht dies dem HR-Business-Partner) und des HR-Development Expert im HR-Center of Competence (im HR-Geschäftsmodell HR-Center of Expertise) sowie deren Zusammenwirken eingegangen. Dies entspricht den Schnittstellen 1 und 5 im Fixnet HR-Geschäftsmodell.

3 HR-Management Consulting

3.1 Rollen des HR-Management Consultants

In Anlehnung an das Modell von Dave Ulrich arbeiten wir bei Swisscom Fixnet mit folgendem Rollenverständnis des HR-Management Consultings:

Strategischer Partner

- Gespür für Entwicklungen beim Business-Partner zeigen und entsprechende Unterstützung des Strategieprozesses leisten
- Business-Strategie in HR-Prioritäten übersetzen => Erkennen und Klären der personellen Auswirkungen der Business-Strategien
- Unterstützung in der Diagnose von Business- und Management Excellence
- Planen und Einleiten der Entwicklung zukünftiger Kernkompetenzen des Bereiches (Kader & Mitarbeiter)

Change Agent

- Unterstützung bei der Kommunikation und Verankerung von Mission, Vision, Stoßrichtungen und Werten
- Gestaltung und Begleitung von Veränderungsprozessen und Dialogplattformen (Kaderworkshops, Mitarbeiteranlässe, Reviews)
- Gestaltung und Begleitung von strategischen und kulturellen Lernprozessen inkl. deren Qualitätssicherung (Reviews, Befragungen, Assessments, Audits)

Performance Coach

- Beratungs- und Steuerungsfunktion für Laufbahn, Lernen und Leistung des Bereiches und einzelner Kaderstufen (Entwicklungsportfolio)
- Gestaltung und Begleitung des Zielvereinbarungsprozesses
- Gestaltung und Umsetzung von Förder- und Retentionmaßnahmen für Schlüsselleistungsträger und Talente
- Gestaltung und Umsetzung von Maßnahmen zur langfristigen Sicherung der Beschäftigungsfähigkeit der Mitarbeiter bei Technologie- und Marktwandel

Prozess-Profi

- Definieren und Überwachen der Kennzahlen der HR-Prozesse
- Nutzen eines Kennzahlen-Cockpits als Steuerungsmittel
- Steuerung des Ressourceneinsatzes bei Engpässen
- Reduktion der Fehlerquote durch Beschwerdenmanagement
- Betreiben von permanentem Prozess-KVP (kontinuierlicher Verbesserungsprozess)

Wichtiger als das Selbstbild über die Rollenausprägung ist die Einschätzung des Linienmanagements über die notwendige Ausgestaltung in den HR-Rollen. Wir haben die Linienmanager über ihre Zufriedenheit und Erwartungen bezüglich der Rollenwahrnehmung befragt. Die starke Ausprägung im Bereich Change Agent reflektiert die tief greifenden Veränderungsprozesse innerhalb der Organisation. Vom HR-Management Consultant wird eine aktive Begleitung der Restrukturierungsprozesse erwartet – von der Gestaltung der Change-Architektur bis zur nachhaltigen Verankerung des Wandels.

Die vergleichsweise hohe Ausprägung in den Rollen Prozess-Profi und Performance Coach macht deutlich, dass die Linie von den HR-Management Consultants auch eine professionelle Unterstützung im operativen Tagesgeschäft erwartet. Mit anderen Worten: Diese Leistungen stellen die Pflicht dar, die Beratung in den Rollen des Strategischen Partners und Change Agents die Kür.

Rollenverständnis der HR-Management Consultant

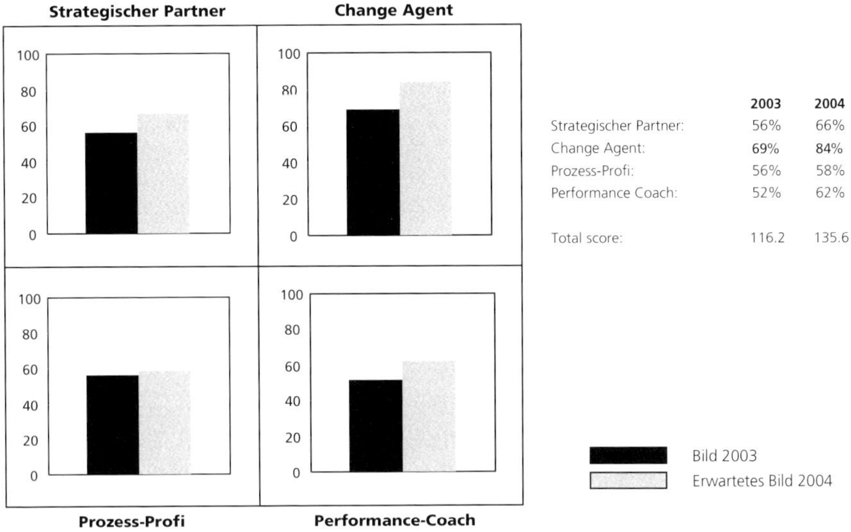

Abb. 67: Umfrage bei Linienmanagern zum Rollenverständnis des HR-Management Consultants

3.2 Auftragsklärung des HR-Management Consultants mit der Linie

In der Rolle des HR-Management Consultants ist eine klare Ziel- und Aufgabenklärung – ein so genanntes »Contracting« – mit dem Business-Partner von hoher Bedeutung. In unserer Erfahrung hat sich folgendes Vorgehen bewährt (vgl. Abb. 68):

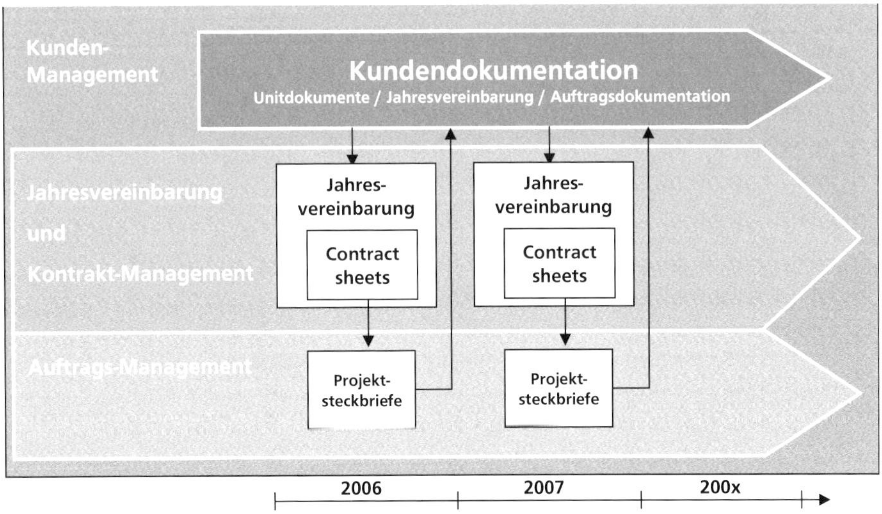

Abb. 68: Kundenmanagement als HR-Management Consultant

- Festlegung einer Jahresvereinbarung mit Zeitbudget, Erwartungen des Auftraggebers bezüglich Projekten und Führungsunterstützung sowie Modus Operandi der Zusammenarbeit.
- Für vereinbarte Schwerpunktthemen sind spezifische Contract Sheets mit Ausgangslage, Zielen, Beteiligten, Abhängigkeiten, Terminen, Ressourcen, Business Impacts zu erstellen.
- Abgeleitet von den Contract Sheets werden für größere Vorhaben detaillierte Projektsteckbriefe ausformuliert.

Die Erfüllung der Jahresvereinbarung und der Contracts wird schließlich in der Zielvereinbarung des HR-Management Consultants beurteilt und bestimmt maßgeblich dessen variablen Lohnanteil.

Ein professionelles Kundenmanagement ist zusammen mit der persönlichen, fachlichen und methodischen Kompetenz unabdingbare Voraussetzung für den nachhaltigen Erfolg des strategischen HR-Beraters.

3.2.1 Ausgewählte Elemente einer Jahresvereinbarung

Zeitbudget

Erfahrungen haben gezeigt, dass ein transparentes Zeitbudget (Abb. 69) aus folgenden Gründen in der Jahresvereinbarung von Bedeutung ist:

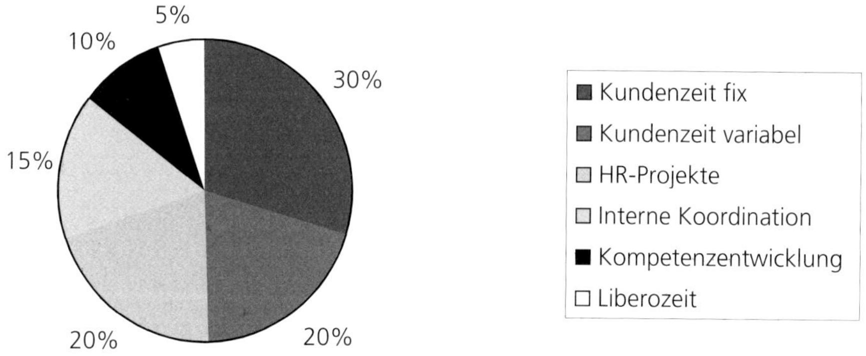

Abb. 69: Muster eines Zeitbudgets in der Jahresvereinbarung eines HR-Management Consultants

- Eine hohe Kundenorientierung drückt sich in einem mind. 50 %-Zeitanteil für den Kunden aus.
- Es wird sichtbar, dass die für den Kunden variabel einsetzbare Zeit eng bemessen ist und in der Jahresvereinbarung die kundenspezifischen Projekte entsprechend priorisiert werden müssen.

- Der interne Koordinationsaufwand ist typischerweise im matrixähnlichen HR-Business-Modell sehr hoch und muss realistisch eingeplant werden.
- Die anspruchsvolle Beratungstätigkeit setzt auch die Einplanung von genügend Zeit für die eigene Kompetenzentwicklung voraus.

Priorisierung der Führungsunterstützung

Aufgrund des eingeschränkten Zeitbudgets ist eine sorgfältige Klärung der Erwartungen in der Führungsunterstützung wichtig. Die Priorisierungen zeigen die relative Bedeutung der jeweiligen Führungsunterstützung für den Kundenbereich und den Entwicklungsstand, in dem sich dieser befindet, auf. Beispielsweise bedeutet in der Abb. 70 eine tiefe Erwartung bezüglich des Abbauprozesses nicht, dass dieser nicht wichtig wäre, sondern lediglich, dass dieser Prozess bereits so gut etabliert ist, dass eine intensivere Unterstützung durch den HR-Management Consultant hier nicht notwendig ist.

Prozesse	Wichtigkeit der Unterstützung durch FWS-HR-HBP			Spezifische Erwartungen
	Tief	Mittel	Hoch	
Zielvereinbarung und -beurteilung	x			
Kompetenzbeurteilung und -vereinbarung			x	Neues Kompetenzmodell
Feedback an Vorgesetzte			x	
Entwicklungsportfolio und Entwicklungsplanung		x		Neuer Prozess
Skillsmanagement	x			
Förderprogramme MPF	x			allenfalls Entw.portfolio
Key People Management			x	
Lohn- und Bonusrunde	x			
Kaderrekrutierung und Laufbahnberatung		x		Je nach Stufe
Mitarbeiterbefragung und Auswertung	x			Auswertung tief, Maßnahmen def. hoch
Abbauprozess		x		

Abb. 70: Muster einer Priorisierung der Führungsunterstützung in der Jahresvereinbarung eines HR-Management Consultants

Contract Sheet

Das Contract Sheet (Abb. 71) dient in erster Linie der Auftragsklärung. Dabei zwingt die kompakte Form des Contract Sheets, präzise Aussagen zur Problemstellung und Ziel- bzw. Erwartungsdefinition zu machen. Erfahrungsgemäß ist gerade dies für die Auftraggeber eine anspruchsvolle Aufgabe, die hohe Anforderungen an die Prozessberatungskompetenz des HR-Management Consultants stellt. Hier geht es in einem ersten Schritt darum, in der Rolle des strategischen Partners nicht vorschnell einen Auftrag im Detail zu klären, sondern die tatsächlichen Ursachen für die zur Diskussion stehende Problemstellung und den entsprechenden Handlungsbedarf herauszuarbeiten. In einem zweiten Schritt werden die Erwartungen des Auftraggebers in konkrete und messbare Zielvorgaben übersetzt. Dabei sollten weniger Zufriedenheitswerte von HR-Maßnahmen, sondern Kenngrößen der Wirkung auf die Geschäftsergebnisse definiert werden. Ein besonderes Augenmerk ist auch den zu berücksichtigenden Anspruchsgruppen und HR-Wertschöpfungspartnern zu schenken.

Programm oder Projekt: **Erstellt / Datum:** **Meilenstein / Datum:**		**Auftraggeber:** **HMC:** **COC-Experte/Projektleiter:**	

Problembeschreibung:	**Erwartungen des Auftraggebers :**
Beidseitige Klärung der persönlichen und organisatorischen Ausgangslage, d.h. Was ist der Business Case? Was sind die persönlichen Bedürfnisse/Erwartungen/Befürchtungen? Welche Risiken gilt es jetzt schon zu berücksichtigen? Wie sieht die politische Situation aus? Vorgeschichte? Was ist das Thema (Probleme und Chancen!)? Worum geht es wirklich? (Was sind Ursachen? Was Wirkungen? Was die Zusammenhänge und Wechselwirkungen?)	Wann ist für den Auftraggeber der Zielzustand erreicht? (Ziele, Resultate) Was gehört dazu? Und was nicht! Welchen Informationsbedarf haben wir beide? Ressourcen/Verfügbarkeit (Wer, Zeitbedarf resp. -Budget)? Welche Erwartungen haben wir aneinander bzgl. Zusammenarbeit?

Beteiligte:	**Abhängigkeiten:**	**Termine:**	**Business-Impact:**
Involvierter Personenkreis: HR In der OE (PC/SC) Im Projekt In der GL Dritte/Externe	In Bezug auf: Ressourcen inhalte Oorganisation Seit	Start: Ende: Meilensteine:	Auswirkungen, Nutzen, in Bezug auf: • Strategie: Erreichen Mission/Vision, strategische Stoßrichtungen/Ziele • Strukturen, Prozesse, Systeme: OE-Leiter, Projekt-Leiter, Organisation und Prozesse • Kultur • Zauberfrage: »Was passiert, wenn nichts passiert?«

Abb. 71: Vorlage eines Contract Sheets in der Jahresvereinbarung eines HR-Management Consultants

3.2.2 Instrument zur Auftragsklärung

In unserer Erfahrung ist die Rolle des strategischen Partners in der Praxisumsetzung am anspruchsvollsten. Ein methodisches »Werkzeug«, das sich in der Erfassung von strategischen Fragestellungen besonders bewährt hat, ist die so genannte TPC-Matrix (Abb. 72). Der Begriff stammt von der ursprünglichen Verwendung bei General Electric: T für Technical, P für Political und C für Culture. Die Einbeziehung der politischen und kulturellen Ebene wird in der strategischen Diagnose häufig vernachlässigt, ist aber gerade für HR-relevante Themen äußerst erfolgskritisch.

Die TPC-Matrix kann folgenden Zwecken dienen:

- Erkennen des strategischen Handlungsbedarfes
- Systemische Organisationsdiagnose
- Kultur-Assessment

Der Vorteil der Methode liegt in der Erarbeitung von strategischen Fragestellungen unter gleichzeitiger Berücksichtiung von politischen und kulturellen Dimensionen.

	Mission Leitbild/Strategie	Aufgabenverteilung Prozessorganisation	Personal
Wertschöpfungs-ebene	Mission/Leitbild strategische Ausrichtung	? Haben wir dafür die richtige Organisation?	? Sind die richtigen Leute auf den richtigen Plätzen?
Politikebene	? Wer gewinnt/verliert durch die Neuausrichtung?	? Wer ist Nutznießer welcher organisatorischen Konstellation?	? Wer ist ein Promotor/ Opponent?
Kulturebene	? Welche der Werte sind wo zu verstärken?	? Welche organisatorischen Rahmenbedingungen unterstützen/hindern die Werte?	? Haben wir genügend Vorbilder für die Werte?

Abb. 72: Diagnose-Werkzeug des strategischen Partners (TPC-Matrix)

3.3 Kompetenzentwicklung in HR-Management Consulting

Die HR-Management Consultants stellen eine Beratergruppe dar, die ihre eigene Kompetenzentwicklung laufend auf einem hohen Niveau sichern muss. Eine Methode, die sich in unserem Beratungsteam sehr bewährt hat, ist die kollegiale Fallberatung. Ein Kollege bringt einen Fall aus seiner Beratungspraxis ein und in einem klar strukturierten Prozess (einer so genannten Intervision) helfen die anderen Kollegen bei der Reflexion und Lösungsentwicklung. Dieses Vorgehen sichert einerseits den gegenseitigen Know-how-Austausch und fördert das Lernen an konkreten Projekten, andererseits ist es auch ein starkes Element einer Teambuilding in einer Beratergruppe.

Beispiel: Vorgehen für eine Kollegiale Fallberatung (Peer Group Coaching):

Beschreibung der Ausgangslage (ca. 30–45 Minuten)

1. Fallpräsentation durch Falldarsteller: Vorgeschichte und aktuelle Situation, Rollenbeschreibung, emotionale Situation, bisherige Lösungs- bzw. Interventionsversuche. Formulierung des konkreten Beratungsbedarfs durch den Falldarsteller.
2. Nachfragen aus der Intervisionsgruppe zur Klärung des Fallverständnisses. Der Falldarsteller hört zu.
3. Antworten durch Falldarsteller.

→

Diagnose (ca. 60 Minuten)

4. Rückmeldungen aus der Intervisionsgruppe (Assoziationen, emotionale Eindrücke und Interpretationen). Ziel ist ein vertieftes Verständnis der Fallsituation, noch keine Problemlösung! Der Falldarsteller hört zu.
5. Erkenntnisgewinn für den Falldarsteller: Falldarsteller kommentiert.
6. Handlungsempfehlungen durch die Intervisionsgruppe: Generieren von Handlungsempfehlungen. Der Falldarsteller hört zu.

Intervention (ca. 20 Minuten):

7. Ergebnissicherung: Was ist klarer geworden? Was noch nicht?
   Welche nächsten Schritte werden unternommen?

Die Zuteilung von Fachgebieten auf die verschiedenen Mitglieder des Beratungsteams (Practice Leaders) erwies sich als wichtige Maßnahme, um sicherzustellen, dass der Kompetenzpool des Beratungsteams sich permanent auf dem neuesten Wissens- und Erfahrungsstand befindet. Aufgabe der Practice Leaders ist ein Monitoring des Fachgebietes und das Einbringen neuen Wissens in die Gruppe. Aufgrund der starken zeitlichen Ressourcenanspannung erwies sich die konsequente Umsetzung des Kompetenzpools jedoch als anspruchsvoll.

3.4 Erfolgsfaktoren beim Aufbau des HR-Management Consultings

Beim erfolgreichen Aufbau der HR-Management-Consulting-Gruppe in der Swisscom Fixnet waren folgende Faktoren wichtig:

- Ein Geschäftsführer, der den zur Erreichung seiner Geschäftsziele notwendigen strategischen Wertschöpfungsbeitrag von HR nutzt und die entsprechenden Ressourcen zur Verfügung stellt.
- Kompetenz der HR-Management Consultants, um als gleichwertiger Partner des Managements akzeptiert zu werden. Neben einer gereiften Persönlichkeit, strategischen/konzeptionellen Fähigkeiten, Methodenkompetenz (vor allem Change Management und Projektmanagement) ist insbesondere der Zugang zu Business-Themen relevant.
- Passung der Persönlichkeiten zwischen HR-Management Consultant und seinem Kunden. Wesentliche zu berücksichtigende Einflussfaktoren sind dabei auch die gelebten Werte und die (Sub-)Kultur des Kundenbereiches. Im Selektionsprozess ist der Kunde in die Entscheidungsfindung einzubinden.
- HR-Management Consultants sollten sich nicht als Einzelkämpfer, sondern als Mitglied eines Beraterteams verstehen. Dies erlaubt eine gemeinsame Professionalisierung und eine flexiblere Allokation der Ressourcen im Kunden- und Projektportfolio. Beim Teamaufbau ist zu beachten, dass sich die Persönlichkeiten und Kompetenzen ergänzen.

- Für die Akzeptanz des HR-Management Consultings und zur Stärkung des Selbstverständnisses des Beraterteams sind erfolgreiche Referenzprojekte ausschlaggebend. Dies fördert auch den Erkenntnis- und Lernprozess bei den unterschiedlichen Kundenbereichen, um das Potential der strategischen und wertsteigernden HR-Arbeit auszuschöpfen.
- In der Zusammenarbeit von Linie und HR-Management Consultant spielt der Zielvereinbarungs- und -beurteilungsprozess eine wesentliche Rolle. Beispielsweise wurden bei Swisscom Fixnet die Mehrheit der individuellen Ziele durch den Kunden vereinbart und beurteilt. Im Kundenfeedbackprozess werden neben den oben erwähnten Jahresvereinbarungen auch weitere qualitative Elemente der Zusammenarbeit besprochen.

4 HR-Center of Competence

4.1 Ausgangslage

Das HR-Center of Competence ging Ende 2004 aus Teilen des bisherigen Bereiches Organization Development hervor. Eine Standortbestimmung zeigte damals folgendes Bild:

- Die Kundenbedürfnisse sind einem starken Wandel unterworfen. HR-Lösungen sollten sein:
  - *individueller* (von Standardkursen und Standardprodukten zu organisationsspezifischen Beratungs- und Entwicklungsprojekten)
  - *einfacher* (Vereinfachung der Führungsinstrumente und -prozesse)
  - *schneller* (Reaktions- und Delivery-Zeiten in HR-Projekten verkürzen)
- Profitcenter-spezifische strategische Herausforderungen erfordern Profitcenter-spezifische Personal- und Organisationsentwicklungsmaßnahmen: dies setzt ein vertieftes Verständnis und stärkere Ausrichtung auf die verschiedenen Profitcenter voraus.
- Es muss sich eine noch stärkere Orientierung am internen Markt und am internen Kunden entwickeln, u.a. durch Erhöhung der Transparenz und Steuerung von Angebot und Nachfrage durch die interne Leistungsverrechnung.
- Das Businessverständnis und die strategische Vernetzung beim Kunden ist noch ungenügend:
  - Verständnis der Geschäftsstrategie: Wo drückt der Schuh? Weshalb ist die Performance ungenügend?
  - Fehlender Link zwischen Resultaten/Wirkungen im Geschäft und unseren Interventionen
  - Erarbeitung von wirkungsorientieren Metriken

- Die Anschlussfähigkeit an den Kunden ist noch unzulänglich:
  - Soziale Kompetenzen: »Critical to customer« (Wie »tickt« der Kunde? Was ist ihm wichtig? Was hat der Kunde für eine Persönlichkeit? Welche Sprache spricht der Kunde?)
  - »Critical to quality«: dem Kunden aufzeigen, was für ihn kritisch für die Qualität ist. Ungenügende integrative Zusammenarbeit innerhalb des HR-Center of Competence und in der Zusammenarbeit mit dem HR-Management Consultant
- Rollen und Funktionsstufen im HR-Center of Competence müssen den neuen Anforderungen angepasst werden (neue Rollen müssen definiert und zu hohe oder zu tiefe Einreihungen angepasst werden).
- Eine Effizienzsteigerung der HR-Funktion bei Swisscom Fixnet ist u.a. durch eine Fokussierung und Professionalisierung der Services des HR-Center of Competence zu erreichen.

4.2 Neuer Setup des HR-Center of Competence

Um das HR-Center of Competence auf diese erhöhten Anforderungen auszurichten, wurden u.a. folgende Maßnahmen ergriffen:

4.2.1 Entwicklung einer gemeinsamen Vision und Mission 2007

Zusammen mit den Mitarbeitern wurde mit einem Zeithorizont von drei Jahren folgende Vision und Mission erarbeitet:

Vison 2007:
Wir sind für das Management von Swisscom Fixnet der **bevorzugte Partner** in der **Personal- und Organisationsentwicklung**. Unsere Leistungen überzeugen hinsichtlich **Mehrwert fürs Business**, **Professionalität** und **Innovation** und sind **konkurrenzfähig**

Mission 2007:
Unsere Spezialisten in der Personal- und Organisationsentwicklung unterstützen in enger Zusammenarbeit mit den HR-Management Consultants die Profitcenter in ihren Entwicklungs- und Veränderungsprozessen. Unser Service- und Kompetenzportfolio sowie der Mehrwert unserer Leistungen für das Business von Swisscom Fixnet sind transparent. Unsere Leistungen sind professionell und innovativ, d.h. sie genügen inhaltlich dem neuesten Wissens- und Erfahrungsstand, den wir permanent weiterentwickeln. Die Qualität und die Effizienz unserer Leistung ist auf dem internen Markt konkurrenzfähig, längerfristig auch auf dem externen Markt.

Dies hatte zur Folge, dass die Ausrichtung und damit verbundene Marschrichtung klar wurden. Insbesondere die Anspruchsdimension »Mehrwert fürs Business« sowie das Postulat der Konkurrenzfähigkeit prägen das neue Selbstverständnis. Die HR-Development-Experten sind einerseits gefordert, ihre Arbeit konsequent auf die Wirkung im Geschäft des internen Kunden zu hinterfragen und ihre Leistungseffinzienz am Markt zu messen.

4.2.2 Aufbauorganisation des HR-Center of Competence

Die bisherige Aufbauorganisation zeichnete sich durch eine starke funktionale Struktur aus (Abb. 73). Die verschiedenen Fachgebiete innerhalb des HR-Center of Competence bildeten das Unterscheidungsmerkmal zwischen den Teams.

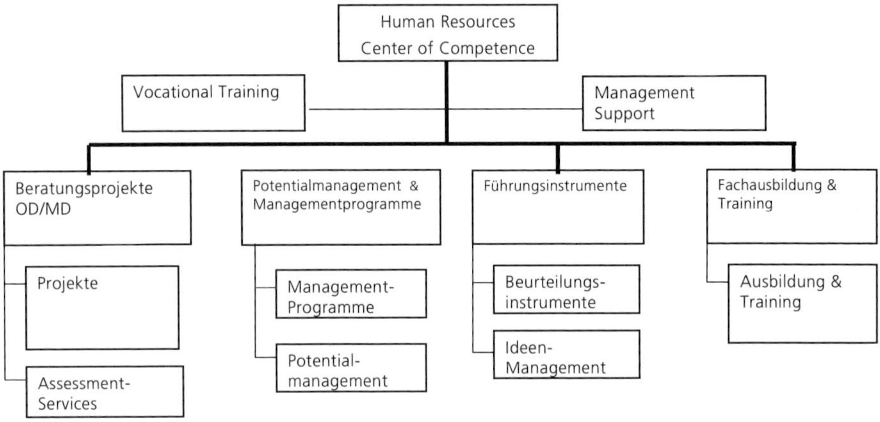

Abb. 73: Funktionale Aufbauorganisation des HR-Center of Competence

Diese funktionale Organisation war in der Aufbauphase des früheren Organization Developments zielführend, hatte jedoch folgende Nachteile, die sich inzwischen immer stärker bemerkbar machten:

- Ausrichtung des Mindset eher an den HR-Fachthemen statt an Kundenbedürfnissen des internen Marktes
- Gewisses »Silodenken« in und mangelnde Zusammenarbeit zwischen den verschiedenen Teams (obschon Kundenbedürfnisse zunehmend interdisziplinäre Lösungen nachfragten …)
- Starre Struktur, die ein flexibles und schnelles Staffing von Projekten erschwerte
- Suboptimale Ressourcennutzung, da Überlast/Unterlast in verschiedenen Teams kaum ausgeglichen wurde

Deshalb wurde eine neue Aufbauorganisation (Abb. 74) gewählt, die sich durch eine flexible, kundenorientierte Struktur auszeichnet: Die funktionalen Teams wurden aufgelöst und ein Pool von HR-Development Experts gebildet, die durch drei so genannte Senior Partner (die jeweils für interne Marktbereiche zuständig sind) fachlich geführt werden.

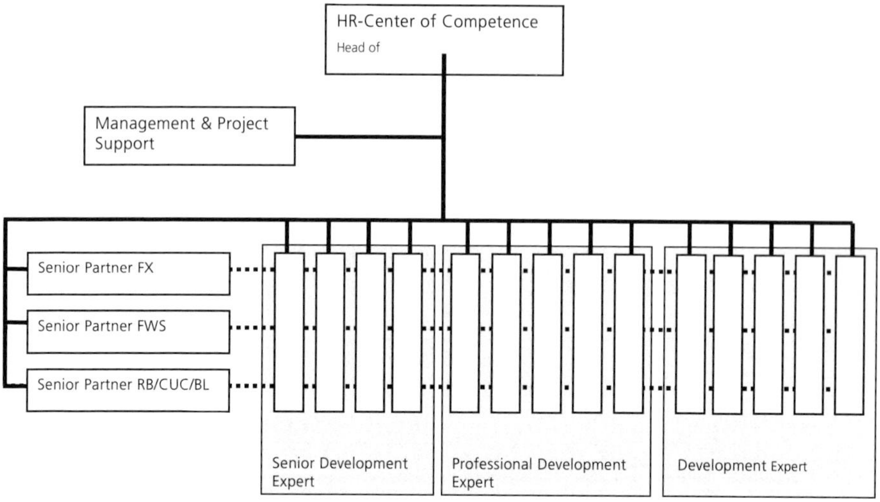

Abb. 74: Kundenorientierte Organisation des HR-Center of Competence

Die neue Organisationsform verfügt über folgendes Potenzial:

- Ausrichtung des Mindset an Kundenbedürfnissen des internen Marktes
- Interdisziplinäre Zusammenarbeit zwischen den verschiedenen Fachexperten in immer komplexeren Kundenprojekten
- Flexibles und schnelles Staffing von Projekten
- Effiziente Ressourcennutzung, die auch Überlast/Unterlast zwischen den HR-Development Experts ausgleicht.

Auf der anderen Seite ist diese Organisationsform – wie jede andere Matrixorganisation auch – anspruchsvoller zu führen. Dies stellt insbesondere hohe Anforderungen an die Senior Partner, die die Mitarbeitenden in Projekten ihres Marktbereiches fachlich führen (siehe dazu auch die Hauptaufgaben des Senior Partners im nächsten Abschnitt).

4.2.3 Hauptaufgaben des Senior Partners im HR-Center of Competence (COC)

Die Aufgaben des Senior Partners gliedern sich in die drei Bereiche Beratung, Projektmanagement und Führung. Dabei ist sicherzustellen, dass die drei Bereiche durch die Senior Partner zeitlich ungefähr gleich gewichtet werden (1/3 Beratung, 1/3 Projektmanagement und 1/3 Führung).

Beratung

- Aufbau und Pflege nachhaltiger Kundenbeziehung über die Dauer einzelner Projekte hinaus. Aufnahme von Leads (generiert auch durch Mitarbeiter) und Realisierung von Projekt-Aufträgen

- Unterstützung/Input im Business in der Entwicklung eigener OE/PE-Lösungen
- Beratung/Unterstützung in der Umsetzung der Organisations- und Personalentwicklungsmaßnahmen (Inhalte und Methoden)
- Beratung/Unterstützung in der Umsetzung integrierter Change-Management-Konzepte
- Umsetzung von Schulungs- und Ausbildungskonzepten für Einzelpersonen, Teams und Organisationseinheiten, inkl. Evaluation/Empfehlung externer und interner Partner
- Einzel- und Teamcoachings für Linien- und Projektführungskräfte
- Messung/Evaluation der Wirksamkeit der umgesetzten Maßnahmen in Bezug auf die Ziele: Analyse Business Impact bzgl. Strategie, Struktur, Systeme, Prozesse, Kultur, Kompetenzen

Projektmanagement

- Analysieren und Konkretisieren der Projektidee. Beurteilen von Projektideen bezüglich Machbarkeit, Wirtschaftlichkeit, Risiken und Erfolgsfaktoren in Einklang mit dem COC Projekt-Portfolio
- Klärung Projektauftrag (Ziele, Organisation, Struktur, Rollen, Regeln). Ausarbeiten von Projektanträgen mit Zielen, Ressourcen, Meilensteinen, Kosten, Aufwänden, Vorgehensmodell, Projektstrukturplan, Risikoplan und der Projektorganisation. Überführen der Projektanträge in einen mit dem Auftraggeber abgestimmten genehmigten Projektauftrag
- Projektplanung (Kundenwünsche, Ablauf, Ressourcen, Arbeitspakete)
- Konzeption, Organisation und Moderation Projekt-Kick-off und Teambuilding-Maßnahmen
- Projektsteuerung und -kooperation (Risiken, Widerstände, Change, Kommunikation, Konflikte managen, Informationen teilen, Krisenmanagement und Redesign)
- Qualitätssicherung aus einer Entwicklungsperspektive (Organisation und Personal)
- Unterstützung im Projektabschluss (Überführung vom Projekt in die Linie, Wissensmanagement und Praxis-Transfer, Arbeitsmarktfähigkeit)

Führung

- (Weiter-)Entwicklung der allgemeinen COC-Fachkompetenzen bei sich selbst und den COC-Mitarbeitern (Erstellung OE/PE-Konzepte, Beratung in OE/PE-Projekten, Führung von OE/PE-Projekten)

- (Weiter-)Entwicklung mindestens der spezifischen COC-Fachkompetenzen bei sich und den Mitarbeitern (Potentialmanagement, Assessments, Design Führungsinstrumente, Großgruppenintervenionen, Teamentwicklung/ Mediation, Coaching, Trainings Kunden- und Verkaufsorientierung, Führungsentwicklung)
- Durchführung von Ziel- und Kompetenzvereinbarungen und -beurteilungen (inkl. laufender Feedbacks) mit den Mitarbeitern nach Rücksprache mit den Kunden/Auftraggebern der relevanten Projekte.

4.2.4 Fachkompetenzen der HR-Development Experts

In Abb. 68 sind die elf Fachkompetenzen abgebildet, die von den HR-Development Experts verlangt werden. Diese bilden gleichsam die Kundenbedürfnisse und damit das Dienstleistungsportfolio des HR-Center of Competence ab, wie sie auch (nebst der Beurteilung von Persönlichkeitskompetenzen) Grundlage sind für die Beurteilung der Fachkompetenz der jeweiligen HR-Development-Experten sind.

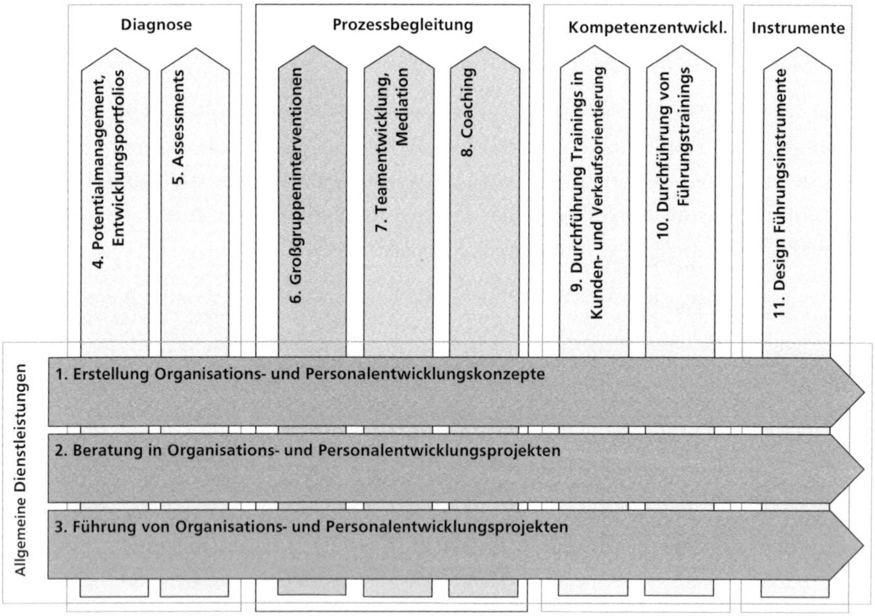

Abb. 75: Fachkompetenz- und Dienstleistungsportfolio HR-Center of Competence

Die Mitarbeiter wurden im Rahmen eines Kompetenzbeurteilungsprozesses in die Rolle des HR-Development Experts in den drei Maturitätsstufen Junior, Professional, Senior eingereiht. Für die drei allgemeinen Fachkompetenzen wurden folgende Anspruchskriterien angewandt:

Kompetenzbereich	Junior (1)	Professional (2)	Senior (3)
Erstellung OE/PE-Konzepte	Praktische Erfahrung der Erstellung und Umsetzung von Konzepten in Teilbereichen der OE oder PE Know-how in Teilbereichen der OE oder PE Konzeptionelle Kompetenz Konzeptinhalte werden von den Auftraggebern verstanden	Praktische Erfahrung in der Erstellung und Umsetzung von Konzepten im OE- und PE-Bereich Know-how im OE- und PE-Bereich oder viel Know-how in einem Bereich. Durchgehende Konzepte mit Gesamtzusammenhang Konzeptinhalte sind stringent und werden von den Auftraggebern verstanden Übernimmt Verantwortung für Konzeptvarianten Auftragsklärung bei den Auftraggebern Stakeholder-Analyse	Umfassende praktische Erfahrung in der Erstellung und Umsetzung von Konzepten im OE- und PE-Bereich Viel Know-how im OE- und PE-Bereich Durchgehende Konzepte mit Gesamtzusammenhang Konzeptinhalte sind stringent und werden von den Auftraggebern verstanden Übernimmt Verantwortung für Konzeptvarianten in aller Konsequenz Hoch professionelle Auftragsklärung Umfassende Stakeholder-Analyse
Beratung in OE/PE-Projekten	Zeigt deutliche Motivation, in die Berater-Rolle hineinzuwachsen Zeigt Lösungen auf Spezifisches Know-how je nach PE/OE-Fragestellung Verständnis des Kundenumfelds Sprachliche Kompetenz Analytische Kompetenz Schnelle Auffassungsgabe	Nimmt Rolle als Berater/in wahr Entwickelt Lösungsansätze Denkt in Alternativen Inhaltlich gute Beratung Unabhängige Beratung gegenüber Kunde/Auftraggeber Know-how im entsprechenden PE/OE-Bereich Verständnis des Kundenumfelds Sprachliche Kompetenz Analytische Kompetenz Schnelle Auffassungsgabe	Nimmt Rolle als Berater/in wahr Zeigt relevante Handlungsfelder auf Ganzheitliches OE/PE-Verständnis Entwickelt umfassende Lösungsansätze Denkt in Alternativen Inhaltlich Topberatung unabhängig von OE/PE-Thema und Kunde Unabhängige, kritische Beratung gegenüber Kunde/Auftraggeber Umfassendes Know-how und Verständnis für PE/OE-Fragestellungen Gutes Verständnis des Kundenumfelds

Kompetenzbereich	Junior (1)	Professional (2)	Senior (3)
Beratung in OE/PE-Projekten			Hohe sprachliche Kompetenz Hohe analytische Kompetenz Schnelle Auffassungsgabe
Projektführung in OE/PE-Projekten	Erfahrung in der Leitung von Teilprojekten oder wesentliche Beiträge als Projekt-MA Kenntnis über Stakeholder Deutliches Interesse an der Leitung von Projekten bzw. Teilprojekten Strukturiertes Vorgehen	Praktische Erfahrung in der Leitung von OE- und PE-Projekten (oder komplexe Teilprojekte) Umfassende Stakeholder-Analyse Design von Arbeitspaketen Kompetenz im Projektmanagement Professionelle Auftragsklärung inkl. Definition von Wirkungsmetriken/KPIs Behält Übersicht, nicht auf Einzelinterventionen reduziert Strukturiertes Vorgehen	Umfassende praktische Erfahrung in der Leitung von komplexen OE- und PE-Projekten Umfassendes Stakeholder-Analyse und -Management (auch in politischem Umfeld) Design von Arbeitspaketen inkl. gezielte Delegation (staffing) Hohe Kompetenz im Projektmanagement Inhaltliche und personelle Führung Hoch professionelle Auftragsklärung inkl. Definition von Wirkungsmetriken/KPIs Behält Übersicht, nicht auf Einzelinterventionen reduziert Strukturiertes Vorgehen Mut, proaktiv Realitäten zu schaffen Konstruktiver und verantwortlicher Umgang mit den Konsequenzen der Umsetzung

4.3 Überblick über den gesamten Changeprozess des HR-Center of Competence

Die Transformation des HR-Center of Competence (FX-HR-COC) gestaltet sich wie jedes Changeprojekt über mehrere Phasen. Abb. 76 führt die wichtigsten Maßnahmen auf, die in den jeweiligen Phasen getroffen werden.

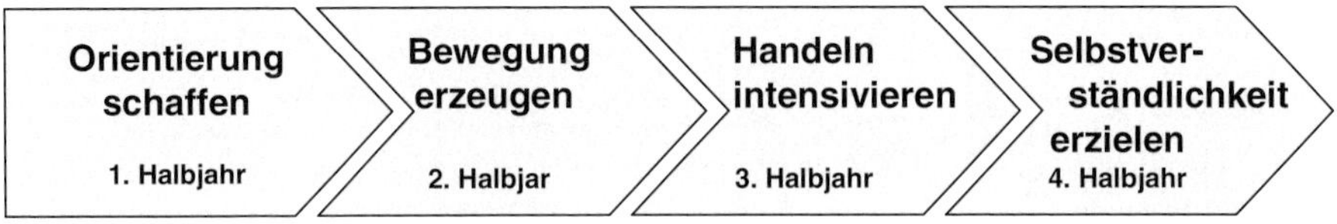

•Vision entwickeln •Ausrichtung der Organisation auf Kundenprojekte •Einführung Interne Leistungsverrechn. •Kernkompetenzen FX-HR-COC definieren •Job Design und Einreihung (Rollen, Maturitätsgrade)	•Delivery in Schlüsselprojekten •Kernprozess Beratung entwickeln •Multiprojekt-Management etablieren •Zusammenarbeit mit HMC neu definieren •Teambuilding COC	•Schärfung Rolle Senior Partner, Führung intensivieren •HR-Strategie Zyklus professionalisieren und Businesspläne der Units unterstützen •Ausrichtung der Ressourcen auf strategische Projekte •Feedbacksystem etablieren & nutzen •Die eigene Professionalisierung forcieren	•Nachhaltigkeit der Umsetzungsergebnisse beim Kunden erreichen •Kundenbeziehungen verfestigen •Erneuern der Rolle und der Produkte •Ausrichtung auf neue HR-Organisation mit Shared Service Center

Abb. 76: Phasen des Changeprozesses im HR-Center of Competence

5 Zusammenarbeit HR-Management Consultants und HR-Development Experts

5.1 Dualer Charakter in der Zusammenarbeit

Die Zusammenarbeit zwischen HR-Management Consultant und HR-Development Experts ist geprägt von einem dualen Charakter: Einerseits sind die HR-Management Consultants im Rollout von unternehmensweiten Intitiativen und Programmen (z.B. bei Managemententwicklungsprogrammen, Führungsinstrumenten etc.) erfolgskritische Umsetzungspartner des HR-Center of Competence (also gewissermaßen Auftragnehmer) – andererseits sind die HR-Management Consultants Auftraggeber in vielen Profitcenter-spezifischen Projekten, in denen sie die HR-Development-Experten beauftragen. Die Dualität in der Zusammenarbeit macht diese eben nicht gerade einfach, da die beiden Rollen Auftraggeber/Auftragnehmer wechselseitig ändern, bzw. z.T. zeitgleich wahrgenommen werden müssen. Dies ist jedoch auch eine Chance, denn man ist beiderseits auf eine gute Kooperation angewiesen.

Abb. 77 soll diesen Umstand verdeutlichen:

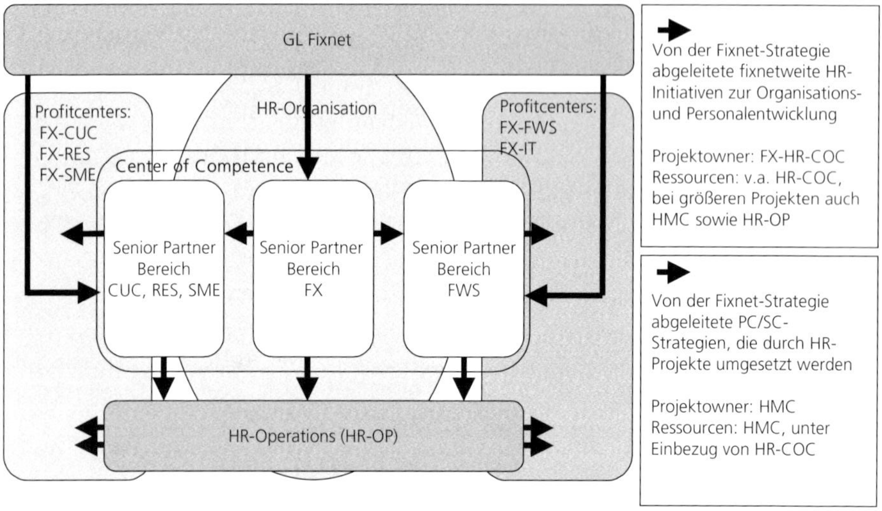

Abb. 77: Wechselseitige Auftraggeber-/Auftragnehmer-Rolle

5.2 Ziele eines systematischen Schnittstellenmanagements zwischen HR-Management Consultants und HR-Development Experts

Mit einem systematischen Management der Schnittstelle zwischen den HR-Management Consultants und den HR-Development Experts werden folgende Ziele verfolgt:

1. **Strategische Priorisierung der Ressourcen des HR-Center of Competence**

   Wenn die HR-Management Consultants als strategische Partner die jeweiligen Geschäftsstrategien in HR-Prioritäten übersetzen, wird sichergestellt, dass die daraus nachgefragten COC-Ressourcen strategisch priorisiert werden und nicht nach einem beliebigen First-Come-First-Serve direkt von der Linie gebucht werden können.

2. **Inhaltliche Ausrichtung auf die businessrelevanten Kompetenzfelder**

   Durch konsequente Orientierung an den Bedürfnissen der jeweiligen Geschäftsbereiche erfolgt eine inhaltliche Ausrichtung und Entwicklung der HR-Development-Experten auf die businessrelevanten Kompetenzfelder. Dies verhindert einen einseitigen Aufbau von Kompetenzfeldern, die von den Kunden nicht nachgefragt werden. Damit wird sichergestellt, dass nicht eine Qualifizierung der HR-Experten auf Vorrat erfolgt, die dann später möglicherweise bereits veraltet ist.

Dennoch ist es von großer Bedeutung, dass durch eine systematische Analyse der Unternehmens- und Bereichsstrategien dort mit entsprechendem Vorlauf von ein bis zwei Jahren Kompetenzfelder aufgebaut werden, wo sich eine Nachfrage auf absehbare Zeit abzeichnet. Zum Beispiel wurde im HR-Center of Competence Expertenwissen zum Thema Employability mit einem Vorlauf von ca. zwei Jahren aufgebaut, da sich aufgrund der strategischen Analyse ein zunehmender Bedarf an Begleitmaßnahmen für Restrukturierungsprojekte abzeichnete. Hier erscheint es besonders erfolgskritisch, dass die HR-Management Consultants und Senior Development Experts diese strategische Analyse gemeinsam vornehmen. Nur so ist sichergestellt, dass die entsprechenden Kompetenzen rechtzeitig aufgebaut werden können.

3. **Entlastung der HR-Management Consultants in der Rolle als Performance Coach**

Der HR-Management Consultant tritt sehr oft in seiner Rolle als Performance Coach mit Führungskräften und Mitarbeitern seines Betreuungsbereiches in Kontakt. Häufig wird der HR-Management Consultant in dieser Rolle als Moderator von Workshops zur Teamentwicklung eingesetzt. Dies ist gerade in der Aufbauphase des HR-Management Consultings als eine vertrauensbildende Maßnahme wertvoll. Da HR bis vor kurzem kaum als strategischer Partner wahrgenommen wurde, ist davon auszugehen, dass die internen Kunden beim Aufbau des HR-Management Consultings ebenfalls eine Entwicklung durchmachen: von der Nachfrage nach operativen Leistungen hin zu strategischer Partnerschaft. Wenn sich die HR-Management Consultants jedoch zu lange oder zu ausgiebig in der Rolle als Performance Coach bewegen, liegt die Gefahr darin, dass der HR-Management Consultant aus Ressourcengründen zu wenig Wirkung in seinen Rollen als strategischer Partner und als Change Agent entfalten kann. Deshalb entlastet ein konsequentes Einbinden der HR-Development-Experten den HR-Management Consultant im Feld des Performance Coachings.

5.3 Contracting zwischen HR-Management Consultant und HR-Development Expert

Die konkrete Leistungsvereinbarung in einem spezifischen Projekt zwischen dem HR-Management Consultant und dem HR-Development Expert erfolgt typischerweise mittels einem Contract Sheet. Um den administrativen Aufwand möglichst zu minimieren, wird das gleiche Contracting eingesetzt, welches auch der HR-Management Consultant mit der Linie verwendet (vgl. Kapitel 3.2). Bei umfangreicheren Projekten wird zudem ein Projektsteckbrief (ca. 5–8 Seiten) erstellt, in dem die konkreteren Meilensteine und Leistungen beschrieben werden.

Dieses Contracting dient nach Abschluss des Projektes nicht nur der Qualitätskontrolle, sondern ebenfalls der bonusrelevanten Leistungsbeurteilung der involvierten HR-Mitarbeiter durch den Auftraggeber.

5.4 Plattformen der Zusammenarbeit zwischen HR-Management Consulting und des HR-Center of Competence

Koordinationsplattformen

Durch eine gegenseitige Vertretung von HR-Management Consulting und HR-Center of Competence in den jeweiligen Bereichsmeetings wird der Informationsfluss im Tagesgeschäft sichergestellt. Besonders wichtig ist auch die jährliche Abstimmung der strategischen Planung (Jahresvereinbarungen der HR-Management Consultants) mit den Ressourcen des Centers of Competence.

Gemeinsame Kompetenzentwicklung

Um die geforderten Leistungen beim internen Kunden zu erbringen, drängt sich eine Kompetenzentwicklung auf, die z.T. gemeinsam erfolgen sollte:

- Herausfordernde Projekte im Berater-Tandem (je ein HR-Management Consultant und HR-Development Expert) durchführen
- 2 × jährlich Think Tank zu strategischen HR-Themen

Informelle Kontakte

Die Zusammenarbeit zwischen den HR-Management Consultants und den Experten des HR-Center of Competence wird durch informelle Kontakte stark gefördert. Dabei hat sich beispielsweise alleine schon die Zusammenlegung der beiden Organisationsbereiche in ein Großraumbüro als sehr wirkungsvoll erwiesen.

6 Ausblick

Was bei der Swisscom Fixnet im Vergleich zu den meisten HR-Transformationen in anderen Unternehmungen vermutlich eher untypisch ist, ist die Reihenfolge, in der die verschiedenen HR-Bereiche aufgebaut wurden und werden: So wurden in den letzten Jahren zuerst die strategischen und entwicklungsorientierten Bereiche des HR-Center of Competence und des HR-Management Consultings aufgebaut, bevor jetzt die Bildung eines Shared Service Centers im operativen HR erst angegangen wird.

Während zumindest Teile der Effizienzsteigerung im operativen HR typischerweise in den Aufbau eines strategisch-entwicklungsorientierten HR investiert werden, müssen die Effizienzsteigerungen v.a. durch Einführung von Call-Center-Technologien und -Prozessen quasi nachträglich noch erzielt werden, um im Benchmarking auf konkurrenzfähige FTE-Ratios (Anzahl HR-Mitarbeiter/Gesamte Anzahl Mitarbeiter) zu kommen.

Das HR-Shared Service Center soll in den nächsten Jahren in mehreren Entwicklungsstufen auf- und ausgebaut werden (Abb. 78).

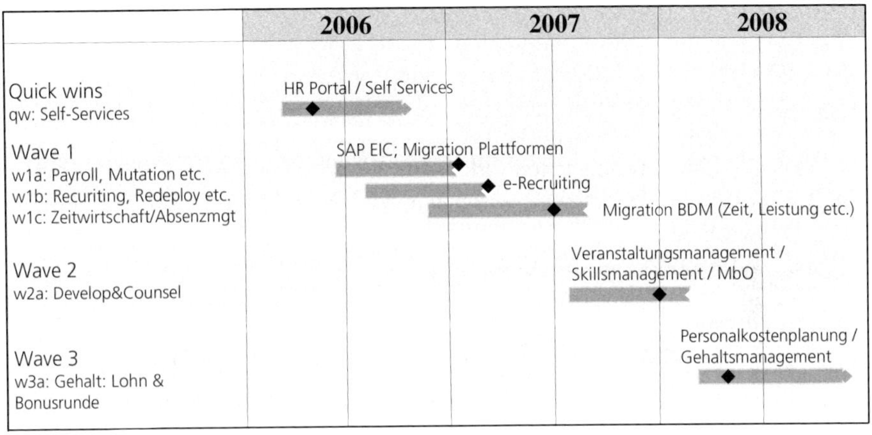

Abb. 78: Geplante Ausbaustufen des HR-Shared Service Centers Swisscom

Für die beiden Bereiche HR-Management Consulting und HR-Center of Competence ergeben sich in den nächsten Jahren folgende Herausforderungen im Zuge der Bildung eines HR-Shared Service Centers:

- **Split Shared/Nonshared:** Trennung zwischen dezentralen Aufgaben und Aufgaben, die neu im Shared Service Center erbracht werden sollen. Die Funktion des HR-Management Consultings ist per definitionem eine dezentrale Aufgabe, nahe oder in der Linienorganisation des betreuten Bereiches. Die Dienstleistungen des HR-Centers of Competence werden im Rahmen der Wellen 2 und 3 (vgl. Abb. 77) zum Teil ins Shared Service Center übergehen (z.B. gewisse Management-Development-Programme, Personalbeurteilungsinstrumente etc.). Dienstleistungen des HR-Center of Competence, die ein vertieftes Verständnis der Organisation erfordern, wie z.B. Konzeption und Durchführung von bereichsspezifischen Personalentwicklungsmaßnahmen, sollten nicht ins Shared Service Center verschoben werden, da sonst aus Erfahrung mittelfristig die Kundennähe abnimmt.

- **Service Level Agreements:** Hier besteht die Herausforderung darin, einerseits die relevanten Leistungskataloge und adäquaten Qualitätskriterien zu definieren (und zu verhandeln), und diese dann auch zu überwachen und durchzusetzen.

- **Schnittstellenmanagement:** Durch die Bildung eines Shared Service Centers werden in der Regel die Anzahl Schnittstellen in einzelnen internen Leistungserbringungsprozessen von HR erhöht. Diese Schnittstellen müssen je nach Bedeutung wiederum von beiden Seiten bearbeitet werden. Z.B. drängt sich im dezentralen HR-Management Consulting die Bildung von so genannten SPOCs (Single Point of Contacts) auf, die für ganze Organisationsbereiche die operativen HR-Ressourcen des Shared Service Centers managen. Hier liegt die Herausforderung darin, die Effizienzgewinne des Shared Service Centers nicht durch übermäßigen dezentralen Ressourcenaufbau im Bereichs-HR (aber auch in der Linienorganisation ...) längerfristig wieder zunichte zu machen.
- **Professionelle Unterstützung im Transformationsprozess:** Hier sind die HR-Management Consultants, aber auch die Experten des Centers of Competence gefordert, die Linienführungskräfte zur notwendigen Akzeptanz und Selbständigkeit im Umgang mit den HR- und Führungsinstrumenten des ESS/MSS zu entwickeln. Zudem braucht die HR-Organisation eine professionelle Unterstützung im Change Management. Auch die Begleitung der HR-Mitarbeiter in ihrer Neuausrichtung ist eine wichtige Aufgabe, z.B. durch Sensibilisierungs-Workshops zur Förderung der Arbeitsmarktfähigkeit oder individuelle Laufbahnberatungen.

C Wege zu einem neuen Geschäftsmodell im Personalmanagement

Marcel Oertig/Christoph Kohler

1 Erfolgsfaktoren für die Umsetzung eines neuen HR-Geschäftsmodells

Die Fallstudien von UBS, Lufthansa, SAP und Swisscom zeigen unterschiedliche Ansatzpunkte und Vorgehensweisen bei der Einführung eines neuen HR-Geschäftsmodells auf. Dabei ist der Kontext des Unternehmens – insbesondere Unternehmensstrategie, -struktur und -kultur sowie der Entwicklungsstand des Personalmanagements – ausschlaggebend zur Definition des geeigneten Implementierungsweges. Trotz aller Unterschiedlichkeit können einige Kriterien einer erfolgreichen Implementierungsstrategie zusammengefasst werden. Die Strukturierung folgt den Überlegungen zu den Erfolgsfaktoren der HR-Transformation, die im einleitenden Kapitel erarbeitet wurden.

1.1 Vision und Governance

Eine gemeinsame Vision der zukünftigen Rolle von Human Resources im Unternehmen ist für die Einführung eines neuen HR-Geschäftsmodells eine unabdingbare Voraussetzung. Erst die Kraft dieses Zukunftsbildes wird es ermöglichen, die zahlreichen Hindernisse auf dem Weg zur Umsetzung zu überwinden und die neuen Rollen, Prozesse und Strukturen von Human Resources im Unternehmen zu verankern. Diese Vision sollte auch vom Linienmanagement mitgetragen und durch ein anerkanntes Mitglied der Geschäftsleitung (Promotor) aktiv unterstützt und kommuniziert werden.

Die Motive für die Einführung neuer Geschäftsmodelle können durchaus unterschiedlich sein. Aus den Fallstudien lassen sich dazu folgende Punkte zusammenfassen:

- HR schafft Mehrwert durch strategische Beiträge (höhere Wertschöpfung).
- HR schafft Wertsteigerung durch Effizienzgewinn (tiefere Kosten).
- Globales Rollenverständnis von HR für die erfolgreiche Umsetzung globaler Strategien.
- Durch Kompetenz und Qualität wird HR zum anerkannten und bevorzugten Partner im Unternehmen.

Die Definition von Grundsätzen, nach welchen ein HR-Transformationsprojekt geführt wird (Governance), ist für den Erfolg während der Umsetzungsphase entscheidend. Dabei werden klare Spielregeln definiert, diese offen kommuniziert und konsequent angewendet. Die Governance innerhalb eines Projektes sollte dabei in Überseinstimmung mit den bereits bestehenden Grundsätzen der Unternehmensführung stehen. Wesentliche Punkte der Governance in den Fallstudien sind:

- Projektorganisation mit Governance Board (aus Vertretern der Geschäftsbereiche) als oberster Entscheidungsträger in der Projektführung.
- Grundsätze über Entscheidungsfindung sind festgelegt: Wer entscheidet wann über welche Inhalte?
- Auftrag an Projektleitung, welche Bereiche des HRs in ein neues Modell überführt werden sollen (Systemabgrenzung).
- Partizipation und aktive Einbindung von betroffenen Kreisen (HR und Linie).
- Einhaltung von verbindlichen, nicht zu diskutierenden Vorgaben aus dem Projektauftrag (Beispiele: Nur *ein* HR-Rollenmodell für alle Geschäftseinheiten; *freiwillige* Nutzung des Shared Services).

1.2 Stakeholder Management

Als Dienstleister im Unternehmen hat HR zahlreiche Anspruchsgruppen, die von einer Veränderung des HR-Geschäftsmodells direkt oder indirekt betroffen sind. Selbstverständlich sind diese nicht alle im selben Ausmaß in den Transformationsprozess involviert, doch sollten die Erwartungshaltungen und Bedürfnisse aller Anspruchsgruppen erfasst und analysiert werden. Erst dann kann das Management der Anspruchsgruppen wirkungsvoll und effizient erfolgen.

In den Fallstudien liegt der Fokus auf folgenden Anspruchsgruppen:

- CEO und Geschäftsleitung
- Linienmanagement
- HR-Mitarbeiter
- Mitarbeiter des Unternehmens

Dabei wird dem CEO und der Geschäftsleitung ein besonderes Gewicht beigemessen. Die oberste Unternehmensführung ist zugleich Kunde von HR und Entscheidungsträger. Sie kann dem Projekt den nötigen Rückhalt geben und ein deutliches Zeichen für die Bedeutung eines neuen HR-Geschäftsmodells setzen. Eine offene Gesprächskultur, auch über Probleme und Risiken des Projektes, sollte beim Austausch mit dem CEO und der Geschäftsleitung gepflegt werden. Erst ein vertieftes Verständnis der Sachlage kann mögliche Widerstände und Ängste in der Unternehmensführung beseitigen und so die Grundlage für eine aktive Unterstützung schaffen.

Das Linienmanagement hat sowohl Informationsbedürfnisse als auch die Erwartung, dass es auf die Entwicklung eines neuen HR-Geschäftsmodells Einfluss nehmen kann. Die Involvierung von Linienvertretern in die Projektorganisation trägt dazu bei, dass die Bedürfnisse der Linie (Kundensicht) bekannt sind und in die Entwicklung des neuen HR-Geschäftsmodells einfließen. Dies fördert die Akzeptanz einer neuen Lösung und verkürzt die Implementierungsphase. Sind die Bedürfnisse des Linienmanagements unklar, so empfiehlt sich die Durchführung einer Befragung, um die Erwartungen an eine zukünftige HR-Organisation sowie die Einschätzung des heutigen Zustandes präzise zu erfassen.

HR-Mitarbeiter sind eine weitere, sehr wichtige Anspruchsgruppe mit eigenen Informationsbedürfnissen. Strukturelle Veränderungen im HR können zu Verunsicherung und Desorientierung führen. Die neuen Rollen und Verantwortlichkeiten sowie der Prozess der HR-Transformation sind wichtige Bestandteile der Information für HR-Mitarbeiter. Neben einer umfassenden Information erwarten HR-Mitarbeiter auch, dass sie ihre Erfahrungen und ihr Wissen in die Entwicklung neuer Lösungen mit einfließen lassen können. Die Involvierung und Partizipation von HR-Mitarbeitern muss von der Projektführung durch die Schaffung geeigneter Strukturen sichergestellt werden. Wie die Fallstudien zeigen, ist die Einführung eines neuen HR-Geschäftsmodells oft mit steigenden oder sich verändernden Kompetenzanforderungen an die HR-Mitarbeiter verbunden. Die dadurch notwendigen Neubesetzungen von Positionen sollten nach einem strukturierten und für den Mitarbeiter transparenten Prozess abgewickelt werden. Idealerweise wird dieser Besetzungsprozess nach einem Top-down-Ansatz geführt.

1.3 Projektmanagement

Die Neuausrichtung der HR-Organisation (HR-Transformation) erfolgt in der Regel im Rahmen eines Projektes. Die breite Aufgabenpalette sowie die zahlreichen Anspruchsgruppen stellen sehr hohe Anforderungen an die Projektführung. Es empfiehlt sich, die Aufgaben in Teilprojekte aufzuteilen wie beispielsweise:

- Teilprojekt je HR-Service: Design des HR-Services
- IT: Entwicklung und Einführung der notwendigen IT-Infrastruktur
- Kommunikation: Information über Projektziele, Inhalt (Aufbau und Ablauf des Projektes), Auswirkungen, Q&A
- Change Management: Aktive Begleitung und Steuerung des Veränderungsprozesses

Weiter sollte das Projekt in Phasen aufgeteilt werden:

- Vorstudie: Übergeordnete Zielsetzungen, Grobdesign, Aussagen betreffend Machbarkeit, Kosten, Zeitaufwand
- Grobkonzept: Zieldefinition, Lösungsdesign, Ressourcenplanung (Kosten, Zeit)
- Detailkonzept: Lösungsentwicklung gemäß Projektplan

- Implementierung: Einführung neuer HR-Organisation
- Erfolgskontrolle: Evaluation Projekterfolg; ggf. Umsetzung von Verbesserungsmaßnahmen

Das schrittweise Vorgehen erlaubt es dem Auftraggeber, jeweils der nächsten Entwicklungsstufe zuzustimmen, ohne bereits das gesamte Projekt verabschiedet zu haben. Dies ist für die Projektführung zwar aufwändig, oft jedoch der einzige Weg, um Widerstände und Ängste bei den Auftraggebern abzubauen. Falls sich im Projektablauf in einer frühen Phase so genannte »Quick-wins« realisieren lassen, ist dies ein äußert wirkungsvoller Schritt. Ein früher Erfolg sendet positive Signale, fördert die Akzeptanz und schafft erste Erfahrungen im Umgang mit dem neuen HR-Geschäftsmodell. Voraussetzung dafür ist, dass Quick-wins wirkliche Erfolge sind und kein Potential für kontroverse Diskussionen mit sich bringen.

Ein weiterer wichtiger Punkt ist die Führung des Projektleiters. Bewährt haben sich dabei Steering Boards, deren Mitglieder Entscheidungsträger im Unternehmen und zukünftige Leistungsbezieher der neuen HR-Organisation sind. Die Idee eines Advisory Boards, welches den Projektleiter nur berät, ihm jedoch nicht als Entscheidungsorgan zur Seite steht, sollte auch geprüft werden. Dem Advisory Board können sowohl Mitglieder aus der Linie sowie HR-Mitarbeiter angehören.

1.4 Organisationsprinzipien

Die Einführung eines neuen HR-Geschäftsmodells setzt die Definition von Organisationsprinzipien voraus. Diese Grundsätze regeln die Zusammenarbeit zwischen Linie und HR sowie innerhalb der HR-Organisation und werden das Geschäftsmodell wesentlich prägen.

Für viele HR-Organisationen neu ist, dass Service Level Agreements (SLA) die Dienstleistung von HR umfassend beschreiben und verbindlich festgelegt wird, welche Leistungen zu welchem Preis erbracht werden. Dies schafft Kostentransparenz und erlaubt den Vergleich zwischen HR-Organisationen. Vor diesem Hintergrund wird das Benchmarking an Bedeutung gewinnen und eine kontinuierliche Kostenoptimierung zulassen.

Als Ergänzung zum SLA empfiehlt sich die Erstellung einer Vereinbarung zwischen HR-Business-Partner und Linienmanagement. Dieses Contracting schafft Transparenz betreffend der Erwartungshaltung seitens der Linie und macht die Leistungen des HR-Business-Partners messbar. Diese Vereinbarung sollte auch Bestandteil der jährlichen Zielvereinbarung des HR-Business-Partners sein und wirkt sich somit auf die Zielbeurteilung rsp. den leistungsbezogenen Lohnanteil aus.

Weitere grundlegende Fragestellungen zur Festlegung von Organisationsprinzipien sind die Kundensegmentierung (welcher HR-Service ist für welche Mitarbeiterkategorien zuständig), die Einbindung von HR in die Geschäftsführung sowie die Frage des systematischen Managements der Schnittstellen der verschiedenen Organisationsbereiche innerhalb des HR-Geschäftsmodells.

1.5 Change Management

Der professionelle Umgang mit Veränderungen ist eines der erfolgsentscheidenden Elemente im Rahmen der Einführung eines neuen HR-Geschäftsmodells. Die Tragweite der Veränderungen ist in der Regel sehr groß, und dies kann bei Entscheidungsträgern und Betroffenen Unsicherheit und Ängste auslösen. Change Management heißt auch hier, den Bedarf für Veränderungen erkennen, die neue Lösung gestalten und die Einführung aktiv begleiten. Dabei spielen die bereits erwähnten Grundsätze der Involvierung, Partizipation und Interaktivität zwischen Projektführung, Entscheidungsträgern und weiteren Beteiligten eine zentrale Rolle. Dazu empfiehlt sich die Durchführung von Workshops mit Schlüsselpersonen, bei welchen über das Projekt informiert wird und gezielt Feedbacks über die wesentlichen Anforderungen seitens der Teilnehmer eingeholt werden. Bei Informationsveranstaltungen sollte darauf geachtet werden, dass diese zielgruppenspezifisch durchgeführt werden. Die Praxisbeispiele haben gezeigt, dass die Informationsbedürfnisse der Linie, der HR-Mitarbeiter sowie der Entscheidungsträger sehr unterschiedlich sind und somit one-size-fits-all Informationen kritisch zu hinterfragen sind.

Es liegt in der Natur der Sache, dass ein Geschäftsmodell ein nicht personenbezogenes, und somit anonymes Konstrukt ist. Die Praxisbeispiele zeigen, dass diese Anonymität Widerstände auslösen kann und es sehr wichtig ist, dass ein Shared Service Center oder ein Center of Expertise ein »Gesicht« bekommt und mit einer Person in Verbindung gebracht werden kann. Dieser Umstand erfordert, dass Schlüsselpositionen im neuen HR-Geschäftsmodell nach einem transparenten Prozess, top-down und innerhalb einer angemessenen Frist besetzt werden sollten.

2 Ausblick: HR-Agenda zur Wertsteigerung

Von der Kostenoptimierung zur nachhaltigen Wertsteigerung – im Untertitel des Buches wird implizit die Frage nach den Entwicklungsstufen eines HR-Geschäftsmodells gestellt. Idealtypisch vollzieht sich die Entwicklung – insbesondere mit Blick auf die Shared Services – in vier Stufen (vgl. Abb. 72). Ausgangspunkt stellt zunächst die Kostenreduktion dar, die in den meisten Fällen mit einer Konsolidierung bzw. Standardisierung von Transaktionsprozessen in einem Shared Service Center und der Realisierung von Skaleneffekten einhergeht. Eine Kostenumlage mittels wenig ausdifferenzierter Umlageschlüssel und zumeist verbunden mit einer Abnahmepflicht für die Geschäftsbereiche kennzeichnet diese Phase. Im Zeichen einer Kostenoptimierung und Verbesserung der Servicequalität werden in einem nächsten Ausbauschritt höherwertige Dienstleistungen im Shared Service Center integriert und eine Trennung von Kontroll- und Serviceaufgaben vorgenommen. Die Kostenumlage erfolgt, wenn immer möglich über verursachergerechte interne Transferpreise. Erst mit der freien Wahl des Anbieters der HR-Services durch die Geschäftsbereiche kann von einer Marktorientierung gesprochen werden. Marktpreise lösen interne Verrechnungspreise ab und das Leistungsangebot steht grundsätzlich auch Dritten offen. Mit der Ausgliederung in ein eigenständiges Unternehmen wird der Schritt zur Wettbewerbsorientierung vollzogen.

	Kosten-orientierung	Kunden-orientierung	Markt-orientierung	Wettbewerbs-orientierung
Strategischer Fokus	• Kostenfokus in HR-Operations	• Kunden- und Servicefokus in HR-Operations und Expertise	• Kunden- und Marktfokus in HR-Management	• Businessfokus in HR-Management
Service-Gestaltung	• Konsolidierung und Standardisierung der HR-Prozesse	• Ergänzung mit höherwertigen HR-Services	• Marktorientiertes HR-Portfolio	• Wertorientiertes HR-Portfolio
Verrechnungsprinzip	• Kostenumlage- und Abnahmepflicht	• Verursachergerechte Transferpreise	• Marktpreise und Last-Call-Prinzip	• Marktpreise und Gewinnmaximierung

Abb. 79: Entwicklungsstufen des HR-Geschäftsmodells

Die Idee des Wertschöpfungscenters wie sie von Wunderer/von Arx (1998) skizziert wurde, kann in Verbindung mit den Entwicklungsstufen des HR-Geschäftsmodells ergänzt werden. Die HR-Management-Dimension, die auf die strategischen Aufgaben fokussiert, wird durch die Business Unit HR sowie das Center of Expertise abgedeckt. Die HR-Service-Dimension, die sich auf eine effiziente und kundenorientierte Prozessgestaltung konzentriert, ist im Shared Service Center repräsentiert. Die HR-Business-Dimension, die das monetäre Führungssystem abbildet, wird schließlich über das HR-Governance Board (Vertretung der Geschäftsbereiche und des HR-Managements) mittels HR-Scorecard und Service Level Agreements gesteuert. Eine Ausdifferenzierung im Wertschöpfungscenter nach Cost Center, Service Center und Profit Center aufgrund des Grades der Marktfähigkeit der HR-Leistungen wird es noch für einige Zeit geben. Die Grenzen haben sich in den letzten Jahren jedoch klar Richtung Markt- und Wettbewerbsorientierung verschoben.

Wie könnte zusammenfassend eine HR-Agenda zur Wertsteigerung aussehen?

1. **Fokussierung des HR-Geschäftsmodells auf die relevanten Stakeholder**
   - *Investoren:* Bewertungsunterschiede zwischen Buchwert und Marktwert eines Unternehmens sind zunehmend auf die Bedeutung so genannter »Intangibles« (z.B. Patente, Marke, Qualifikation und Motivation von Mitarbeitern) zurückzuführen. Die Mehrheit der wichtigsten »Intangibles« für Investoren sind direkt oder indirekt durch HR-Management beeinflussbar. Diesen Aspekt gilt es zu beachten, indem beim Design des HR-Geschäftsmodells die Investorensicht bzw. die Frage nach der Wertsteigerung der »Intangibles« bewusst einbezogen wird.
   - *Kunden:* Der Einbezug der externen Kundenperspektive ist in der Produkt- und Prozessentwicklung bereits in vielen Unternehmen umgesetzt. Im HR-Management wird dies selten genutzt. So können Kunden wertvolle Hinweise zu Selektions- und Beurteilungskriterien geben. Auch im Training oder Performance Management gibt es Möglichkeiten, die Kundenperspektive aktiv einzubeziehen.
   - *Linienmanagement:* Für das Linienmanagement zählt der Beitrag von HR an die Strategieumsetzung. Der Aufbau zukunftsgerichteter organisationaler Fähigkeiten muss langfristig geplant und umgesetzt werden.
   - *Mitarbeiter:* Kompetenz, Engagement und Commitment von Mitarbeitern sind letztlich die wichtigsten Hebel des HR-Managements für den Wertbeitrag. Dies gilt es beim Design von HR-Modellen und -Systemen immer im Auge zu behalten.

2. **Excellence in HR-Operations sicherstellen**
   Die Umsetzung des HR-Shared Service Center dient insbesondere dem Ziel, kostenoptimal einen hohen Service-Level im operativen HR zu erreichen. Dies wird das »Einstiegsticket« zu Realisierung der höherwertigen, mehr wertschöpfenden HR-Services durch das Center of Expertise oder der strategischen Beiträge der HR-Business-Partner sein.

3. **Aufbau eines Performance Coachings für die Geschäftsbereiche**
   Leistung, Laufbahn, Lernen sind Stichworte des Performance Coachings. HR kann die Linie im Performance Management von Schlüsselleuten und Bereichen durch ein gezieltes Talent Management und Initiativen zum individuellen und kollektiven Lernen unterstützen.

4. **Entfaltung der Rollen Strategischer Partner und Change Agent**
   Die Klärung des strategischen Bedarfs der Geschäftsbereiche und die Umsetzung in entsprechende HR-Prioritäten sowie die proaktive Gestaltung und Begleitung von Neuorientierungs- und Veränderungsprozessen gehören zu den wichtigsten HR-Wertbeiträgen.

5. **Investition in die Kompetenzentwicklung von HR und Etablierung einer HR-Fachlaufbahn**
   Die Rollen-Anforderungen in einem neuen HR-Geschäftsmodell unterscheiden sich zum Teil stark gegenüber einem traditionell funktional organisier-

ten HR-Bereich. In der HR-Transformation wird die Bereitschaft zur Investition in die Kompetenzentwicklung eine bedeutende Rolle spielen. Mit einer HR-Fachlaufbahn kann ein Weg zu einer längerfristig orientierten Laufplanplanung gestaltet werden.

Die Praxisbeispiele zeigen, dass es durchaus unterschiedliche Wege zur Einführung eines neuen Geschäftsmodells im Personalmanagement gibt. Mehrheitlich wird mit Fokus auf Kostenoptimierung die HR-Transformation von tieferen Wertschöpfungsstufen über ein Shared Services angestoßen. Der umgekehrte Weg über die Etablierung einer Business-Partnerschaft kann in manchen Fällen auch reizvoll sein. Gerade in einem Umfeld, das von starken Restrukturierungen betroffen ist, kann damit die wertsteigernde Rolle rascher umgesetzt werden. Um schlussendlich die optimale HR-Wertschöpfung zu erreichen, ist die Umsetzung eines integrierten Ansatzes notwendig, der sowohl Kostenoptimierung über Shared Services als auch nachhaltige Wertsteigerung über Business-Partnerschaft berücksichtigt.

Die erfolgreiche Umsetzung der HR-Agenda zur Wertsteigerung setzt einen engagierten und beharrlichen Promotor voraus, der die Transformation der HR-Organisation gegen Widerstand – aus dem HR-Bereich selbst als auch aus dem Linienmanagement – konsequent vorantreibt. Für einen HR-Leiter, der sich als Business-Partner seines CEOs und des Topmanagements versteht, besteht die Chance, durch die Einführung eines neuen HR-Geschäftsmodells den wertorientierten Stellenwert von HR klar zu positionieren und dem neuen Rollenverständnis zum Durchbruch zu verhelfen.

D Anhang

I Autorenverzeichnis

Herausgeber:

Dr. Oertig, Marcel – Avenir Consulting AG
Jahrgang 1963. Nach dem Studium der Betriebswirtschaftslehre an der Universität St. Gallen Tätigkeit in der Konzernpersonalentwicklung der Hilti AG. Anschließend Promotion im Bereich Human Resources an der Universität St. Gallen und Tätigkeit als Dozent und Leiter des Kompetenzzentrums für Personal- und Organisationsentwicklung an der Fachhochschule Chur. 1998 Einstieg in die Swisscom AG als Personalleiter für verschiedene große Bereiche u.a. Mitglied der Geschäftsleitung der Bluewin AG (Internetprovider der Swisscom) sowie Leiter HR & Communications Swisscom Fixnet Wholesale. Seit Anfang 2006 Verwaltungsratspräsident und Managing Partner der Avenir Consulting AG, Zürich.

Autoren:

Abplanalp, Christoph – Avenir Consulting AG (vormals Swisscom Fixnet AG)
Jahrgang 1970. Nach dem Studium der Betriebswirtschaftslehre an der Universität St. Gallen Tätigkeit als Assistent und wissenschaftlicher Mitarbeiter am Institut für Wirtschaftspädagogik an der Universität St. Gallen und Projektleiter in der Personalentwicklung des Sulzer Konzerns. Anschließend Gründung und Aufbau einer Beratungsfirma im Bereich e-Learning. 2002 Einstieg in die Swisscom AG als HR-Businesspartner im Bereich Swisscom Fixnet Wholesale, ab 2004 Leiter der Personal- und Managemententwicklungsabteilung der Swisscom Fixnet AG. Seit Anfang 2007 Managing Partner der Avenir Consulting AG, Zürich.

Alder, Jens – President und CEO TDC A/S (vormals CEO Swisscom AG)
Jahrgang 1957. Nach dem Erwerb des El.-Ing.-Diploms an der Eidg. Technischen Hochschule (ETH) in Zürich Fortsetzung der Studien am INSEAD, Fontainebleau, in Frankreich und Abschluss als Master of Business Administration. Von 1982 bis 1998 (mit Ausnahme von zwei Jahren) Tätigkeit bei Alcatel. Eintritt als Entwicklungsingenieur für Glasfasersysteme bei Alcatel, danach verschiedene Positionen im Produktmanagement und internationalen Verkauf. 1996 Ernennung zum General Manager für den Telecom-Bereich in der Schweiz. 1991 bis 1993 Leitung des Kabelfernsehgeschäfts der Motor-Columbus AG in der Schweiz und in Frankreich. Im April 1998 Eintritt bei Swisscom, bis Ende 1999 Leitung des Bereiches drahtgebundene Netze als Mitglied der Konzernleitung. Von Dezember 1999 bis Januar 2006 Chief Executive Officer (CEO) von Swisscom. Seit Anfang 2007 President und Chief Executive Officer des Dänischen Telekomkonzern TDC A/S.

Ey, Robert – UBS AG
Jahrgang 1964. Nach Abschluss des Betriebswirtschaftsstudiums an der Universität Zürich, 1989, Tätigkeit als Unternehmensberater. 1992 Eintritt in die UBS (SBG). Verschiedene Tätigkeiten in den Bereichen Controlling, Ausbildung und Human Resources in der Schweiz und Canada. Seit 2002 Leiter HR-Shared Services Schweiz. Seit November 2005 Leiter HR-Services US.

Fels, Heiner – Deutsche Lufthansa AG
Jahrgang 1954. Nach Abschluss eines Jura-Studiums an der Universität Münster Eintritt in eine Rechtsanwaltskanzlei; 1988 Wechsel zur Deutschen Lufthansa AG, tätig in verschiedenen Funktionen des Personal- und des Finanzbereiches in Frankfurt, Berlin und Hamburg. Ab 1995 Head of People Management der Lufthansa Cargo AG (5.300 Mitarbeiter in mehr als 60 Ländern). Ab 2005 Leiter des Bereiches »HR-Business Services«.

Frischknecht, Simone – Die Schweizerische Post
Jahrgang 1978. Nach Abschluss des Geografie-Studiums an der Universität Bern, 2005 Eintritt in die Schweizerische Post, Unternehmenskommunikation, als Projektleiterin Sponsoring. Ab Herbst 2006 Projektleiterin im Personal der Post, vorwiegend im Projekt Geschäftsmodell Personal. Seit Mitte 2007 Leiterin Kompetenzcenter Personalpolitik und strategische Projekte.

Heinen-Konschak, Eric – GTZ GmbH (vormals Deutsche Lufthansa AG)
Jahrgang 1964. Nach Abschluss des Physikstudiums und anschließender Promotion an der Universität Mainz ab 1995 bei der Lufthansa Systems Group GmbH u.a. als IT-Berater tätig; ab 2001 als Leiter Wissensmanagement. Im selben Jahr Wechsel zur Deutschen Lufthansa AG in das konzernweite Kostensenkungsprogramm D-Check, dort verantwortlich für übergreifende IT-Themen und das Personalressort. Seit 2004 Leiter IT-Strategie und Steuerung im Konzerninformationsmanagement. Seit Ende 2006 Leiter Informationstechnologie der Deutschen Gesellschaft für Technische Zusammenarbeit (GTZ) GmbH.

Kohler, Christoph – Avenir Consulting AG
Jahrgang 1971. Nach Abschluss des Betriebsökonomie-Studiums an der Fachhochschule Chur, 1999 Eintritt in die Swisscom, Product House, als Leiter Interne Kommunikation. Ab 2000 Personalleitung und Mitglied der Geschäftsleitung der Conextrade AG (Elektronische Handelsplattform der Swisscom). Von Mitte 2003 bis 2005 Personalleiter und Mitglied der Geschäftsleitung der Ford Motor Company Schweiz. Seit Anfang 2006 Verwaltungsrat und Managing Partner der Avenir Consulting AG, Zürich.

Klopfenstein, Markus – Die Schweizerische Post
Jahrgang 1963. Diverse Managementkurse, Ausbildung zum Coach (Aarau) und MBA Integrated Management. Seit Mitte 2007 führt er als stellvertretender Leiter Personal der Post die Einheiten »Strategie und Führungsunterstützung« und »Personalprozesse und Servicecenter«, zuvor Leiter Personalmanagement und Leiter Berufsbildung Post auf Stufe Konzern und stellvertretender Personalleiter des Konzernbereichs Poststellen und Verkauf.

Thoma, Markus – UBS AG
Jahrgang 1970. Nach Abschluss eines Studiums in Betriebswirtschaftslehre an der Universität Zürich, 1997 Eintritt in die UBS (SBG). Als bankinterner Unternehmensberater verschiedene Mandate als Projektleiter und Teilprojektleiter in den Bereichen Education, Procurement, Logistics und Human Resources. Seit 2004 Projektmanager in Human Resources, dabei im Projekt zur Einführung des neuen HR-Geschäftsmodells für UBS verantwortlich für die Themen Personal, Logistik und Ausbildung.

Winzenried, Jürg – United Nations (vormals UBS AG)
Jahrgang 1961. Nach Abschluss eines Jura-Studiums an der Universität Zürich, 1989 Eintritt in die UBS (SBG). Verschiedene operative und konzeptionelle Aufgaben innerhalb »Human Resources« sowie »Education & Development« in der Schweiz sowie in Großbritannien und in den Niederlanden. Seit 2001 Leitung mehrerer strategischer Projekte innerhalb Human Resources, zuletzt als Leiter des Projektes zur Einführung eines neuen HR-Geschäftsmodells für UBS im Arbeitsmarkt Schweiz. Seit Mitte 2006 als schweizerischer UNO-Bobachter in Korea.

Zimmermann, Andrea – SAP AG
Jahrgang 1969. Diplomierte Betriebswirtin und Psychologin, Systemischer Coach and Consultant, Change Management Consultant seit 1999 bei der SAP AG in Walldorf. Tätig in Bereichen der Personalentwicklung, Organisationsentwicklung und verschiedenen globalen und regionalen HR-Projekten. Seit 09/2005 verantwortlich für Organisations-Transformationen als Consultant für Organisationsentwicklung und Change Management in »HR and Transformation« EMEA NEWS. Davor drei Jahre Change Management Consultant im Corporate Change Management Team als Change Lead bei Merger & Acquisition-Projekten, Projekten zu Globalisierung von Unternehmensbereichen, internen Software-Implementierungsprojekten sowie Projekten zu Prozessverlagerungen in andere Lokationen.

II Abbildungsverzeichnis

III Literaturverzeichnis

Anwander, A. (2002): Strategien erfolgreich verwirklichen: Wie aus Strategien echte Wettbewerbsvorteile werden, 2. erw. Auflage, Berlin/Heidelberg/New York: Springer.

Arinso International (2004): HR Business Transformation, in: http://www.arinso.com/download/hr_business_transform.pdf, März 2004, abgerufen am 15.09.2005.

Becker, B.E./Huselid, M.A./Ulrich, D. (2001): The HR Scorecard: Linking People, Strategy and Performance. Boston: Harvard Business School Press.

Becker, B.E./Huselid, M.A./Pickus, P.S./Spratt, M.F.(1997): HR as a Source of Shareholder Value: Research and Recommendations. In: Human Resources Management, Vol. 36, No. 1, p. 39–47.

Bridges, W. (2003): Managing Transitions, Making the Most of Change, New York: Perseus.

Brockbank, W./Ulrich, D. (2002): Competencies for the New HR, Ann Arbor: University of Michigan Business School/Society for Human Resource Management/Global Consulting Alliance.

Brockbank, W. (2003): Human Resource Competency Toolkit. Alexandria, VA: Society for Human Resource Management/University of Michigan/Global Consulting Alliance.

Capgemini (2004): HR-Barometer 2004/2006. In: http://www.de.capgemini.com/servlet/PB/menu/1003325/index.html, abgerufen am 15.10.2005.

CFO Research Services and Mercer Human Resources Consulting (2003): Human Capital Management: The CFO's Perspective. In: http://www.mercerhr.com/summary.jhtml?idContent=1082490, Februar 2003, abgerufen am 20.09.2005.

Classen, M. (2003): Rollen des Personalmanagers. In: Personalwirtschaft, 30. Jg., Nr. 7, S. 51–54.

Corporate Leadership Council (2003): Centers of Expertise: Structures, Roles, and Carreer Pathing. Washington: Corporate Executive Board. In: http://www.corporateleadershipcouncil.com, Oktober 2003, abgerufen am 15.10.2005.

Corporate Leadership Council (2003): Establishing an HR Service Center. Washington: Corporate Executive Board. In: http://www.corporateleadershipcouncil.com, Juni 2003, abgerufen am 15.10.2005.

Deutsche Gesellschaft für Personalführung e.V. (Hrsg.) (2004): Wertorientiertes Personalmanagement – ein Beitrag zum Unternehmenserfolg. Konzeption – Durchführung – Unternehmensbeispiele, Bielefeld: Bertelsmann.

Fachhochschule Nordwestschweiz (2007): Fachlaufbahn HR im HR-Businessmodell mit Shared Service, NDS Personalmanagement SNP 30, Diplomprojektarbeit von Peter Geiger, Dave Heiniger, Damian Kalbermatter, Manuel Portmann im Auftrag von Avenir Consulting, Olten 2007.

Fischer, H.P. (Hrsg.) (1997): Die Kultur der schwarzen Zahlen: Das Fieldbook der Unternehmenstransformation bei Mercedes-Benz, Stuttgart: Klett-Cotta.

Fitz-enz, J. (2000): The ROI of Human Capital: Measuring the Economic Value of Employee Performance. New York: American Management Association.

Heitger, B./Doujak, A. (2002): Harte Schnitte, neues Wachstum, Frankfurt/Wien: Redline Wirtschaft bei Ueberreuter.

Hermes, H.-J./Schwarz, G. (Hrsg.) (2005): Outsourcing, München: Haufe.

Huselid, M.A. (1995): The Impact of Human Resource Managementt Practices on Turnover, Productivity, and Corporate Financial Performance. In: Academy of Management Journal, Vol. 38, No. 3, p. 635–672.

Jung, T. (2005): State of the HR-Art – Systemische HR-Transformation. In: Boos, F./Heitger, B. (Hrsg): Wertschöpfung im Unternehmen. Wiesbaden: Gabler, S. 181–192.

Kaplan, R./Norton, D. (2001): The Strategy-focused Organization: How Balanced Scorecard Companies Thrive in the New Business Environment. Boston: Harvard Business School Press.

Kotter, J.P. (1996): Leading Change, Boston: Harvard Business School Press.

Low, J./Kalafut, P. (2004): Invisible Advantage: How intangibles are driving business performance. Cambridge, MA: Perseus Publishing.

Mercer Human Resources Consulting (2004): Unfinished Business, Mastering HR Business Design.

Scholz, Ch./Stein, V./Bechtel, R. (2004): Human Capital Management. Wege aus der Unverbindlichkeit. München: Luchterhand.

Schuster, F.E. (1986): The Schuster Report: Proven Connection between People and Profits, New York.

Ulrich, D./Brockbank, W. (2005): The HR Value Proposition. Boston: Harvard Business School Press.

Ulrich, D. (1997): Human Resources Champions: The Next Agenda for Adding Value and Delivering Results, Boston: Harvard Business School Press.

Watson Wyatt Partners (2002): Der Watson Wyatt Human Capital Index, Europäische Studienergebnisse 2002: Die Verbindung von Humankapital und Shareholder Value. In: http://www.watsonwyatt.de/, Dezember 2002, abgerufen am 15.10.2005.

Wunderer, R./Arx, S. v. (1998): Personalmanagement als Wertschöpfungs-Center, Wiesbaden: Gabler.

IV Stichwortzeichnis